U0182342

高职高专计算机网络系列创新教材

Windows Server 2012 R2 服务器配置与管理项目教程

谢树新　王昱煜　邹华福　主编

刘洪亮　肖忠良　副主编

科学出版社

北京

内 容 简 介

　　本书是根据高职高专的人才培养目标，结合高职高专教学改革的要求，本着"工学结合、项目引领、任务驱动、教学做评一体化"的原则，以项目为单元，以应用为主线，将理论知识融入实践项目中。本书作者根据网络工程实际工作过程所需要的知识和技能，以服务器配置与管理的典型项目为载体，精心组织了 Windows Server 2012 R2 操作系统安装与基本环境配置、配置与管理本地用户与组、配置与管理磁盘、配置与管理文件系统、配置与管理 DHCP 服务器、配置与管理 DNS 服务器、配置与管理 Web 服务器、配置与管理 FTP 服务器、配置与管理活动目录服务、配置与管理组策略、配置与管理路由访问服务器、配置与管理远程桌面服务等 12 个项目，在每个项目后面均精心安排了课堂训练和课外拓展。

　　本书既可以作为高职院校计算机应用、软件工程、网络技术等相关专业的 Windows 课程教材，也可供广大的 Windows 爱好者、Windows 系统管理维护和网络管理人员、计算机培训机构的教师和学员参考使用。

图书在版编目（CIP）数据

Windows Server 2012 R2 服务器配置与管理项目教程/谢树新，王昱煜，邹华福主编. —北京：科学出版社，2020.6
（高职高专计算机网络系列创新教材）
ISBN 978-7-03-064851-8

Ⅰ．①W… Ⅱ．①谢… ②王… ③邹… Ⅲ．①Windows 操作系统-网络服务器-高等职业教育-教材 Ⅳ．①TP316.86

中国版本图书馆 CIP 数据核字（2020）第 062190 号

责任编辑：孙露露　王会明 / 责任校对：王万红
责任印制：吕春珉 / 封面设计：东方人华平面设计部

科　学　出　版　社　出版
北京东黄城根北街 16 号
邮政编码：100717
http://www.sciencep.com

铭浩彩色印装有限公司 印刷
科学出版社发行　　各地新华书店经销
*
2020 年 6 月第 一 版　　开本：787×1092　1/16
2020 年 6 月第一次印刷　　印张：21
字数：484 000
定价：**49.80 元**
（如有印装质量问题，我社负责调换〈铭浩〉）
销售部电话 010-62136230　编辑部电话 010-62138978-2010

前　言

　　微软的 Windows 操作系统一向以操作简单、界面友好而受到用户的青睐，尤其是在中小型网络中，几乎是 Windows 一统天下。Windows Server 不断推陈出新，在 Windows Server 2012 刚推出 1 年多后又紧接着推出 Windows Server 2012 R2。Windows Server 2012 R2 在 Windows Server 2012 的基础上进行了一次重大升级，不仅强化了原有的功能，而且还大大提高了系统的扩展性、降低了资源占用率，从而使得网络服务器的效率得到更大的提高。

　　《Windows Server 2008 服务器配置与管理项目教程》出版后得到了兄弟院校师生的厚爱，已经重印 5 次。为了适应计算机网络的发展和高职高专教材改革的需要，我们对该书进行了修订、升级，进一步吸收有实践经验的企业网络工程师和兄弟院校优秀教师参与教材大纲的审订和教材的编写，完成了本书。

　　本书以 Windows Server 2012 R2 网络服务器在企业网络管理中的应用为主线，结合编者多年来的教学和实践经验，以服务器配置与管理的典型项目为载体，从实用角度出发，全面而系统地介绍了 Windows Server 2012 R2 网络服务器的配置与管理的技巧和技能。

一、本书内容

　　本书安排了 12 个项目，包括 91 个任务案例、24 个课堂任务和 156 个课外拓展训练题，项目安排如下。

　　项目 1：操作系统安装与基本环境配置。训练读者掌握安装 Windows Server 2012 R2，配置服务器的网络工作环境，并完成网络工作环境的检测等方面的技能。

　　项目 2：配置与管理本地用户与组。训练读者掌握创建本地用户和本地组，修改本地用户和本地组的属性，创建用户配置文件，设置账户权限等方面的技能。

　　项目 3：配置与管理磁盘。训练读者掌握使用磁盘管理工具对磁盘进行分区和格式化，以及将基本磁盘转换为动态磁盘，在动态磁盘中对卷进行管理；磁盘整理与磁盘故障恢复等。

　　项目 4：配置与管理文件系统。训练读者掌握文件压缩、加密、文件夹权限设置，共享文件夹的管理等方面的技能。

　　项目 5：配置与管理 DHCP 服务器。训练读者掌握安装 DHCP 服务器、授权 DHCP 服务器、创建 DHCP 作用域、保留特定的 IP 地址、配置 DHCP 选项、建立超级作用域等方面的技能。

　　项目 6：配置与管理 DNS 服务器。训练读者掌握 DNS 组件安装，创建正、反向搜索区域，创建资源记录，实现 DNS 转发和 DNS 客户机的配置等技能。

　　项目 7：配置与管理 Web 服务器。训练读者掌握安装 IIS 组件，虚拟主机和虚拟目录的配置，客户机的配置，Web 服务器的简单故障的判断和处理的技能。

　　项目 8：配置与管理 FTP 服务器。训练读者掌握利用 IIS 配置与管理 FTP 服务器，客户机的配置，对 FTP 服务器的简单故障的判断和处理的技能。

　　项目 9：配置与管理活动目录服务。通过任务案例训练读者掌握活动目录的安装，域用户账户的创建与管理，在活动目录中创建组织单位，将计算机加入域和安装子域等方面的技能。

　　项目 10：配置与管理组策略。通过任务案例引导读者掌握组策略的配置与使用，设置组策略的刷新频率，赋予用户本地登录权限，在企业中应用组策略等方面的技能。

项目 11：配置与管理路由访问服务器。通过任务案例引导读者掌握路由和远程访问的配置与使用，配置与管理静态路由，配置 NAT，配置 RIP 路由访问协议等方面的技能。

项目 12：配置与管理远程桌面服务。通过任务案例引导读者掌握构建远程桌面服务环境、实现远程桌面连接、实现 Web 方式远程管理和应用程序虚拟化等方面的技能。

表 1 本书涉及的任务案例、技能训练及课后拓展统计表

任务	课时安排												
	项目1	项目2	项目3	项目4	项目5	项目6	项目7	项目8	项目9	项目10	项目11	项目12	合计
任务案例	7	5	16	4	10	7	8	6	7	9	5	7	91
课堂任务	2	2	2	1	2	2	3	2	1	3	2	2	24
课外拓展	17	13	18	9	10	15	14	13	15	12	13	7	156

二、本书特点

本书在充分汲取国内外 Windows 服务器配置与管理的精华和丰富实践经验的基础上，结合国内外信息产业发展趋势和中小型网络组建特点，依据作者多年的 Windows 服务器配置与管理的经验、科研成果和实践心得，以及在大学和企业讲授 Windows Server 2012 R2 服务器配置与管理课程的教学体会总结而成。遵循"项目引领、任务驱动、教学做评一体化"的教学模式，遵循学生的认知规律，结合不同学生的个性特点，在编写过程中十分注重教材内容的取舍和安排，主要特点如下。

第一，本书集项目教学与技能训练于一体，按照"情境描述→任务分析→知识储备→任务实施→拓展训练→总结提高"对教学内容进行组织。

第二，本书针对高职教育培养目标，在培养学生的技能操作和技术应用能力上下功夫，保证学生读得懂、学得会、用得上。本书涉及的内容全面、详尽，涉及了实际工作中 Windows Server 2012 R2 主要服务的配置和管理。

第三，采用"层次化"策略。本书在任务驱动下，采用由浅入深、层次递进的方式，以大部分学生为主体，照顾全体，兼顾不同层次学生的需求。根据职业教育的特点，针对中小型网络实际应用，采用任务驱动方式，突出实用性、针对性和技术性，提供大量任务案例、操作示例和拓展训练，全面提升学生技能。

第四，所有任务案例、操作示例和拓展训练项目都源于作者的工作实践和教学经验，操作步骤详细，语言叙述通俗，学生看得懂、学得会，更容易上手。

三、其他

本书由湖南铁道职业技术学院谢树新、王昱煜和江西工业工程职业技术学院邹华福担任主编，湖南铁道职业技术学院颜珍平、吴献文，湖南化工职业技术学院王浦衡，湖南汽车职业技术学院刘洪亮，娄底职业技术学院肖忠良，湖南永旭信息技术有限公司彭泳群等参与了部分章节的编写、校对与整理工作，还有许多同行给予了热情的帮助，在此一并表示感谢。由于编者水平有限，书中难免存在一些疏漏与错误，希望读者不吝赐教。读者对书中内容有任何疑问，或者在实际工作中遇到了什么问题，都可以发 E-mail 至 5688609@qq.com 获得技术支持与帮助。

编 者

2019 年 9 月

目　录

项目 1　操作系统安装与基本环境配置 ····· 1
1.1　情境描述 ··································· 2
1.2　任务分析 ··································· 3
1.3　知识储备 ··································· 6
　　1.3.1　Windows Server 2012 R2 家族
　　　　　简介 ······························· 6
　　1.3.2　Windows Server 2012 R2 的新
　　　　　特性 ······························· 7
　　1.3.3　Windows Server 2012 R2 提供的
　　　　　主要服务 ························· 9
　　1.3.4　Windows Server 2012 R2 应用
　　　　　场合 ······························· 9
1.4　任务实施 ································ 10
　　1.4.1　利用光盘安装 Windows Server
　　　　　2012 R2 ························ 10
　　1.4.2　配置 Windows Server 2012 R2 的
　　　　　工作环境 ······················ 15
　　1.4.3　测试网络环境 ··············· 24
1.5　拓展训练 ································ 29
　　1.5.1　课堂训练 ····················· 29
　　1.5.2　课外拓展 ····················· 33
1.6　总结提高 ································ 34
项目 2　配置与管理本地用户与组 ····· 36
2.1　情境描述 ································ 37
2.2　任务分析 ································ 38
2.3　知识储备 ································ 39
　　2.3.1　账户的基本概念 ············· 39
　　2.3.2　本地用户账户 ··············· 39
　　2.3.3　用户账户的命名规则 ······· 40
　　2.3.4　组的概念 ····················· 41
　　2.3.5　组的类型和作用域 ·········· 41
2.4　任务实施 ································ 42
　　2.4.1　创建本地用户账户 ·········· 42
　　2.4.2　修改用户账户属性 ·········· 44
　　2.4.3　管理本地用户账户 ·········· 48
　　2.4.4　创建本地组 ·················· 49

　　2.4.5　删除本地组 ·················· 51
　　2.4.6　系统账户权限设置 ·········· 51
2.5　拓展训练 ································ 58
　　2.5.1　课堂训练 ····················· 58
　　2.5.2　课外拓展 ····················· 59
2.6　总结提高 ································ 60
项目 3　配置与管理磁盘 ··················· 61
3.1　情境描述 ································ 62
3.2　任务分析 ································ 63
3.3　知识储备 ································ 64
　　3.3.1　磁盘管理基本概念 ·········· 64
　　3.3.2　基本磁盘与动态磁盘 ······· 66
　　3.3.3　磁盘配额的基本知识 ······· 68
3.4　任务实施 ································ 70
　　3.4.1　磁盘管理控制台的使用 ····· 70
　　3.4.2　分区创建与管理 ············· 71
　　3.4.3　动态磁盘分区创建与管理 ··· 80
　　3.4.4　配置磁盘配额 ··············· 93
　　3.4.5　添加磁盘 ····················· 94
　　3.4.6　磁盘整理与故障恢复 ······· 95
3.5　拓展训练 ································ 97
　　3.5.1　课堂训练 ····················· 97
　　3.5.2　课外拓展 ····················· 99
3.6　总结提高 ······························ 100
项目 4　配置与管理文件系统 ············ 101
4.1　情境描述 ······························ 102
4.2　任务分析 ······························ 103
4.3　知识储备 ······························ 104
　　4.3.1　FAT 文件系统简介 ········· 104
　　4.3.2　NTFS 文件系统简介 ········ 104
　　4.3.3　NTFS 文件权限的类型 ······ 106
　　4.3.4　Windows Server 2012 R2 的
　　　　　安全策略 ····················· 107
　　4.3.5　文件与文件夹访问权的确定
　　　　　方法 ··························· 107
4.4　任务实施 ······························ 108

4.4.1　管理文件与文件夹的访问
许可权 ················· 108
4.4.2　更改文件或文件夹的访问
许可权 ················· 109
4.4.3　配置与管理共享文件夹 ········ 111
4.4.4　映射网络驱动器 ············· 115
4.5　拓展训练 ·························· 117
4.5.1　课堂训练 ·················· 117
4.5.2　课外拓展 ·················· 117
4.6　总结提高 ·························· 118
项目 5　配置与管理 DHCP 服务器 ········· 119
5.1　情境描述 ·························· 120
5.2　任务分析 ·························· 121
5.3　知识储备 ·························· 122
5.3.1　DHCP 概述 ················ 122
5.3.2　DHCP 地址分配机制 ········ 122
5.3.3　DHCP 的工作原理 ········· 123
5.3.4　IP 租约更新 ··············· 124
5.3.5　DHCP 常用术语 ··········· 124
5.4　任务实施 ·························· 125
5.4.1　规划 DHCP 服务器的安装
环境 ··················· 125
5.4.2　添加 DHCP 服务器角色 ······ 125
5.4.3　配置 DHCP 作用域 ········· 127
5.4.4　配置 DHCP 服务器 ········· 130
5.4.5　配置 DHCP 选项 ··········· 134
5.4.6　配置 DHCP 客户机 ········· 141
5.5　拓展训练 ·························· 143
5.5.1　课堂训练 ·················· 143
5.5.2　课外拓展 ·················· 144
5.6　总结提高 ·························· 145
项目 6　配置与管理 DNS 服务器 ·········· 146
6.1　情境描述 ·························· 147
6.2　任务分析 ·························· 148
6.3　知识储备 ·························· 149
6.3.1　DNS 概述 ················· 149
6.3.2　DNS 组成 ················· 149
6.3.3　查询的工作原理 ··········· 151
6.3.4　虚拟主机技术 ············· 153
6.3.5　常见的资源记录 ··········· 154

6.4　任务实施 ·························· 155
6.4.1　安装 DNS 服务 ············ 155
6.4.2　配置 DNS 服务器 ·········· 157
6.4.3　配置 DNS 客户机 ·········· 168
6.5　拓展训练 ·························· 171
6.5.1　课堂训练 ·················· 171
6.5.2　课外拓展 ·················· 173
6.6　总结提高 ·························· 174
项目 7　配置与管理 Web 服务器 ·········· 175
7.1　情境描述 ·························· 176
7.2　任务分析 ·························· 177
7.3　知识储备 ·························· 178
7.3.1　WWW 概述 ··············· 178
7.3.2　WWW 服务中的常用概念 ···· 178
7.3.3　Web 服务的工作原理 ······· 180
7.3.4　Web 服务器软件介绍 ········ 180
7.3.5　Internet 信息服务器 ········· 181
7.3.6　虚拟目录与虚拟主机技术 ···· 182
7.4　任务实施 ·························· 183
7.4.1　添加 IIS 服务角色 ·········· 183
7.4.2　使用默认 Web 站点发布
网站 ··················· 185
7.4.3　建立一个新 Web 网站 ······ 188
7.4.4　架设多个虚拟 Web 网站 ····· 190
7.4.5　创建虚拟目录 ············· 194
7.4.6　Web 网站的安全管理 ········ 196
7.5　拓展训练 ·························· 199
7.5.1　课堂训练 ·················· 199
7.5.2　课外拓展 ·················· 202
7.6　总结提高 ·························· 204
项目 8　配置与管理 FTP 服务器 ·········· 205
8.1　情境描述 ·························· 206
8.2　任务分析 ·························· 207
8.3　知识储备 ·························· 208
8.3.1　FTP 概述 ················· 208
8.3.2　FTP 的工作原理 ··········· 208
8.3.3　FTP 解决方案 ············· 209
8.3.4　FTP 命令 ················· 210
8.4　任务实施 ·························· 210
8.4.1　安装 FTP 服务组件 ········· 210

8.4.2 建立新的 FTP 站点·············211
8.4.3 创建虚拟目录·················213
8.4.4 建立多个 FTP 站点···········215
8.4.5 FTP 站点基本管理···········217
8.4.6 FTP 客户机的配置···········222
8.5 拓展训练·····················223
8.5.1 课堂训练··················223
8.5.2 课外拓展··················224
8.6 总结提高·····················225
项目 9 配置与管理活动目录服务·······227
9.1 情境描述·····················228
9.2 任务分析·····················229
9.3 知识储备·····················231
9.3.1 活动目录对象···············231
9.3.2 活动目录架构···············231
9.3.3 轻型目录访问协议···········231
9.3.4 活动目录的逻辑结构·········232
9.3.5 活动目录的物理结构·········234
9.3.6 DNS 与活动目录名称空间·····235
9.4 任务实施·····················236
9.4.1 安装活动目录（配置域
控制器）··················236
9.4.2 域用户账户的创建与管理·····243
9.4.3 域组账号的创建与配置·······246
9.4.4 在活动目录中创建 OU·······247
9.4.5 把计算机加入域·············249
9.4.6 在现有域下安装子域实现
域树结构··················251
9.4.7 将域控制器降级为成员服
务器······················254
9.5 拓展训练·····················258
9.5.1 课堂训练··················258
9.5.2 课外拓展··················258
9.6 总结提高·····················259
项目 10 配置与管理组策略···········261
10.1 情境描述····················262
10.2 任务分析····················263
10.3 知识储备····················264
10.3.1 组策略概述···············264
10.3.2 组策略设置的类型·········264

10.3.3 组策略的组件·············264
10.3.4 组策略设置的结构·········265
10.3.5 设置组策略的原则·········266
10.4 任务实施····················267
10.4.1 组策略的设置方法·········267
10.4.2 本地组策略中 Windows
设置的应用···············270
10.4.3 本地组策略中管理模板的
应用·····················271
10.4.4 设置组策略的刷新频率·····273
10.4.5 赋予用户本地登录权限·····275
10.4.6 设置软件限制策略·········276
10.4.7 批量自动安装客户机软件····278
10.5 拓展训练····················281
10.5.1 课堂训练················281
10.5.2 课外拓展················282
10.6 总结提高····················283
项目 11 配置与管理路由访问服务器···285
11.1 情境描述····················286
11.2 任务分析····················287
11.3 知识储备····················288
11.3.1 路由基础················288
11.3.2 路由器的作用·············288
11.3.3 直接传递和间接传递·······289
11.3.4 路由协议················289
11.4 任务实施····················290
11.4.1 查看路由表··············290
11.4.2 规划路由服务·············291
11.4.3 配置路由服务器···········292
11.4.4 设置静态路由·············295
11.4.5 设置 RIP 路由············297
11.4.6 配置 NAT················298
11.5 拓展训练····················301
11.5.1 课堂训练················301
11.5.2 课外拓展················302
11.6 总结提高····················303
项目 12 配置与管理远程桌面服务·····304
12.1 情境描述····················305
12.2 任务分析····················306
12.3 知识储备····················307

12.3.1 远程桌面服务概述 ············· 307
12.3.2 远程桌面服务管理器概述 ····· 309
12.3.3 远程桌面服务的部署方式 ····· 309
12.3.4 远程桌面虚拟化主机概述 ····· 310
12.4 任务实施 ································ 310
12.4.1 构建远程桌面服务环境 ········ 310
12.4.2 安装会话远程桌面——快速
部署（RemoteApp） ········· 312
12.4.3 为用户授予远程访问权限 ····· 315

12.4.4 远程桌面连接 ····················· 316
12.4.5 Web 方式远程管理 ············· 318
12.4.6 应用程序虚拟化 ················· 320
12.5 拓展训练 ································ 323
12.5.1 课堂训练 ·························· 323
12.5.2 课外拓展 ·························· 324
12.6 总结提高 ································ 324
参考文献 ··· 326

操作系统安装与基本环境配置

学习指导

教学目标 ☞

知识目标

了解网络操作系统的发展

了解 Windows Server 2012 R2 的功能与特性

掌握 Windows Server 2012 R2 的安装方法

掌握 Windows Server 2012 R2 网络参数的配置方法

技能目标

会选择合适的网络操作系统

能对硬盘进行合理的分区

能顺利安装 Windows Server 2012 R2

会使用 Windows Server 2012 R2

会配置 Windows Server 2012 R2 环境参数

态度目标 ☞

培养认真细致的工作态度和工作作风

养成刻苦、勤奋、好问、独立思考和细心检查的学习习惯

能与组员精诚合作，正确面对他人的成功或失败

具有一定的自学能力，分析、解决问题能力和创新能力

建议课时 ☞

教学课时：理论 1 课时+教学示范 1 课时

拓展训练课时：课堂模拟 1 课时+课堂训练 1 课时

Windows Server 2012 R2 是由微软（Microsoft）公司设计开发的新一代的服务器专属操作系统，它提供企业级数据中心与混合云解决方案。其功能涵盖服务器虚拟化、存储、软件定义网络、服务器管理和自动化、Web 和应用程序平台、访问和信息保护、虚拟桌面基础结构等方面，是构建企业网络理想的服务器平台。

本项目按照工作流程安排了认知网络操作系统、了解 Windows Server 2012 R2 的功能与特性、安装 Windows Server 2012 R2、配置 Windows Server 2012 R2 网络参数等几个方面的知识与操作技能，通过大量的任务案例帮助读者全面、熟练地掌握 Windows Server 2012 R2 网络操作系统的安装、使用和基本环境的配置。

1.1 情境描述

安装 Windows Server 2012 R2 并构建网络环境

由奇林网络公司负责的新天教育培训集团的局域网组建工程的前期工作，包括网络综合布线与网络设备安装已基本完成，接下来的工作是安装与配置网络服务器，这项任务交给了公司的唐宇。唐宇了解到新天教育培训集团需要使用微软公司的 Windows 操作系统提供相关的网络服务，此时，唐宇需要选择 Windows 的哪个版本呢？安装操作系统前需要做好哪些准备工作呢？操作系统安装成功后需要配置哪些应用环境呢？

此时，唐宇需要对新天教育培训集团所需的网络服务进行认真细致的调研与分析；了解 Windows 操作系统的特性和主要功能，选择合适的系统；了解服务器的硬件配置情况，确定硬盘的分区方式；根据网络拓扑和网络规模规划网络服务器的工作环境，选择合适的安装方式安装系统；在安装好系统的服务器中进行 IP 地址的配置、简单的安全设置及其他应用环境的配置，配置完成后进行相应的测试。

1.2　任务分析

1. 主流操作系统简介及选择 Windows Server 2012 R2 的原因

操作系统（operating system，OS）是控制与管理软硬件资源的系统程序，计算机的操作系统主要负责实现资源管理、程序控制和人机交互。如果没有安装操作系统，则计算机只能是"裸机"，无法实现任何功能。

操作系统种类繁多，很难用单一标准统一分类，根据应用领域、处理数据的方式和安装环境来划分，主要有批处理操作系统、分时操作系统、实时操作系统、网络操作系统和分布式操作系统五大类。目前主流的操作系统主要有 Windows、UNIX、Linux 和 Mac OS 等几种。

（1）Windows 操作系统：Windows 操作系统是微软公司开发的，在中小型局域网配置中最常见。随着计算机硬件和软件的不断升级，微软的 Windows 也在不断升级，从架构的 16 位、16+32 位混合版、32 位再到 64 位。系统版本从最初的 Windows 1.0 到大家熟知的 Windows 95、Windows 98、Windows ME、Windows 2000、Windows 2003、Windows XP、Windows Vista、Windows 7、Windows 8、Windows 10 和 Windows Server 服务器企业级操作系统，不断持续更新。

（2）UNIX 操作系统：是一款安全性能很高的网络操作系统，具有强大的可移植性，主要用于工作站、服务器集群或巨型机等，主要适用于提供网络服务的主机。

（3）Linux 操作系统：是一款基于 UNIX 操作系统的多用户、多任务、支持多 CPU 和多线程的操作系统（可以免费使用和传播的类 UNIX 的网络操作系统），既能运行在工作站上，也能够在普通个人电脑上实现全部的 UNIX 特性。

（4）Mac OS 操作系统：是一套只能运行于苹果 Macintosh（简称 Mac）系列电脑上的操作系统，由苹果公司根据自己的技术标准为 Macintosh 系列电脑自主开发的，操作界面非常独特。

Windows Server 2012 R2 是微软在 2012 年新推出的服务器操作系统，提供企业级数据中心与混合云解决方案，提供了 300 多个新增功能。Windows 操作系统具有界面图形化、多用户、多任务、网络支持良好、出色的多媒体功能、硬件支持良好、众多的应用程序等特点，是企业网络或其他组织网络最高效的服务器平台。在中小型企业构建的局域网中，使用 Windows Server 2012 R2 网络操作系统作为服务器的服务平台是非常理想的选择。

2. 32 操作系统和 64 位操作系统的含义

不少用户在购买安装光盘或者下载操作系统镜像文件时遇到过这样的问题：操作系统被标明是 32 位或 64 位系统，自己却不明白 32 位或 64 位系统的含义。在这里 32 位与 64 位是针对不同指令集类型的 CPU 来划分的，表示该操作系统所支持的 CPU 类型。

CPU 在单位时间内能一次处理的二进制数的位数叫字长，32 位的 CPU 能在单位时间内处理字长为 32 位的二进制数据，64 位的 CPU 一次可以处理 64 位的二进制数据。不同位数的 CPU 支持不同类型的指令集，操作系统会根据主流的指令集来编写程序，以便支持在相应的 CPU 上运行。

微软从 Windows Server 2008 R2 开始就不再提供 32 位版本了，因此，Windows Server 2012 R2 只有 64 位版本。

3. 安装 Windows Server 2012 R2 前的准备工作

1）了解系统和硬件设备需求

操作系统是计算机所有硬件设备、软件运作的平台，虽然 Windows Server 2012 R2 有良好的安装界面和近乎全自动的安装过程，并支持大多数最新的设备，但要顺利完成安装，仍需了解 Windows Server 2012 R2 对硬件设备的最低需求，以及兼容性等问题。

（1）CPU：最低 1.4GHz（x64），推荐 2.3 GHz 或更高。最大可支持 64 个物理处理器，640 个逻辑处理器（关闭 Hyper-V，打开则支持 320 个）。

（2）内存要求：最低 512MB，推荐 4GB 以上；最大支持：基础版 32GB，精华版 64GB，其他版为 4TB。

（3）硬盘：最少 32GB，推荐 50GB 或更多。内存大于 32GB 的系统需要更多硬盘空间用于页面、休眠和转存储文件。

（4）显示器：Super VGA（1024×768）或更高分辨率的显示器。

（5）光驱： 若用光盘安装操作系统，则须使用支持 DVD 光盘的光驱，如 DVD-ROM。

2）确定磁盘分区

在安装 Windows Server 2012 R2 时，安装程序可以使用户在安装的过程中确定将系统安装到哪个分区。

（1）如果磁盘完全没有分区，则可以创建一个新的分区，将 Windows Server 2012 R2 安装到此磁盘分区内。

（2）如果磁盘虽然已经分区，但是还有足够的未分区空间，则可以在该空间内创建一个新的磁盘分区，然后将 Windows Server 2012 R2 安装到该磁盘分区内。

（3）直接将 Windows Server 2012 R2 安装到现有的磁盘分区内。如果该磁盘分区内已经存在其他的 Windows 操作系统，则可以选择将其覆盖、将其升级或者在不更改现有的操作系统的前提下安装另一套 Windows Server 2012 R2 操作系统。

（4）用户可以删除一个已经没有用途的磁盘分区，让它与现有的未分区空间组合成一个较大的未分区空间，以便利用该空间创建新的磁盘分区，并将操作系统安装到该分区。

3）准备安装光盘

在安装 Windows Server 2012 R2 时，需要准备好 Windows Server 2012 R2 的安装光盘，可到电脑商城或操作系统发行商零售点购买，还可从网上下载操作系统镜像文件并刻录成系统安装光盘使用。此外，还要准备好光盘外包装上的产品密钥（也叫作序列号）。在安装过程中会要求输入此密钥，这样才能激活操作系统。

4）正确设置基本输入/输出系统

如果是全新安装操作系统，则需要进入基本输入/输出系统（basic input/output system，BIOS）设置界面，设置从光驱启动电脑，这样才能通过系统安装光盘启动电脑，进入系统安装界面。而如果是升级安装操作系统，则可在原系统环境下直接运行光盘。

4. Windows Server 2012 R2 的安装方式

Windows Server 2012 R2 可以针对不同的环境限制采用多种安装方式进行安装，一般情况下在安装系统前要确定一个合理的安装方式，以便更顺利地安装。常见的安装 Windows Server 2012 R2 的方式如下。

1）从 DVD 启动的全新安装

使用光盘启动计算机进行安装是最普遍也是最稳妥的安装方式，只需要配有服务器厂商引导光盘或工具盘，根据提示适时插入安装光盘即可。全新安装也可在原有操作系统的服务器上将安装文件复制到硬盘中再做直接安装，这样安装速度会更快一些，但是需要配合稳定的硬盘工作状态来进行。

如果计算机上没有安装有 Windows Server 2012 R2 之前的操作系统或者需要把原有的操作系统删除时，这种方式很合适。

2）升级安装

如果计算机原来安装的是 Windows Server 2003 或者 Windows Server 2008 等操作系统，则可以直接升级成 Windows Server 2012 R2，而不需要卸载原来已有的系统，在原来的系统基础上直接升级安装即可，升级后仍可以保留原来的配置。除了上述版本以外，下列 Windows 版本不能升级到 Windows Server 2012 R2。

（1）Windows 98，Windows ME，Windows XP，Windows Vista 和 Windows 7。

（2）Windows NT Server 4.0，Windows 2000 Server，Windows Server 2003 RTM，Windows Server 2003 SP1，Windows Server 2003 Web。

（3）Windows Server 2003 IA64，Windows Server 2003 x64，Windows Server 2008 IA64。

（4）跨架构升级（如 x86 升级到 x64）不受支持。

（5）跨语言版本升级（如英文版升级到中文版）不受支持。

（6）Windows Server 2012 R2 的任何版本都不能在 32 位机器上进行安装或升级。

Windows Server 2012 R2 在开始升级过程之前，要确保断开一切 USB 或串口设备。Windows Server 2012 R2 安装程序会发现并识别它们，在检测过程中会发现 UPS 系统等此类问题。可以先安装传统监控，然后再连接 USB 或串口设备。

3）服务器核心安装

服务器核心（server core）安装方式只安装必要的服务和应用程序，没有 Windows 图形界面，需要命令行配置和管理服务器，增加了管理难度，但可以提高运行效率、安全性和稳定性。

5. Windows Server 2012 R2 网络服务器工作环境的构建

构建网络工作环境是搭建网络服务的基础，没有合适的网络工作环境，Windows Server 2012 R2 无法完成各项网络服务，也就无法很好地与外界进行通信。而一个好的网络环境可以减少维护成本，从而大大提高 Windows Server 2012 R2 主机的工作效率和质量，为此，应该做好以下网络环境的设置。

（1）确定主机名并予以设置：在一个局域网中，为便于主机与主机之间的区分，就需要为每台机器设置主机名，让人们使用易记的方法来进行访问。比如，在局域网中可以根据每台机器的作用来为其命名。

（2）选择好 IP 地址并完成相关配置：无论在局域网还是 Internet 上，每台主机必须有一个全球唯一的 IP 地址，IP 地址就是主机的门牌号。

（3）进行安全设置：Windows Server 2012 R2 是目前较为成熟的网络服务器平台，其安全性相对于 Windows 2003 有很大的提高，但是 Windows Server 2012 R2 默认的安全配置不一定适合人们的需要，所以，要根据实际情况来对 Windows Server 2012 R2 进行全面安全配置。

（4）测试服务器的网络环境：在服务器上做好相关配置后，要保证所进行的设置合理、可行，最有效的办法是对所做的配置环境进行测试，测试时可采用常用的 ping 命令、route 命令和 traceroute 命令等。

1.3　知识储备

Windows Server 2012 R2 是基于 Windows 8.1 以及 Windows RT 8.1 界面的新一代 Windows Server 操作系统，提供企业级数据中心和混合云解决方案，易于部署、具有成本效益、以应用程序为重点、以用户为中心。

Windows Server 2012 R2 涵盖服务器虚拟化、存储、软件定义网络、服务器管理和自动化、Web 和应用程序平台、访问和信息保护、虚拟桌面基础结构等功能。

1.3.1　Windows Server 2012 R2 家族简介

微软公司的 Windows 操作系统可分为两大类，一类是面向普通用户的单机操作系统；另一类是定位在高性能工作站、台式机、服务器，以及政府机关、大型企业网络、异型机互连设备等多种应用环境的服务器端的网络操作系统，如 Windows Server 2012 R2。

Windows Server 2012 R2 发布时包括标准版和数据中心版两个版本，其中每一个版本又分为服务器核心版和图形用户界面（graphical user interface，GUI）版。在 Windows Server 2012 R2 发布之后，又多了两个选择：基础版与精华版。不同的版本不仅功能有区别，而且不同版本的每个授权许可在价格上也有所区别。

1. Windows Server 2012 R2 标准版（standard edition）

这是一款企业级云服务器，它是旗舰版的操作系统。因为标准版是最受欢迎的版本，所以本项目将以标准版为例，介绍它的安装与使用方法。该版本的服务器功能丰富，几乎可以满足所有的一般组网需求，可以用于多种用途，也可以专机专用。如果对安全和性能的要求很高，可以删减服务器的配置，使其只包含核心的功能部件。

2. Windows Server 2012 R2 数据中心版（datacenter edition）

这是最高级的 Windows Server 2012 R2 版本，最大的特色是虚拟化权限无限，可支持的虚拟机数量不受限制，最适合高度虚拟化的企业环境。与标准版的差别只有授权，特别是虚拟机实例授权。数据中心版的价格是标准版的 4 倍。

3. Windows Server 2012 R2 精华版（essentials edition）

这是适合小型企业及部门级应用的版本。支持一个虚拟机或一个物理服务器，但两者不可以同时使用。该版本的服务器适用于用户数少于 25 名、服务数不超过 50 个的小企业。这是一种极具成本效益的提供小型企业组网的方式。Windows Server 2012 R2 精华版的部分新增功能如下。

（1）改进了客户机部署。

（2）可作为虚拟机安装，也可安装在服务器上。

（3）用户组管理。

（4）改进了文件历史功能。

（5）包括 BranchCache。

（6）用仪表盘管理移动设备。

（7）包括 System Restore。

4. Windows Server 2012 R2 基础版（foundation edition）

这是最低级别的 Windows Server 2012 R2，基础版包括其他版本的大多数核心功能，但是在部署之前需要了解它所受的限制。活动目录（active directory，AD）证书服务角色仅限于证书颁发机构。下面是其他一些限制。

（1）最大用户数为 15。

（2）最大服务器信息（server message block，SMB）连接数为 30。

（3）最大路由和远程访问（routing and remote access，RRAS）连接数为 50。

（4）最大 Internet 验证服务（Internet authentication service，IAS）连接数为 10。

（5）最大远程桌面服务（remote desktop services，RDS）网关连接数为 50。

（6）仅支持一个 CPU 套接字。

（7）既不能作为虚拟机主机使用，也不能作为访客虚拟机使用。

1.3.2　Windows Server 2012 R2 的新特性

对于 Windows Server 2012 而言，R2 版本具备的许多新特性大大增强了操作系统的功能性，同时有些功能也是 Windows Server 2012 原有功能上的拓展。

1. 工作文件夹（work folders）

工作文件夹为企业服务器带来了 Dropbox 新功能（该功能类似网盘），安装在 Windows Server 2012 R2 系统上，能获得较为完善的功能和安全的文件复制服务。最初发布的版本只支持 Windows 8.1 用户，未来可能会支持 Windows 7 和 iPad 设备以及安卓客户机。

类似网盘的功能，Dropbox 新功能中工作文件夹会把文件的附件同时保存在服务器上和用户设备上，不管用户何时与服务器建立连接都可以执行同步操作。

2. 状态配置（desired state configuration）

在许多服务器上维护配置是一件很棘手的事，尤其是系统管理员要维护正在运行的大量的服务器。许多尖端的解决方案和数不清的自定义内部工具已经被设计出来以满足这种需求。不过现在 Windows Server 2012 R2 安装了一项新功能，可以以编程的方式建立一个角色和功能基线，用来监控并升级任何一个与"所需状态"不符的系统。所需状态配置需要工具 PowerShell 4.0——它提供许多新的 cmdlets，既可以完成监控任务，也可以达到管理员所需的特定状态。

3. 存储分级（storage tiering）

这可能是 Windows Server 2012 R2 里最值得一提的新特色。实质上，存储分级的功能是在不同的储存类之间，进行动态移动存储数据块，如快速的 SSDs 和较慢的硬盘。许多高端存储系统很久以前就已经可以自动堆叠了，但这是第一次能够在操作系统级别下完成它。微软使用 heat-map 算法来决定哪一个数据块看起来最活跃，并将"最热的"数据块自动移到最快层级。用户可以调整设置选项决定何时启用何种方法通过 PowerShell 移动数据。

4. 存储定位（storage pinning）

存储定位和存储分级有着紧密的联系，其功能是将选中的文件固定在指定的层级上。这确保了用户想要的文件都是在最快的存储器上，如引导磁盘在一个虚拟桌面基础结构（virtual desktop infrastructure，VDI）部署里，永远不会被移动到较慢的存储器层级。另外，在一段时间内，如果没有使用 SSDs 中的文件，那么它可能会被移到 HDD 层级。

5. 回写式高速缓存（write back cache）

在 Windows Server 2012 R2 里创建一个新的储存容量，可以使用回写式高速缓存。这一功能可以为用户留出大量的物理空间，尤其是在快速 SSDs 上，在写密集型操作过程当中，使用回写式高速缓冲存储器有助于消除跌宕起伏的 I/O。这可以看作是在一个数据库场景里，一个大容量的磁盘所写的内容可能已经超过驱动控制器的能力范围，并用磁盘来维持状况。这个缓存能够消除任何由不堪重负的存储子系统造成的停顿。

6. 重复数据删除技术（deduplication on running VMs）

数据删除技术在 Windows Server 2012 R2 是一个不错的新特点，唯一的缺点就是不能删除正在运行的虚拟设备。这一局限在 Windows Server 2012 R2 上已经得到了解决。也就是说，这个新功能可以大大提高重复删除 VDI 部署里数据的整体效能。附带好处是，重复删除数据技术大大提高了虚拟桌面的启动性能。此外，在 SMB3.0 上存储 VMs，微软公司特别推荐在 Windows Server 2012 或 Windows Server 2012 R2 上使用扩展文件服务器。

7. 并行重建（parallel rebuild）

对于一个缺少磁盘阵列（redundant array of independent disks，RAID）的磁盘的重建是很耗时的，而且要使用大量的物理磁盘的部署。微软公司在 Windows Server 2012 R2 里解决了 CHKDSK 冗长的检查问题，减少了扫描时间和单个磁盘修复时间。Windows Server 2012 R2 添加了一项新功能——并行重建失败的存储空间驱动器，这节约了大量时间。TechEd 的专业示范显示重建一个 3TB 磁盘只需要不到一个小时。

8. 工作环境（workplace join）

Windows Server 2012 R2 宣布有必要将个人设备（像 iPad）纳入企业环境。在最简单的层面上，它是一个新的 Web 应用程序替代品，对任何一个授权用户而言，允许其安全访问企业内部网站，包括 SharePoint 站点。进一步说它是一个叫作工作环境的新功能，允许用户通过活动目录注册自己的设备并得到认证，单击登录到企业应用程序和数据库。标准的工具（如 Group Policy 等），可以在个人或组织的基础上控制条件访问。

9. 多任务 VPN 网关（multitenant VPN gateway）

微软已经增加很多新功能，确保上下线之间通信安全。新的多任务 VPN 网关允许用户通过一个单独的 VPN 接口，使用点对点连通到多个外部网站。这个功能既是针对托管服务供应商，也是针对大型组织实现与多个站点或外部组织的连通性。在 Windows Server 里，每一个点对点网络连接需要一个单独的网关，当更多的连接都需要使用一个单独的应用程序的时候，这会对成本和使用便捷程度造成不利的影响，Windows Server 2012 R2 已经克服了这一局限。

10. Windows Server Essentials（WSE）的角色

Windows Server Essentials 的角色有潜力让人们的生活变得更加简单，尤其是对那些在地理上分布较广的网络组织。（事实上，Windows Server 2012 R2 有 4 个版本：Foundation、Essentials、Standard 和 Datacenter，分别针对不同规模的企业用户。）安装 Windows Server 2012 R2，就不得不为 WSE 使用一个完全不同的安装资源。针对大的组织，这可能会影响分布战略和结构管理。WSE 角色在 Windows Server 2012 R2 里还可以施展其他功能——分支缓存、DFS Namespaces、远程服务器管理工具，这些通常在远程办公室设置当中使用。

1.3.3　Windows Server 2012 R2 提供的主要服务

Windows Server 2012 R2 是一个多任务操作系统，它能够按照用户的需要，以集中或分布的方式处理各种服务器角色。在安装 Windows Server 2012 R2 后，首先要做的就是配置服务器角色，这些服务器角色主要包括 AD 域服务、AD 证书服务、DHCP 服务器、DNS 服务器、Hyper-V、Web 服务器（IIS）、打印和文件服务远程访问服务以及远程桌面服务等，相关服务的作用与配置方法将在后续的项目中进行介绍。

1.3.4　Windows Server 2012 R2 应用场合

Windows Server 2012 R2 提供了许多网络技术与服务，可以在不同的网络结构或应用场合中使用，主要应用场合包括 Internet 环境、Intranet 环境、Extranet 环境和远程访问环境。

1. Internet 环境

Internet 是一个以 TCP/IP 网络协议连接各个国家、各个地区、各个机构的计算机网络的数据通信网，它将数万个计算机网络、数千万台主机互联在一起，覆盖全球。从信息资源的角度讲，Internet 是一个集各个部门、各个领域的信息资源为一体的，供网络用户共享的信息资源网。

2. Intranet 环境

Intranet 是建立在企业内部的 Internet，又称内联网。它是一种基于 Internet 的 TCP/IP 协议，使用 WWW 工具，采用防止外界侵入的安全措施，为企业内部服务，并有连接 Internet 功能的企业内部网络。实际上，它将 Internet 技术运用到企业内部的信息系统中，以企业内部员工为服务对象，以促进公司内部各个部门的沟通、提高工作效率、增加企业竞争力为目的，使用 Web 协议构建企业级的信息集成和信息服务。

3. Extranet 环境

Extranet 又称外联网，它往往被看作企业网的一部分，是现有 Intranet 向外的延伸。它是一个使用公共通信设施和 Interent 技术的私用网，也是一个能够使其客户和其他相关企业（如银行、贸易合作伙伴、运输企业等）相连以完成共同目标的交互式合作网络。

4. 远程访问环境

远程访问环境用来为远程办公人员、外出人员，以及监视和管理多个部门办公室服务器的系统管理员提供远程网络。运行 Windows 操作系统并拥有网络连接的用户可以通过拨号远程访问来获得服务，如文件和打印机共享、电子邮件及 SQL 数据库访问。

■1.4　任务实施

1.4.1　利用光盘安装 Windows Server 2012 R2

Windows Server 2012 R2 可以采用多种安装方式进行安装，如光盘安装、硬盘安装、U盘安装、无盘安装等。选择光盘介质安装时，首先要设置 BIOS，更改启动顺序，如服务器有 RAID，则要先创建 RAID，然后保证安装介质 ISO 是正式版本即可开始安装。

任务案例

设置 BIOS 从光驱启动，将 Windows Server 2012 R2 安装光盘放入光驱，重启计算机，安装 Windows Server 2012 R2，安装时注意合理进行分区，正确选择相关选项。

安装 Windows Server 2012 R2

【操作步骤】

STEP 01　设置启动顺序

打开计算机电源后按 Delete 键，进入 BIOS 主界面，如图 1-1 所示。在 BIOS 中将启动顺序的第一设备设为 CD-ROM，设置完成后保存 BIOS 设置。

STEP 02　进入 Windows Server 2012 R2 安装向导

插入 Windows Server 2012 R2 安装光盘，重新启动计算机，进入 Windows Server 2012 R2安装向导，首先显示 Windows Server 2012 R2 安装界面，如图 1-2 所示。

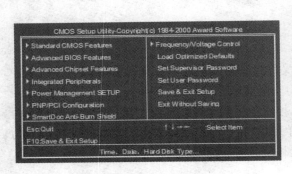

图 1-1　BIOS 主界面

图 1-2　设置语言和其他选项

默认安装语言为"中文（简体，中国）"，时间和货币格式为"中文（简体，中国）"，键盘和输入方法为"微软拼音"，全部使用默认设置，单击"下一步"按钮继续。

STEP 03 打开"现在安装"窗口

打开"现在安装"窗口，如图 1-3 所示。单击"现在安装"按钮继续。

STEP 04 打开"选择要安装的操作系统"窗口

打开"选择要安装的操作系统"窗口，如图 1-4 所示。在"操作系统"列表框中列出了可以安装的操作系统版本，选择合适的版本进行安装，这里选择"Windows Server 2012 R2 Standard（带有 GUI 的服务器）"，单击"下一步"按钮继续。

图 1-3 安装 Windows 窗口

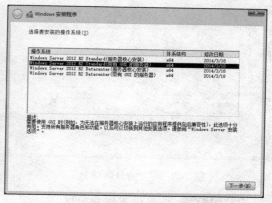

图 1-4 选择要安装的操作系统

STEP 05 打开"许可条款"窗口

打开"许可条款"窗口，如图 1-5 所示。请仔细阅读许可条款，并勾选"我接受许可条款（A）"，单击"下一步"按钮继续。

STEP 06 打开"你想执行哪种类型的安装？"窗口

打开"你想执行哪种类型的安装？"窗口，如图 1-6 所示。其中，"升级"选项用于从 Windows Server 2008 升级到 Windows Server 2012 R2，如果当前计算机没有安装操作系统，该项不可用；"自定义"选项用于全新安装，此处请选择"自定义：仅安装 Windows（高级）"选项对 Windows Server 2012 R2 进行全新安装。

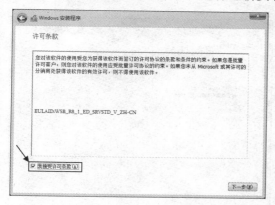

图 1-5 阅读许可条款

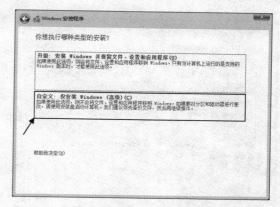

图 1-6 选择安装类型

注意

不要着急单击"下一步"按钮，仔细阅读协议内容，对用户今后的学习将有所帮助。

STEP 07　打开"你想将 Windows 安装在哪里？"窗口

打开"你想将 Windows 安装在哪里？"窗口，如图 1-7 所示。显示了当前计算机上硬盘的分区信息，可以看到当前服务器上的硬盘尚未分区，单击"新建"按钮，如图 1-8 所示。

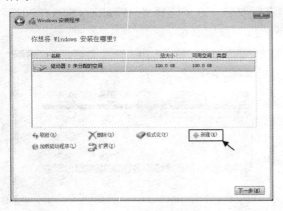

图 1-7　硬盘的分区信息

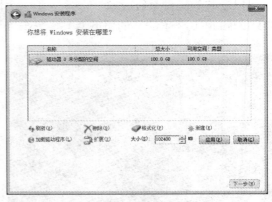

图 1-8　新建分区窗口

STEP 08　正确设置硬盘分区

在"大小"设置框中输入第一个分区的大小，如 40000MB，单击"应用"按钮，弹出"Windows 安装程序"提示框，单击"确定"按钮对硬盘进行分区。

依此方法将剩余的空间"驱动器 0 未分配的空间"再划分到其他分区，系统将列出磁盘上的所有分区，如图 1-9 所示。正确选择 Windows Server 2012 R2 的安装位置，这里选中"驱动器 0 分区 2"，单击"下一步"按钮继续。

STEP 09　打开"正在安装 Windows"窗口

打开"正在安装 Windows"窗口，开始复制文件并安装 Windows Server 2012 R2 系统，如图 1-10 所示。安装时间较长（大概 30 分钟），需耐心等待，在安装过程中，系统会根据需要自动重启多次。

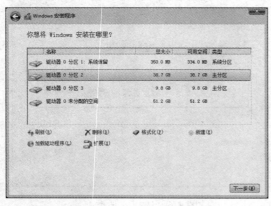

图 1-9　对硬盘进行分区

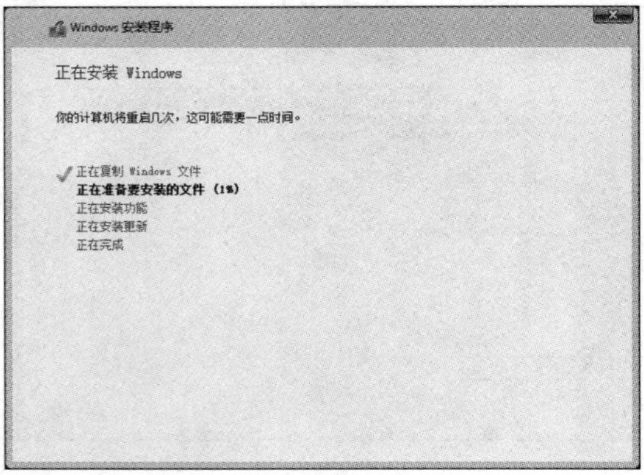

图 1-10　复制文件并安装 Windows

STEP 10　进入"设置"窗口

Windows Server 2012 R2 安装完成后，计算机将自动重启，进入"设置"窗口，如

图 1-11 所示,在"密码"和"重新输入密码"文本框中输入相同的密码,单击"完成"按钮继续。

> **注意**
>
> 在 Windows Server 2012 R2 系统中,必须设置强密码,否则系统将提示"无法更改密码。为新密码提供的值不符合字符域的长度、复杂性或历史要求"。复杂密码一般由大写字母、小写字母、数字和特殊符号 4 组中至少 3 组组合而成,如"abc123XYZ"。
>
> 设置管理员密码时,一定要记住该密码。如果记不住,则系统需要重新安装!

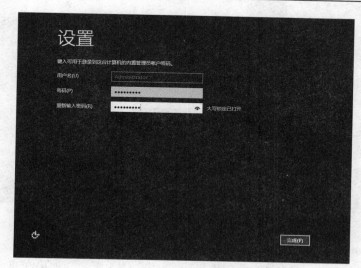

图 1-11　"Administrator"的密码设置窗口

STEP 11　"按 Ctrl+Alt+Delete 登录"窗口

进入"正在完成你的设置"窗口,等待片刻即可进入"按 Ctrl+Alt+Delete 登录"窗口,如图 1-12 所示。

STEP 12　进入登录窗口

按下 Ctrl+Alt+Delete 组合键进入登录窗口,如图 1-13 所示。在"密码"文本框中输入前面设置的登录密码,单击"提交"按钮继续。

图 1-12　"按 Ctrl+Alt+Delete 登录"窗口

图 1-13　登录窗口

STEP 13 进入"服务器管理器"窗口

登录成功后，进入"服务器管理器"窗口，如图 1-14 所示。这是 Windows 自动打开的初始配置任务界面，用户此时可以根据需要进行相关配置，这里请先单击关闭按钮关闭窗口。

图 1-14 进入"服务器管理器"窗口

STEP 14 进入 Windows Server 2012 R2 的工作界面

进入 Windows Server 2012 R2 的工作界面，如图 1-15 所示。如果在桌面右击"这台电脑"，在弹出的菜单中选择"属性"命令，即可进入"系统"属性窗口，此时可看到刚安装的 Windows Server 2012 R2 是没有激活的，只有 180 天的试用时间，需要激活的话，请单击"激活 Windows"按钮进入激活窗口进行激活。

图 1-15 Windows Server 2012 R2 的工作界面

至此，Windows Server 2012 R2 操作系统安装完成。

1.4.2 配置 Windows Server 2012 R2 的工作环境

安装 Windows Server 2012 R2 与 Windows Server 2003 最大的区别是，在安装过程中无须设置计算机名、网络连接等信息，所需时间也大大缩短。不过，在安装完成后，就应该设置计算机名、IP 地址、配置 Windows 防火墙和自动更新等。这些均可在"服务器管理器"窗口中完成。

1. 更改计算机名

Windows Server 2012 R2 系统在安装过程中无须设置计算机名，而是使用由系统随机配置的计算机名。但系统配置的计算机名不仅冗长，而且不便于标记。因此，为了更好地标识服务器，建议将服务器计算机名改为具有一定意义的名称。

┌─ 任务案例 ─────────────────────────────

在 Windows Server 2012 R2 中，将计算机名改为既易于识别又具有企业特点的"见名识意"的名称，如 XinTian。
└──

【操作步骤】

`STEP 01` 打开"服务器管理器"窗口

选择"开始"→"管理工具"→"服务器管理器"命令，打开"服务器管理器"窗口，在左侧选择"本地服务器"，如图 1-16 所示，在右侧"属性"窗口单击原有的计算机名（如 WIN-BPRQCKKR3V1）链接。

图 1-16 "服务器管理器"窗口

`STEP 02` 打开"系统属性"对话框

打开"系统属性"对话框，如图 1-17 所示，单击"更改"按钮继续。

`STEP 03` 打开"计算机名/域更改"对话框

打开"计算机名/域更改"对话框，如图 1-18 所示。在"计算机名"文本框中输入一个新的计算机名，这里输入"XinTian"，然后单击"确定"按钮继续。

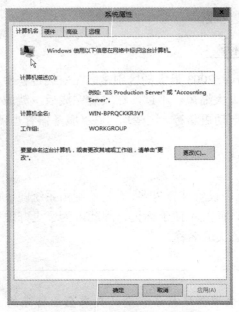

图 1-17 "系统属性"对话框

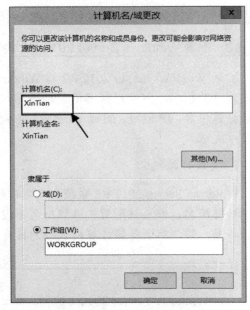

图 1-18 "计算机名/域更改"对话框

STEP 04 打开重启系统提示对话框

系统提示"必须重新启动计算机才能应用这些更改",如图 1-19 所示。单击"确定"按钮后,可以选择"立即重新启动"或"稍后重新启动",计算机重启后被修改的主机名方可生效。

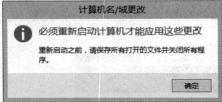

图 1-19 重启系统提示对话框

2. 配置 IP 地址

对于网络中的计算机,都需要一个 IP 地址与其他计算机进行通信。如果网络中安装有 DHCP 服务器,使用默认的"自动获取 IP 地址"即可自动获得 IP 地址,否则,需要手动指定 IP 地址。

任务案例 *1-3*

为新天教育培训集团的网络服务器配置 TCP/IPv4 中的各项参数（IP 地址: 192.168.2.218、默认网关: 192.168.2.1、首选 DNS: 222.246.129.80、备选 DNS: 114.114.114.114）。

配置 IP 地址

【操作步骤】

STEP 01 打开"网络和共享中心"窗口

右击桌面状态栏托盘区域中的"网络连接" 图标,选择快捷键菜单中的"打开网络和共享中心"命令,打开"网络和共享中心"窗口,如图 1-20 所示,在这个窗口中显示了网络的连接状态。

STEP 02 打开"Ethernet0 状态"对话框

在"查看活动网络"列表中单击"Ethernet0"链接,打开"Ethernet0 状态"对话框,如图 1-21 所示。

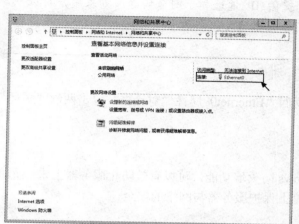

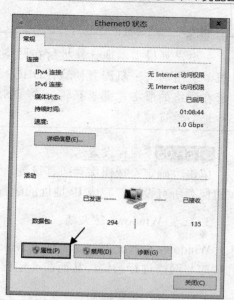

图 1-20　"网络和共享中心"窗口　　　　图 1-21　"Ethernet0 状态"对话框

STEP 03　打开"Ethernet0 属性"对话框

单击"属性"按钮，打开"Ethernet0 属性"对话框，如图 1-22 所示，在该对话框中，可以配置 TCP/IPv4、TCP/IPv6 等协议。

STEP 04　手工输入 IP 地址、默认网关和 DNS 等参数

由于目前绝大多数计算机使用 TCP/IPv4，因此，这里选择"Internet 协议版本 4（TCP/IPv4）"选项，单击"属性"按钮，打开"Internet 协议版本 4（TCP/IPv4）属性"对话框，选中"使用下面的 IP 地址"单选按钮，然后在对应的文本框中输入 IP 地址、子网掩码、默认网关和 DNS 服务器地址等参数，如图 1-23 所示。如果有疑问，可向网络管理员询问相关参数。

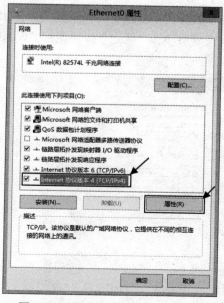

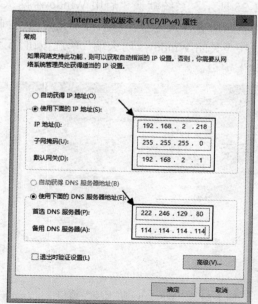

图 1-22　"Ethernet0 属性"对话框　　　　图 1-23　配置 TCP/IPv4 中的各项参数

> **提示**
>
> 　　用户可根据本地计算机所在网络的具体情况，选中"自动获得 IP 地址"单选按钮，使用动态主机配置协议（DHCP）提供 IP 地址和子网掩码等。如果用户可以从所在网络的服务器那里获得一个 DNS 服务器地址，则选中"自动获得 DNS 服务器地址"单选按钮。

STEP 05　保存设置

单击"确定"按钮保存所有设置。返回"Ethernet0 属性"对话框，单击两次"关闭"按钮保存所有设置，完成 IP 地址的配置。

3. 配置 Windows 防火墙

Windows Server 2012 R2 自带 Windows 防火墙功能，可以有效防止服务器上未经允许的程序与网络进行通信，从而在一定程度上保护服务器与网络的安全。

任务案例 1-1

　　为新天教育培训集团的网络服务器配置 Windows 防火墙，体验"打开或关闭 Windows 防火墙"对系统的影响，并根据企业需求设置入站、出站规则。

【操作步骤】

STEP 01　打开"Windows 防火墙"窗口

选择"开始"→"控制面板"命令，打开"控制面板"窗口，选择"系统和安全"→"Windows 防火墙"，打开"Windows 防火墙"窗口，如图 1-24 所示。

STEP 02　打开"自定义设置"对话框

在图 1-24 中单击"启用或关闭 Windows 防火墙"链接，打开"自定义设置"对话框，如图 1-25 所示。系统默认"启用 Windows 防火墙"，如果希望切断所有的网络连接，可以选中"阻止所有传入连接，包括位于允许应用列表中的应用"复选框。如果要关闭防火墙，则应选中"关闭 Windows 防火墙"单选按钮，设置完成后单击"确定"按钮返回"Windows 防火墙"窗口。

图 1-24　"Windows 防火墙"窗口　　　　图 1-25　"自定义设置"对话框

STEP 03 打开 "高级安全 Windows 防火墙" 窗口

中单击 "高级设置" 链接，打开 "高级安全 Windows 防火墙" 窗口，如图 1-26 所示，高级安全 Windows 防火墙是一种有状态的防火墙，它检查并筛选 IPv4 和 IPv6 流量的所有数据包。此时，根据用户需求可设置详细的入站、出站规则，由于篇幅有限，这里不做详细介绍。

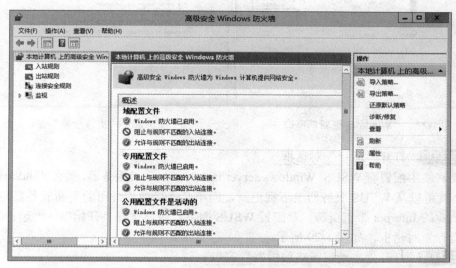

图 1-26 "高级安全 Windows 防火墙" 窗口

4. 配置自动更新

为了保护 Windows 系统的安全，微软公司会及时发布各种更新程序和补丁程序，以修补系统漏洞，提高系统性能。因此，系统更新是 Windows 系统必不可少的功能。在 Windows Server 2012 R2 服务器中，为了避免因漏洞而使系统出问题，必须启用自动更新功能，并配置系统定时或自动下载更新程序。以下是配置更新的方法。

—— 任务案例 *1-5*

为新天教育培训集团的网络服务器配置 Windows Server 2012 R2 自动从 Windows 更新网站检查并下载更新，并设置指定 Intranet Microsoft 更新服务位置。

【操作步骤】

STEP 01 打开 "Windows 更新" 窗口

选择 "开始" → "控制面板" → "Windows 更新" 命令，打开 "Windows 更新" 窗口，如图 1-27 所示。在 Windows Server 2012 R2 安装完成后，系统默认关闭自动更新功能。

STEP 02 打开 "让我选择设置" 窗口

单击 "让我选择设置" 链接，打开 "更改设置" 窗口，如图 1-28 所示。此时，可以在打开的窗口中选择 Windows 安装更新的方法。如果选择 "从不检查更新（不推荐）" 选项，则禁用自动更新功能，单击 "确定" 按钮保存设置。如果选择 "自动安装更新（推荐）" 选项，Windows Server 2012 R2 就会自动从 Windows 网站检查并下载更新。

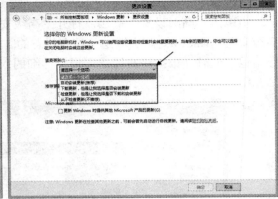

图 1-27 "Windows 更新"窗口   图 1-28 "更改设置"窗口

STEP 03 打开"运行"对话框

如果网络中配置有 WSUS（Windows server update services）服务器，那么 Windows Server 2012 R2 就可以从 WSUS 服务器上下载更新，而不必连接微软公司的更新服务器，这样可以节省企业的 Internet 带宽资源。要配置 WSUS 服务，应该选择"开始"→"运行"命令，打开"运行"对话框，如图 1-29 所示。

STEP 04 打开"本地组策略编辑器"窗口

在"打开"文本框中输入"gpedit.msc"命令，单击"确定"按钮打开"本地组策略编辑器"窗口，如图 1-30 所示。

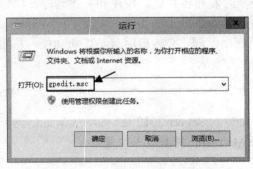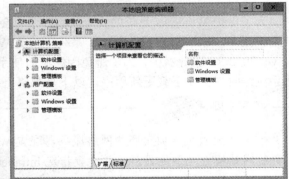

图 1-29 "运行"对话框   图 1-30 "本地组策略编辑器"窗口

STEP 05 打开配置自动更新窗口

依次展开"计算机配置"→"管理模板"→"Windows 组件"→"Windows 更新"，如图 1-31 所示。

STEP 06 打开"配置自动更新"对话框

双击"配置自动更新"选项，打开"配置自动更新"对话框，如图 1-32 所示。选中"已启用"单选按钮，并在"配置自动更新"下拉列表框中选择下载更新的方式（如"3-自动下载并通知安装"），单击"确定"按钮保存配置并返回"本地组策略编辑器"窗口。

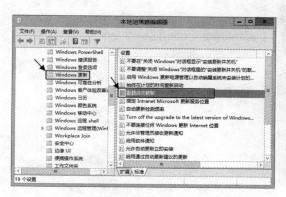
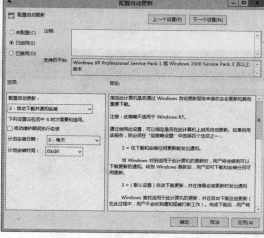

图 1-31 Windows 更新配置窗口 　　　图 1-32 "配置自动更新"对话框

STEP 07 打开"指定 Intranet Microsoft 更新服务位置 属性"对话框

在"本地组策略编辑器"窗口中，双击"指定 Intranet Microsoft 更新服务位置"选项，打开"指定 Intranet Microsoft 更新服务位置 属性"对话框。在该对话框中选中"已启用"单选按钮，并在"设置检测更新的 Intranet 更新服务："和"设置 Intranet 统计服务器"文本框中输入 WSUS 服务器的地址，如 http://update.scnu.edu.cn。

5. 添加与管理服务器角色

在 Windows Server 2012 R2 中，采用"服务器管理器"工具代替了 Windows Server 2003 中的"管理您的服务器"，而且早期 Windows 版本中的"添加/删除 Windows 组件"和"配置您的服务器向导"等操作，都可以在 Windows Server 2012 R2 中的"服务器管理器"中完成。

任务案例

在新天教育培训集团 Windows Server 2012 R2 的网络服务器中完成添加服务器角色、删除服务器角色和添加功能等操作。

【操作步骤】

STEP 01 添加服务器角色

在 Windows Server 2012 R2 中，默认没有安装任何网络服务器组件，只提供了一个用户登录的独立网络服务器，所有的角色都可以通过"服务器管理器"添加并操作。

（1）选择"开始"→"管理工具"→"服务器管理器"命令，或者单击任务栏上的"服务器管理器"图标，打开"服务器管理器"窗口，如图 1-33 所示。单击"2-添加角色和功能"链接，出现如图 1-34 所示的"开始之前"窗口，单击"下一步"按钮。

（2）进入"选择安装类型"窗口，保持默认的"基于角色或基于功能的安装"，如图 1-35 所示，单击"下一步"按钮。

（3）进入"选择目标服务器"窗口，此页显示了正在运行 Windows Server 2012 R2 的服务器以及那些已经在服务器中使用"添加服务器"命令所添加的服务器。在此保持默认

的"从服务器池中选择服务器",在服务器池中选择服务器(如 WIN-BPRQCKKR3V1),
如图 1-36 所示,然后单击"下一步"按钮。

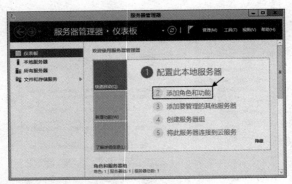

图 1-33　"服务器管理器"窗口　　　　　　　　　图 1-34　"开始之前"窗口

图 1-35　"选择安装类型"窗口　　　　　　　　图 1-36　"选择目标服务器"窗口

　　(4)进入"选择服务器角色"窗口,如图 1-37 所示。在此页中选择需要安装在所选服
务器的一个或多个角色。在"角色"列表框中列出了所有可以安装的网络服务。如果要安
装某种服务,只要选中相应的复选框即可。例如,若要安装"打印和文件服务",则选中"打
印和文件服务"复选框,弹出"添加 打印和文件服务 所需的功能?"的提示窗口,如图 1-38
所示,单击"添加功能"按钮返回"选择服务器角色"窗口,单击"下一步"按钮。

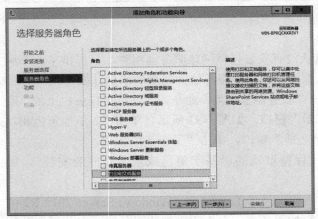
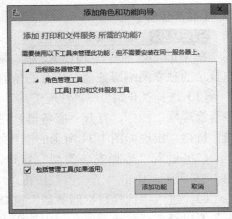

图 1-37　"选择服务器角色"窗口　　　　　　图 1-38　添加角色提示窗口

（5）进入"功能"窗口，选择要安装在所选服务器上的一个或多个功能，保持默认，单击"下一步"按钮，进入"打印和文件服务"的简介及注意事项窗口，直接单击"下一步"按钮，进入"选择角色服务"窗口，如图 1-39 所示。在此页中为打印和文件服务选择要安装的角色服务后，Windows 系统会检查组件之间的关联性并自动安装相关联的组件，单击"下一步"按钮。

（6）进入"确认安装所选内容"窗口，如图 1-40 所示。若要在所选服务器上安装列出的角色、角色服务或功能，单击"安装"按钮，即可开始安装所选择的网络服务，安装完成后，出现安装成功提示，单击"关闭"按钮返回"服务器管理器"窗口。

图 1-39　"选择角色服务"窗口

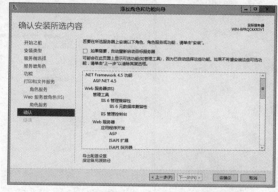

图 1-40　"确认安装所选内容"窗口

STEP 02 删除服务器角色

服务器角色的模块化管理是 Windows Server 2012 R2 的一个突出特点。在组件（角色）安装完成后，用户也可以根据自己的需要添加或删除某些角色服务中的组件。

（1）在"服务器管理器"窗口的右上角选择"管理"→"删除角色和功能"命令，进入"删除角色和功能向导—开始之前"窗口，单击"下一步"按钮。

（2）进入"服务器选择"窗口，保持默认，单击"下一步"按钮。

（3）进入"删除服务器角色"窗口，如图 1-41 所示。在"角色"列表框中显示了已经安装的服务角色。勾选需要删除的角色（如"打印和文件服务"），弹出"删除需要 打印和

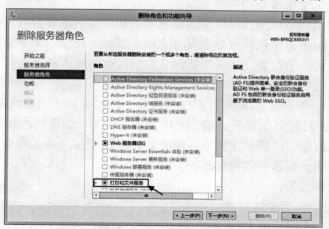

图 1-41　"删除服务器角色"窗口

文件服务的功能？"提示框，单击"删除功能"按钮，返回"删除服务器角色"窗口，单击"下一步"按钮。

（4）进入"功能"窗口，此时还可以选择删除所选服务器上的一个或多个功能，单击"下一步"按钮。

（5）进入"确认删除所选内容"窗口，如图1-42所示。单击"删除"按钮，即开始删除相应的网络服务，此时可以看到删除进度，删除完成后，单击"关闭"按钮完成删除，但系统必须重新启动，删除才能生效。

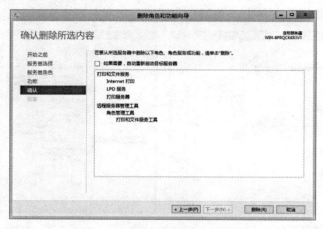

图 1-42 "确认删除所选内容"窗口

1.4.3 测试网络环境

 任务案例 1-7

为新天教育培训集团的网络服务器配置好 TCP/IPv4 中的各项参数后，接下来请检查网络的连通性、网络配置参数和路由信息等网络基本工作环境。

【操作步骤】

STEP 01 用 ping 命令检测网络状况

ping 命令是测试网络连接状况以及信息包发送和接收状况非常有用的工具，是网络测试最常用的命令。ping 命令在执行时向目标主机（地址）发送一个回送请求数据包，要求目标主机收到请求后给予答复，从而判断网络的响应时间和本机是否与目标主机（地址）联通。

如果执行ping命令不成功，则可以根据ping命令的结果初步判断故障出现在哪个位置，包括网线故障、网络适配器配置不正确、IP地址不正确等。如果执行 ping 命令成功而网络仍无法使用，那么问题很可能出在网络系统的软件配置方面，ping 命令成功只能保证本机与目标主机之间存在一条连通的物理路径。

该命令的一般格式为：

```
ping [-t] [-a] [-n count] [-l length] [-f] [-i ttl] [-v tos] [-r count]
[-s count] [[-j -Host list] | [-k Host-list]] [-w timeout] target_name
```

ping 命令支持大量可选项，功能十分强大，常用的选项如表 1-1 所示。

表 1-1　ping 命令常用选项

选项	说明
-t	连续不断地对目的主机进行测试
-n count	定义用来测试所发出的测试包的个数，缺省值为 4。通过这个命令可以自定义发送的个数，对衡量网络速度很有帮助
-l length	定义所发送缓冲区的数据包的大小，在默认的情况下，Windows 的 ping 命令发送的数据包大小为 32 字节，也可以自定义
-f	在数据包中发送"不要分段"标志，一般用户所发送的数据包都会通过路由分段再发送给对方，加上此参数以后路由就不会再分段处理
-i ttl	TTL 表示数据包的生存期，指定 TTL 值在对方的系统里停留的时间，此参数同样可以帮助用户检查网络运转情况
-s count	"count" 指定的跃点数的时间戳，此参数与-r 相似，只是这个参数不记录数据包返回所经过的路由，最多也只记录 4 个
-w timeout	指定超时间隔，单位为毫秒

【操作示例 1-1】使用 ping 命令简单测试网络连通性，在 Windows Server 2012 R2 中，打开"运行"对话框，在"打开"文本框中输入"cmd"进入命令模式，在命令模式下 ping 目标地址，操作方法如图 1-43 所示。

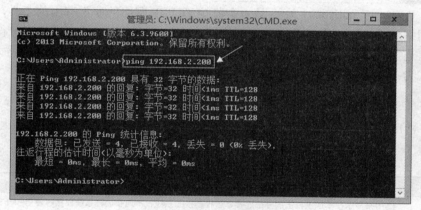

图 1-43　测试网络连通性

向 192.168.2.200 的主机发送请求后，192.168.2.200 主机以 64 字节的数据包做回应，说明两节点间的网络可以正常连接。每条返回信息会有相应的数据包情况。

（1）TTL：Time To Live，生存周期。

（2）时间：数据包的响应时间，即发送请求数据包到接收到响应数据包的整段时间。该时间越短，说明网络的延时越小，速度越快。

在 ping 命令终止后，会在下方出现统计信息，显示已发送及已接收的数据包、丢包率及响应时间。其中丢包率越低，说明网络状况良好、稳定。

STEP 02　分析 ping 命令常见的错误信息

1）Unknown host

Unknown host（不知名主机），表示该远程主机的名字不能被命名服务器转换成 IP 地址。故障原因可能是命名服务器有故障，或者其名字不正确，或者网络管理员的系统与远程主机之间的通信线路故障。这种情况下屏幕将会有如下提示。

C:\windows>ping www.163.net

Unknown host www.163.net

2）Network unreachable

Network unreachable（网络不能到达），这是本地系统没有到达远程系统的路由，可检查路由器的配置，如果没有路由则可以添加。

3）No answer

No answer（无响应），远程系统没有响应。这种故障说明本地系统有一条中心主机的路由，但却接收不到它发给该中心主机的任何分组报文。故障原因可能是下列之一：中心主机没有工作；本地或中心主机网络配置不正确；本地或中心的路由器没有工作；通信线路有故障；中心主机存在路由选择问题。

4）Request timed out

Request timed out（响应超时），数据包全部丢失。故障原因可能是到路由器的连接问题或路由器不能通过，也可能是中心主机已经关机或死机。

5）Destination host unreachable

目标主机不可达，表示数据包无法到达目标主机。

STEP 03   用 netstat 命令检测网络配置

netstat（network statistics）命令是一个监控 TCP/IP 网络的非常有用的工具，它可以显示实际的网络连接、路由表以及每一个网络接口设备的状态信息，可以让用户得知目前都有哪些网络连接正在运作，netstat 支持 UNIX、Linux 及 Windows 系统，功能强大。该命令的一般格式为：

```
netstat [-a] [-e] [-n] [-s] [-p protocol] [-r] [interval]
```

netstat 常用的可选项很多，这里列出了一些主要的参数，如表 1-2 所示。

表 1-2   netstat 命令选项

选项	说明
-a	用来显示在本地主机上的外部连接、远程连接的系统、本地和远程系统连接时使用和开放的端口、本地和远程系统连接的状态
-n	这个参数基本上是-a 参数的数字形式，它用数字的形式显示以上信息，该参数通常用于检查自己的 IP 时使用
-e	显示静态以太网统计，该参数可以与-s 选项结合使用
-p protocol	用来显示特定的协议配置信息，它的格式为：netstat -p xxx，xxx 可以是 UDP、IP、ICMP 或 TCP
-s	显示机器在缺省情况下每个协议的配置统计包括 TCP、IP、UDP、ICMP 等协议
-r	用来显示路由分配表
interval	每隔 interval 秒重复显示所选协议的配置情况，直到按 Ctrl+C 组合键中断

【操作示例 1-2】查看端口信息：使用 netstat 命令，查看所有 TCP 协议连接情况，操作方法如图 1-44 所示。

这个参数通常用于获得本地系统开放的端口，用它可检查系统上有没有被安装木马，如果在机器上运行 netstat 发现了诸如 Port 12345（TCP）Netbus、Port 31337（UDP）Back Orifice

之类的信息,则机器上就很有可能感染了木马。

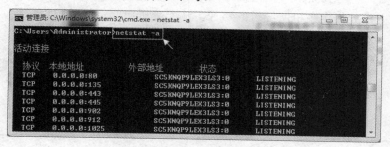

图 1-44   netstat-a 参数使用情况

【操作示例 1-3】查看路由表:使用 netstat 命令显示当前主机的路由表信息,操作方法如图 1-45 所示。

图 1-45   查看路由表

【操作示例 1-4】查看网络接口状态:使用 netstat 命令监控主机网络接口的统计信息,显示数据包发送和接收情况,操作方法如图 1-46 所示。

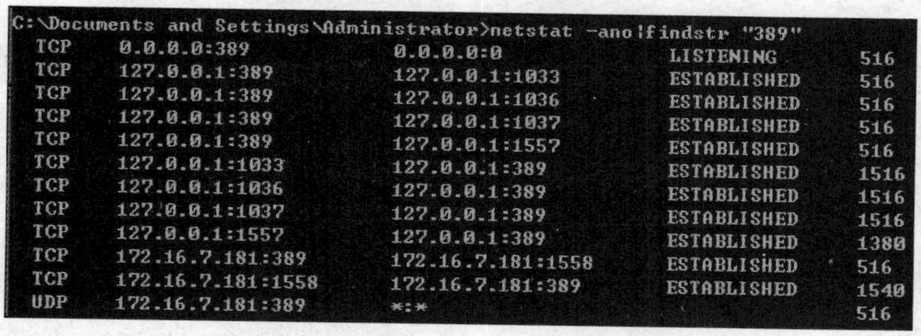

图 1-46   查看网络接口状态

STEP 04   用 tracert 命令实现路由跟踪

tracert 命令用来显示数据包到达目标主机所经过的路径,并显示到达每个节点的时间。命令功能同 ping 类似,但它所获得的信息要比 ping 命令详细得多,它把数据包所走的全部路径、节点的 IP 以及花费的时间都显示出来。该命令比较适用于大型网络，利用该命令可以跟踪从当前主机到指定主机所经过的路径，从而分析出网络的故障点。

该命令的一般格式为：

```
tracert [-d] [-h maximum_hops] [-j host-list] [-w timeout] target_name
```

tracert 常用的可选项很多，这里列出了一些主要的参数，如表 1-3 所示。

表 1-3　tracert 参数列表

选项	说明
-d	指定不对计算机名解析地址
-h　maximum_hops	指定查找目标跳转的最大数目
-j computer-list	指定在 computer-list 中松散源路由
-w timeout	等待由 timeout 对每个应答指定的毫秒数

【操作示例 1-5】在命令提示符下输入 tracert www.sohu.com，从图发现，到达 www.sohu.com 需要经过 13 跳，最大记录的路由跳数不超过 30 个，操作方法如图 1-47 所示。

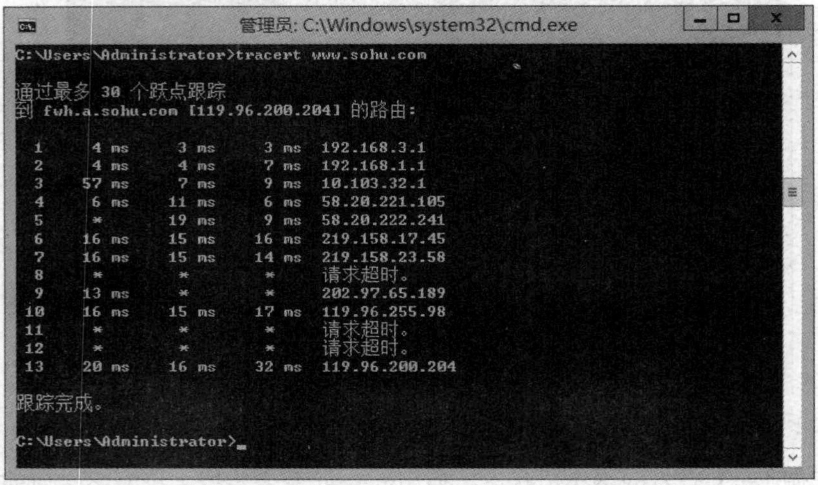

图 1-47　路由跟踪

STEP 05 ipconfig 命令的使用

ipconfig 是 IP 配置查询命令，用来查看和修改网络中的 TCP/IP 协议的有关配置，如网络适配器的物理地址、主机 IP 地址、子网掩码以及默认网关等，还可以查看主机的相关信息，如主机名、DNS 服务器、节点类型等。

该命令的一般格式为：

```
ipconfig [/all][/batch file][/renew all][/release all][/renew n][/release n]
```

【操作示例 1-6】显示与 TCP/IP 协议相关的所有细节信息，包括测试的主机名、IP 地址、子网掩码、节点类型、是否启用 IP 路由、网卡的物理地址、默认网关等，操作方法如图 1-48 所示。

```
管理员: C:\Windows\system32\cmd.exe              _  □  X

以太网适配器 Ethernet0:

    连接特定的 DNS 后缀 . . . . . . . :
    描述. . . . . . . . . . . . . . : Intel<R> 82574L 千兆网络连接
    物理地址. . . . . . . . . . . . : 00-0C-29-51-B9-46
    DHCP 已启用 . . . . . . . . . . : 否
    自动配置已启用. . . . . . . . . : 是
    本地链接 IPv6 地址. . . . . . . : fe80::29fa:c432:8da2:4eca%12<首选>
    IPv4 地址 . . . . . . . . . . . : 192.168.3.200<首选>
    子网掩码  . . . . . . . . . . . : 255.255.255.0
    默认网关. . . . . . . . . . . . : 192.168.3.1
    DHCPv6 IAID . . . . . . . . . . : 301993001
    DHCPv6 客户端 DUID  . . . . . . : 00-01-00-01-26-2B-80-20-00-0C-29-51-B9-46

    DNS 服务器  . . . . . . . . . . : 222.246.129.80
                                      114.114.114.114
    TCPIP 上的 NetBIOS  . . . . . . : 已启用
```

图 1-48　查看 TCP/IP 协议的配置

▌1.5　拓展训练 ▌

1.5.1　课堂训练

　　VMware 是 VMware 公司出品的一个多系统安装软件。利用 VMware 可以在一台计算机上将硬盘和内存的一部分拿出来虚拟出若干台机器，每台机器可以运行单独的操作系统而互不干扰，这些"新"机器各自拥有独立的 CMOS、硬盘和操作系统，用户可以像使用普通机器一样对它们进行分区、格式化、安装系统和应用软件等，还可以为这几个操作系统构建一个网络。

　　在 VMware 环境中，真实的操作系统称为主机系统，虚拟的操作系统称为客户机系统或虚拟机系统。主机系统和虚拟机系统可以通过虚拟的网络连接进行通信，从而实现一个虚拟的网络实验环境。从用户的角度来看，虚拟的网络环境与真实网络环境并无太大区别。虚拟机系统除了能够与主机系统通信以外，甚至还可以与实际网络环境中的其他主机进行通信。

　　课堂任务　1-1

　　　　上网下载 VMware Workstation 并安装好该软件，在较为空闲的磁盘（盘空间20G 以上）创建 VM-Win2012 文件夹，然后建立虚拟主机，设置好虚拟主机的内存、光驱等。

【训练步骤】
STEP 01　下载并安装 VMware Workstation

　　（1）可登录到 http://downloads.vmware.com/ 下载 VMware Workstation，也可在百度中进行搜索下载。此步骤最好在训练前完成好，因为 VMware Workstation 文件很大。

　　（2）下载完成后，找到 VMware Workstation 的安装文件，双击进入 VMware Workstation安装向导界面，具体安装步骤非常简单，这里不再赘述。

> **提示**
>
> 　　如果不习惯使用英文界面，可以下载汉化版，也可以安装完英文版后，再用汉化补丁进行汉化。如果在 Windows XP/2000/2012 下使用，选择 VMware Workstation 14.0 较为理想。

STEP 02 创建虚拟主机

（1）在桌面或开始菜单里面找到 VMware 的图标，双击进入虚拟机的主界面，以 VMware Workstation 14.0 中文版为例，主界面如图 1-49 所示。

（2）在主界面中选择"创建新的虚拟机"或选择"文件"→"新建虚拟机"命令。打开"新建虚拟机向导"对话框，勾选"自定义（高级）"选项，单击"下一步"按钮；进入"虚拟机硬件兼容性"页面，单击"下一步"按钮；进入"安装客户机操作系统"页面，在此勾选"稍后安装操作系统"选项，再单击"下一步"按钮。在"新建虚拟机向导"的"选择客户机操作系统"页面中，选择需要安装的操作系统和操作系统的版本，如图 1-50 所示，这里在"客户机操作系统"中勾选"Microsoft Windows"，在"版本"下拉列表中选择"Windows Server 2012"，单击"下一步"按钮。

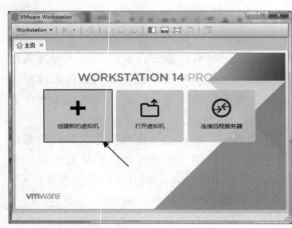

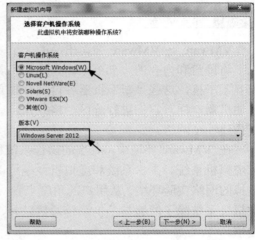

图 1-49　虚拟机的主界面　　　　　　　　图 1-50　选择客户机操作系统

（3）在"命名虚拟机"页面的"虚拟机名称"中给新建的虚拟机命名（如 VM-Win2012-R2），在"位置"中选择已建立的文件夹（如 D:\VM-Win2012-R2）作为虚拟机的存储目录，如图 1-51 所示，单击"下一步"按钮。

（4）进入"固件类型"页面，单击"下一步"按钮；进入"处理器配置"页面，保持默认，单击"下一步"按钮；进入"此虚拟机的内存"页面，如图 1-52 所示。虚拟机中的内存是计算机上的物理内存，所以在配置虚拟机的内存时，首先必须保证真实机正常运行时所需的内存，否则计算机运行速度会很慢。虚拟机的内存最多是真实机内存的 1/2，如果真实机内存为 8GB，那么虚拟机的内存最好小于 4GB，这里设置为 4GB，单击"下一步"按钮。

（5）进入"网络类型"页面，如图 1-53 所示。这里选中"使用桥接网络"单选按钮，单击"下一步"按钮。

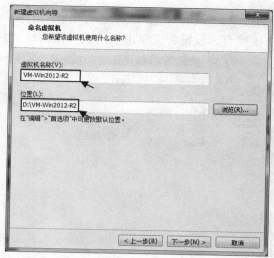
图 1-51 "命名虚拟机"页面

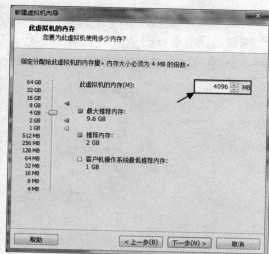
图 1-52 配置虚拟机的内存

（6）进入"选择 I/O 控制器类型"页面，单击"下一步"按钮；进入"选择磁盘类型"页面，采用默认选择，单击"下一步"按钮；进入"选择磁盘"页面，选择"创建新虚拟磁盘"，单击"下一步"按钮；进入"指定磁盘容量"页面，这里根据 Windows Server 2012 R2 的空间需求进行合理设置，最少 10GB（这里设为 100GB），然后选中"将虚拟磁盘存储为单个文件"单选按钮，如图 1-54 所示，单击"下一步"按钮。

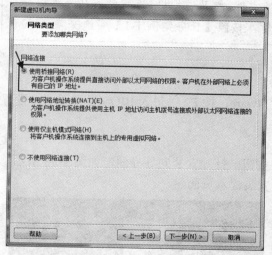
图 1-53 "网络类型"页面

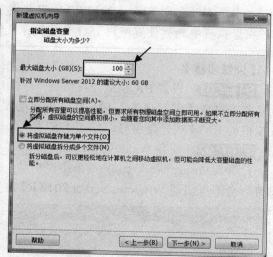
图 1-54 "指定磁盘容量"页面

（7）进入"指定磁盘文件"页面，采用默认值，单击"下一步"按钮；进入"已准备好创建虚拟机"页面，在此页面中可以查看前面设置的一些参数（如名称、位置、硬盘、内存等），如果参数正确，单击"完成"按钮完成虚拟机的创建。

STEP 03 设置虚拟机的相关参数

（1）打开 VMware Workstation，选择"虚拟机"菜单，再选择"设置"命令，打开"虚拟机设置"对话框，如图 1-55 所示，此时可以设置内存、网络适配器和 CD/DVD 等。

（2）如果采用 ISO 映像文件安装 Windows Server 2012 R2，请选择"CD/DVD（SATA）"

在右侧的"连接"区域中选中"使用 ISO 映像文件"单选按钮，如图 1-56 所示，再单击"浏览"按钮选择准备好的 Windows Server 2012 R2 映像盘，设置完成单击"确认"按钮。

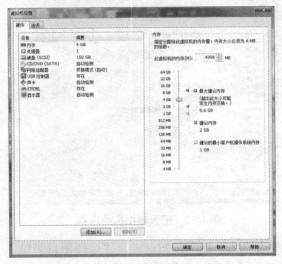

图 1-55 "虚拟机设置"对话框   图 1-56 光驱设置成使用 ISO 映像文件

 课堂任务 1-2

准备 Windows Server 2012 R2 的安装镜像文件，打开虚拟机，设置系统从光盘引导，再在虚拟机中光驱设置使用 ISO 光盘映像文件，按照【任务案例 1-1】实施安装。

【训练步骤】

STEP 01 设置 BIOS 从光盘引导

首先完成【课堂任务 1-1】，接下来启动 VMware，按 F2 键进入 BIOS 设置页面，设置虚拟机的 BIOS 从光盘引导，如图 1-57 所示。

STEP 02 安装 Windows Server 2012 R2

打开 VMware Workstation，单击"启动"按钮，打开安装向导界面，如图 1-58 所示。等待一会即可出现 Windows Server 2012 R2 的安装提示页面。

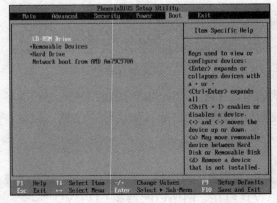

图 1-57 设置虚拟机的 BIOS 从光盘引导   图 1-58 Windows 安装向导

此后的操作可参考【任务案例 1-1】中 STEP 03～STEP 17 完成 Windows Server 2012 R2 的安装。

STEP 03 配置 TCP/IP 协议

进入 Windows Server 2012 R2 操作系统，参考【任务案例 1-2】完成网络组件的安装与配置。

1.5.2 课外拓展

一、知识拓展

【拓展 1-1】填空题。

1. Windows Server 2012 R2 只能安装在_____文件系统的分区中，否则安装过程中会出现错误提示而无法正常安装。

2. Windows Server 2012 R2 有多个版本，在中、小企业中会采用_____版本。

3. NTFS 文件系统支持_____，控制文件访问、加密和压缩等功能。

4. 设置 Windows Server 2012 R2 管理员口令的口令时，至少应有_____个字符；且口令中应包含_____、_____、_____和_____四组字符中的三组。

5. 当用户在磁盘存放文件时，文件都是按照某种格式存储，这种格式称为_____。

6. 查看计算机 IP 地址以及 MAC 地址等相关信息使用的命令是_____。

7. Windows Server 2012 R2 安装完成后，为了保证能够长期正常使用，必须和其他版本的 Windows 操作系统一样进行激活，否则只能够试用_____。

8. Windows Server 2012 R2 中的_____，相当于 Windows Server 2003 中的 Windows 组件。

【拓展 1-2】选择题。

1. 在以下对 Windows Server 2012 R2 企业版硬件要求的描述中，错误的是（　　　）。
    A. CPU 速度最低 1GHz（x86）和 1.4GHz（x64），推荐大于 2GHz
    B. 内存最低 512MB，推荐不少于 2GB
    C. 硬盘可用空间不少于 4GB，推荐 40GB 以上
    D. 硬盘可用空间不少于 10GB，推荐 40GB 以上

2. 在 Windows Server 2012 R2 系统中，如果想跟踪数据包从源 IP 到目标 IP 所经过的路径，通常需要使用（　　　）命令。
    A. ping　　　　　　　B. tracert　　　　　　　C. ipconfig　　　　D. ipconfig /all

3. 某公司有一台系统为 Windows Server 2012 R2 的文件服务器 Filesvr，在服务器上存放了一些资料。有一天一个员工向网络管理员反映无法连接 Filesvr，网络管理员应该使用（　　　）命令来测试网络的连通性。
    A. ipconfig　　　　B. ipconfig /all　　　　C. ping　　　　D. ipconfig /fiushedns

4. 在局域网中设置某台机器的 IP，该局域网的所有机器都属于同一个网段，若想让该机器和其他机器通信，至少应该设置（　　　）TCP/IP 参数。（选择两项）
    A. IP 地址　　　　B. 子网掩码　　　　C. 默认网关　　　　D. 首选 DNS 服务器

5. 某台服务器的操作系统是 Windows Server 2008，文件系统是 NTFS，无任何分区，现要求对该服务器进行 Windows Server 2012 R2 的安装，保留原数据，但不保留操作系统，

应使用下列（　　）方法进行安装才能满足需求。

    A. 在安装过程中进行全新安装并格式化磁盘

    B. 对原操作系统进行升级安装，不格式化磁盘

    C. 做成双引导，不格式化磁盘

    D. 重新分区并进行全新安装

  6. 在 Windows Server 2012 R2 系统中，配置好 IP 地址之后想查看网卡的 MAC 地址，可以通过（　　）命令进行查看。

    A. ipconfig /all   B. ping -t   C. tracert   D. whoami

  7. 下面（　　）不是 Windows Server 2012 R2 的新特性。

    A. Active Directory   B. Server Core   C. Power Shell   D. Hyper-V

二、技能拓展

【拓展 1-3】在一台已经安装好 Windows Server 2012 R2 系统但还没有配置 TCP/IP 网络参数的虚拟机上，设置以下各项参数。其中主机名为 xintian，IP 地址为 192.168.0.X（X 为学号最后两位），子网掩码为 255.255.255.0，默认网关为 192.168.0.254，DNS 服务器为 61.187.98.3，全部设置好后，先查看 IP 地址配置情况，再检查网络的连通性（包括与真实机之间的连通性），并以截图的方式加以说明。

训练步骤请参考【任务案例 1-3】、【任务案例 1-4】和【任务案例 1-5】。

【拓展 1-4】Windows Server 2012 R2 是微软的一个服务器系统，它也是 Windows Server 2012 的继任者。上网下载 Windows Server 2012 R2 的映像文件，在虚拟机中完成安装，并体验 Windows Server 2012 R2。

1. 上网搜索 Windows Server 2012 R2 映像文件的下载网址。

2. 打开 VMware Workstation，新建虚拟机，进入虚拟机设置，将光驱 CD-ROM 设置成"使用 ISO"映像，启动虚拟机。

3. 启动虚拟机后，大约等待 2 分钟即可进入安装向导页面，单击"确定"按钮后等待一会进入欢迎界面，此时单击"开始安装"按钮，即可进入 Windows Server 2012 R2 的安装。

4. 按提示一步一步进行安装，等待安装完毕，重启即可进入 Windows Server 2012 R2。

■1.6　总结提高

本项目以 Windows Server 2012 R2 的安装为核心，首先介绍了安装前的一些准备工作，包括硬件、软件资料的收集，安装方法的了解，磁盘分区的基本概念；然后着重介绍了安装 Windows Server 2012 R2 的技能，最后介绍了网络工作环境的基本配置与管理、网络环境的测试，以及利用虚拟机技术构建 Windows Server 2012 R2 实验环境等。

Windows Server 2012 R2 的安装简单易学，相信初学者能很快地掌握 Windows Server 2012 R2 的安装步骤和安装要领。而配置与管理网络工作环境有一定的难度，希望读者多加练习，并熟练掌握。完成本项目后，认真填写学习情况考核登记表（表 1-4），并及时予以反馈。

表 1-4 学习情况考核登记表

序号	知识与技能	重要性	自我评价					小组评价					老师评价				
			A	B	C	D	E	A	B	C	D	E	A	B	C	D	E
1	会选择 Windows 网络操作系统	★★															
2	会安装 Windows Server 2012 R2	★★★★★															
3	会使用 Windows Server 2012 R2	★★☆															
4	会配置主机名、IP 地址、子网掩码、网关、DNS 等	★★★★★															
5	会用相关命令测试网络环境	★★★★															
6	会添加服务器角色	★★★☆															
7	会安装并配置 VMware	★★☆															
8	能在虚拟机中完成 Windows Server 2012 R2 的安装	★★★★															

说明：评价等级分为 A、B、C、D、E 五等，其中，对知识与技能掌握很好，能够熟练地完成 Windows Server 2012 R2 的安装，并掌握网络环境的配置为 A 等；掌握了 75%以上的内容，能较为顺利地完成任务为 B 等；掌握 60%以上的内容为 C 等；基本掌握为 D 等；大部分内容不够清楚为 E 等。

项目 2
配置与管理本地用户与组

学习指导

教学目标 ☞

知识目标
了解用户和组的基本概念
了解用户和组的类型
掌握用户账户的建立与管理方法
掌握用户组的建立与管理方法
掌握账户和组的权限设置方法

技能目标
能够创建本地用户账户
熟悉用户账户属性的设置与管理
能够创建用户配置文件
能够创建本地用户组
能够对本地组进行维护与管理

态度目标 ☞
培养认真、细致的工作态度和工作作风
养成刻苦、勤奋、多问、独立思考和细心检查的学习习惯
能与组员精诚合作，正确面对他人的成功或失败
具有一定的自学能力，分析、解决问题能力和创新能力

建议课时 ☞
教学课时：理论 2 课时+教学示范 2 课时
拓展训练课时：课堂模拟 2 课时+课堂训练 2 课时

　　在计算机网络中，计算机的服务对象是用户，用户通过账户访问计算机资源。用户的账户类型包括域账户、本地账户和内置账户。账户作为计算机的基本安全对象，在 Windows Server 2012 R2 本地计算机中包括本地用户账户和组账户两类账户。本地账户只允许在本地计算机上登录，由创建本地账户的本地机验证。组是本地计算机或活动目录（active directory，AD）中的对象，包括用户、联系人、计算机和其他组。

　　本项目详细介绍本地账户和本地组的基本概念，本地用户和本地组的基本特点，在此基础上，训练读者创建本地用户和本地组，修改本地用户和本地组的相关属性，创建用户配置文件等，同时训练培养读者配置和管理用户和组安全的能力。

▌2.1　情境描述 ▌

为系统构建安全的资源访问环境

　　新天教育培训集团的服务器初步完成了操作系统的安装，并进行了简单的环境配置。接下来就是使用服务器上的资源，对服务器进行有效的管理并保证系统和各种资源的安全。作为网络管理员，最重要的工作就是通过为用户和组设置相关的权限，实现对用户访问网络中各种资源权限的管理，以保护本地系统和网络服务器不被非法用户访问，达到控制网络系统资源分布与共享的目的。

　　唐宇为集团安装完系统后，办公室的小雷就想体验一下 Windows Server 2012 R2 网络操作系统，此时，她需要先登录到服务器，然后进行相关操作。这时唐宇应该让她使用什么账户进行登录才能更好地保证系统的安全呢？

　　唐宇想了想，要小雷等一等，他需要为普通用户建立账户，并设置相关权限才能更好地保证系统的安全。首先根据用户的需要建立对应的账户，接下来将权限相同的账户加入相应的组，然后通过组来设置用户权限。

2.2 任务分析

1. 了解用户账户和组账户的作用

Windows Server 2012 R2 作为一个多用户、多任务网络操作系统，任何需要使用系统资源的用户都必须向系统管理员申请一个账户，然后通过这个账户进入系统。Windows Server 2012 R2 内置了完善的账户管理和权限设置功能。

通过为本地用户账户或组账户设置相关的权限，可以实现对用户访问网络中各种资源权限的管理，以保护本地系统和网络服务器不被非法用户访问，达到控制网络系统资源分布与共享的目的。

2. 保证使用网络和计算机资源合法性的方法

安装完操作系统并完成操作系统的环境配置后，管理员应规划一个安全的网络环境，为用户提供有效的资源访问服务。Windows Server 2012 R2 通过建立账户（包括用户账户和组账户）并赋予账户合适的权限来保证用户使用网络和计算机资源的合法性，以确保数据访问、存储和交换满足安全需要。保证 Windows Server 2012 R2 安全性的主要方法有以下四点。

（1）严格定义各种账户权限，阻止用户可能进行具有危害性的网络操作。

（2）使用组规划用户权限，简化账户权限的管理。

（3）禁止非法计算机连入网络。

（4）应用本地安全策略和组策略制定更详细的安全规则。

3. 理解账户权限

网络安全的一个重要方面是对有管理权限的独立计算机和域成员计算机上的本地账户数据库以及域控制器上的 AD 中的用户和组进行管理。如果有管理员特权但未经授权或不具备相关知识的人员复制或删除机密数据、传播病毒或禁用网络，他们可能会恶意或无意地给各方面造成损害。因此，正确地管理对网络中的服务器和域控制器有管理控制权限的用户和组至关重要。权限是有高低之分的，高权限的用户可以对低权限的用户进行操作，但除了 Administrators 之外，其他组的用户不能访问 NTFS 卷上的其他用户资料，除非他们获得了这些用户的授权。而低权限的用户无法对高权限的用户进行任何操作。

平常使用计算机时，用户并不会感觉到有权限在阻挠某些操作，这是因为他们在使用计算机的时候都是用 Administrators 组中的用户登录的。这样有利也有弊，利是能够执行用户想做的任何一个操作而不会遇到权限的限制，弊就是以 Administrators 组成员的身份运行计算机将使系统容易受到特洛伊木马、病毒及其他安全风险的威胁。访问 Internet 站点或打开电子邮件附件的简单行为都可能破坏系统。所以在非必要的情况下，最好不用 Administrators 中的用户登录。Administrators 中有一个在系统安装时就创建的默认用户，即 Administrator，Administrator 账户具有对服务器的完全控制权限，并可以根据需要向用户指派用户权利和访问控制权限。

因此强烈建议将此账户设置为使用强密码。永远也不可以从 Administrators 组删除 Administrator 账户，但可以重命名或禁用该账户。由于 Administrator 存在于许多版本的 Windows 上，重命名或禁用此账户将使恶意用户尝试并访问该账户变得更为困难。

对于一个好的服务器管理员来说，他们通常都会重命名或禁用此账户。Guests 用户组下也有一个默认用户，即 Guest，但是在默认情况下，它是被禁用的。如果没有特别必要，无须启用此账户。

4. 本项目的具体任务

本项目主要完成以下任务：创建本地用户、设置本地用户的相关属性、创建本地组、设置本地组的相关属性、配置本地用户和组的相关权限。

2.3 知识储备

2.3.1 账户的基本概念

在计算机网络中，计算机的服务对象是用户，用户通过账户访问计算机资源，所以用户也就是账户。所谓用户的管理也就是账户的管理。每个用户都需要有一个账户，以便登录到域访问网络资源或登录到某台计算机访问该机上的资源。组是用户账户的集合，管理员通常通过组来对用户的权限进行设置，从而简化了管理。

用户账户是计算机的基本安全组件，计算机通过用户账户来辨别用户身份，让有使用权限的人登录计算机，访问本地计算机资源或从网络访问这台计算机的共享资源。指派不同用户不同的权限，可以让用户执行不同的计算机管理任务。所以每台运行 Windows Server 2012 R2 的计算机都需要用户账户才能登录。

Windows Server 2012 R2 针对这两种工作模式提供了 3 种不同类型的用户账户，分别是本地用户账户、域用户账户和内置用户账户。

Windows Server 2012 R2 支持两种用户账户：域账户和本地账户。域账户可以登录到域上，并获得访问该网络的权限；本地账户则只能登录到一台特定的计算机上，并访问该计算机上的资源。Windows Server 2012 R2 还提供内置用户账户，它用于执行特定的管理任务或使用户能够访问网络资源。

组账户是用户账户的集合，包括那些具有相同权限的用户账户。当某用户成员加入一个组时，则该用户也将被赋予该组的所有权限。用户也可以同时属于多个组，并且拥有他所加入组的所有权限。

Windows Server 2012 R2 提供了两种主要类型的组：本地组和域模式中的组。

2.3.2 本地用户账户

本地用户账户对应对等网的工作组模式，建立在非域控制器的 Windows Server 2012 R2 独立服务器、成员服务器以及 Windows 7 客户机上。本地账户只能在本地计算机上登录，无法访问域中其他计算机资源。

本地计算机上都有一个管理账户数据的数据库，称为安全账户管理器（security accounts managers，SAM）。SAM 数据库文件路径为系统盘下\Windows\system32\config\SAM。在 SAM 中，每个账户被赋予唯一的安全标识符（security identifier，SID），用户要访问本地计算机，都需要经过该机 SAM 中的 SID 验证。在系统内部使用 SID 来代表该用户，同时权限也都是通过 SID 来记录的，而不是用户账户名称。

（1）用户账户用来记录用户的用户名和密码、隶属的组、可以访问的网络资源，以及用户的个人文件和设置。用户账户由一个用户名和一个密码来标识，二者都需要用户在登录时输入。用户账户也可以作为某些应用程序的服务账户。

（2）常用内置账户如下。

① Administrator：使用内置 Administrator 账户可以对整台计算机或域配置进行管理，如创建修改用户账户和组、管理安全策略、创建打印机、分配允许用户访问资源的权限等。作为网络管理员，应该创建一个普通用户账户，在执行非管理任务时使用该用户账户，仅在执行管理任务时才使用 Administrator 账户。Administrator 账户可以重命名，但不可以删除。

② Guest（来宾用户）：一般的临时用户可以使用内置 Guest 账户进行登录并访问资源。在默认情况下，为了保证系统安全，Guest 账户是禁用的，但在安全性要求不高的网络环境中可以使用该账户，且通常分配给它一个密码。

③ IUSR_Computername 和 IWAM_Computername：这两个账户在安装了 IIS 后会自动创建，其中 Computername 是计算机名。IUSR_Computername 账户用于让用户可以匿名访问 IIS 中的网站。IWAM_Computername 账户用于启动进程需要的应用程序，如 ASP、ASP.NET 等应用程序。

（3）Windows Server 2012 R2 在工作组模式下默认只有 Administrator 账户和 Guest 账户。Administrator 账户可以执行计算机管理的所有操作；而 Guest 账户是为临时访问计算机的用户而设置的，系统默认是禁用的。

2.3.3 用户账户的命名规则

在 Windows Server 2012 R2 中，一个用户账户包含用户的名称、密码、所属组、个人信息、通信方式等信息。在添加一个用户账户后，它被自动分配一个 SID，这个标识是唯一的，即使账户被删除，其 SID 仍然保留。如果在域中再添加一个相同名称的账户，它将被分配一个新的 SID。在域中利用账户的 SID 来决定用户的权限。

账户是 Windows Server 2012 R2 网络中一个重要的组成部分。每一个用户都需要一个账户，以便登录到网络访问网络资源或登录到某台计算机访问该计算机上的资源。从某种意义上来说，账户就是计算机网络世界中用户的身份证。Windows Server 2012 R2 网络依赖账户来管理用户，控制用户对资源的访问。

用户账户由一个账户名和一个密码来标识，而用户账户的命名规则十分重要，一个有效的用户名需符合 Windows Server 2012 R2 用户命名规则，但用户也可以建立自己的命名约定。

Windows Server 2012 R2 的用户命名规则包括如下内容。

（1）用户名必须唯一，且不分大小写。

（2）用户名最多可以包含 20 个大小写字符和数字，输入时可超过 20 个字符，但只识别前 20 个字符。

（3）用户名不能使用系统保留字符：*、"、"、/、\、[、]、:、;、<、>、?、+、=、,、|。

（4）用户名不能只由句点和空格组成。

（5）为了维护计算机的安全，每个账户必须有密码。Windows 2000 Server 网络对用户密码是没有强制要求的，Windows Server 2012 R2 网络对用户密码有如下要求。

① 不包含全部或部分的用户账户名。

② 密码长度在 8～128 个字符之间。

③ 尽量避免带有明显意义的字符或数字的组合，建议采用大小写和数字的无意义混合。

④ 密码可以使用大小写字母、数字和其他合法的字符。

⑤ 必须为 Administrator 账户分配密码，防止未经授权就使用。

2.3.4 组的概念

有了用户之后，为了简化网络的管理工作，Windows Server 2012 R2 提供了用户组的概念。用户组就是指具有相同或者相似特性的用户集合，可以把组看作一个班级，用户便是班级里的学生。当要给一批用户分配同一个权限时，就可以将这些用户都归到一个组中，只要给这个组分配此权限，组内的用户就都会拥有此权限。就好像给一个班级发了一个通知，班级内的所有学生都会收到这个通知一样，组是为了方便管理用户的权限而设计的。

组是指本地计算机或 AD 中的对象，包括用户、联系人、计算机和其他组。在 Windows Server 2012 R2 中，通过组来管理用户和计算机对共享资源的访问。如果赋予某个组访问某个资源的权限，这个组的用户都会自动拥有该权限。

一般情况下，组用于以下 3 个方面。

（1）管理用户和计算机对共享资源的访问，如网络各项文件、目录和打印队列等。

（2）筛选组策略。

（3）创建电子邮件分配列表等。

Windows Server 2012 R2 同样使用 SID 来跟踪组，权限的设置都是通过 SID 进行的，而不是利用组名。更改任何一个组的账户名，并不会更改该组的 SID，这意味着在删除组之后又重新创建该组时，不能期望所有权限和特权都与以前相同。新的组将有一个新的 SID，旧组的所有权限和特权已经丢失。在 Windows Server 2012 R2 中，用组账户来表示组，用户只能通过用户账户登录计算机，不能通过组账户登录计算机。

2.3.5 组的类型和作用域

1. 根据作用范围分组

根据组的作用范围，Windows Server 2012 R2 域内的组分为通用组、全局组和本地域组，这些组的特性说明如下。

1）通用组

通用组可以指派所有域中的访问权限，以便访问每个域内的资源。通用组具有如下特性。

（1）可以访问任何一个域内的资源。

（2）成员能够包含整个域目录中任何一个域内的用户、通用组、全局组，但无法包含任何一个域内的本地域组。

2）全局组

全局组主要用来组织用户，即可以将多个即将被赋予相同权限的用户账户加入同一个全局组中。全局组具有如下特性。

（1）可以访问任何一个域内的资源。

（2）成员只能包含与该组相同域中的用户和其他全局组。

3）本地域组

本地域组主要被用来指派在其所属域内的访问权限，以便可以访问该域内的资源。本地域组具有如下特性。

（1）只能访问同一域内的资源，无法访问其他不同域内的资源。

（2）成员能够包含任何一个域内的用户、通用组、全局组以及同一个域内的域本地组，但无法包含其他域内的域本地组。

2. 根据权限分组

组分类方法还有很多，根据权限不同，可以分为安全组和分布式组。

1）安全组

安全组主要用于控制和管理资源的安全性。如果某个组是安全组，则可以在共享资源的属性对话框中选择"共享"选项卡，并为该组的成员分配访问控制权限，如设置该组的成员对特定文件夹具有"写入"的访问权限。除此之外，还可以使用该组进行管理，如可以将信使发送的信息发送给该组的所有成员。

2）分布式组

通常分布式组用来管理与安全性质无关的任务。例如，可以将信使发送的信息发送给某个分布式组，但是却不能为其设置资源的权限，即不能在某个文件夹属性对话框的"共享"选项卡中为该组的成员分配访问控制权限。

2.4 任务实施

2.4.1 创建本地用户账户

为了服务器的安全以及对服务器的管理方便，通过在本地服务器上创建用户账户，实现对用户访问网络中各种资源权限的管理，以保护本地系统和网络服务器不被非法用户访问，达到控制网络系统资源分布与共享的目的。

任务案例 2-1

在 Windows Server 2012 R2 中，为新天教育培训集团有关人员创建相应的账户，本任务以账户名 xesuxn 为例进行创建。

创建本地用户账户

【操作步骤】

STEP 01　选择"计算机管理"命令

在 Windows Server 2012 R2 桌面上,选择"开始"→"计算机管理"命令,如图 2-1 所示。

STEP 02　选择"新用户"命令

打开"计算机管理"窗口,展开"本地用户和组",右击"用户"选项,在弹出的快捷菜单中选择"新用户"命令,如图 2-2 所示。

图 2-1　选择"计算机管理"命令　　　　图 2-2　选择"新用户"命令

STEP 03　打开"新用户"对话框

打开"新用户"对话框,如图 2-3 所示。在此输入用户名、全名和描述,然后输入密码。设置计算机名称,如"xesuxn",在下方为用户设置密码。可以设置密码选项,包括"用户下次登录时须更改密码""用户不能更改密码""密码永不过期""账户已禁用"4 个复选框。这 4 个复选框的作用如下。

（1）用户下次登录时须更改密码:要求用户下次登录时必须修改该密码。

（2）用户不能更改密码:不允许用户修改密码,通常用于多个用户共用一个用户账户,如 xsx123 等。

（3）密码永不过期:密码永久有效,通常用于 Windows Server 2012 R2 的服务账户或应用程序所使用的用户账户。

（4）账户已禁用:禁用用户账户。

图 2-3　"新用户"对话框

STEP 04　查看新建用户

勾选"用户不能更改密码"与"密码永不过期"两个复选框,单击"创建"按钮,"xesuxn"这个用户就创建好了,如图 2-4 所示。

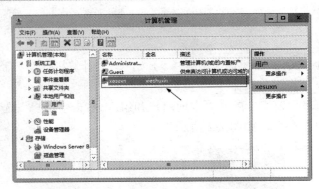

图 2-4　查看新建用户

2.4.2　修改用户账户属性

新建用户账户后，为了管理和使用的方便，管理员要对账户做进一步的设置。例如，设置密码选项或禁用账户、添加用户个人信息、账户信息、用户的拨入权限、用户配置文件终端等，这些都是通过设置账户属性来完成的。

任务案例　2-2

新的本地用户账户创建后，为了方便管理，需要对相关属性进行必要的设置。

【操作步骤】

STEP 01　打开"xesuxn 属性"对话框

新的本地用户账户 xesuxn 创建后，在图 2-4 的左侧窗格中选择"用户"节点，将会在右侧窗格中看到刚才创建的账户 xesuxn。右击该账户，在弹出的快捷菜单中选择"属性"命令，如图 2-5 所示，打开"xesuxn 属性"对话框，如图 2-6 所示。

图 2-5　选择"属性"命令　　　　　　图 2-6　"xesuxn 属性"对话框

STEP 02　配置"隶属于"选项卡信息

（1）打开"隶属于"选项卡，如图 2-7 所示，可以将此用户账户加入本地组中，在默认设置下是加入 Users 组中。

（2）单击"添加"按钮，打开"选择组"对话框，如图 2-8 所示。直接输入待加入组的名称，若想同时将该账户加入多个组中，用";"隔开即可。

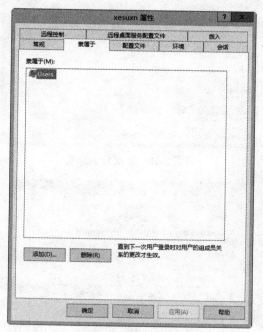

图 2-7　"隶属于"选项卡

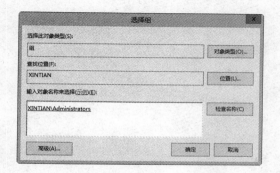

图 2-8　"选择组"对话框

> **注意**
>
> 隶属于 Users 组的用户不具备某些特殊权限（如修改系统设置），因此，当要给某用户分配一定权限时可将此用户账户加入其他组。

（3）单击"检查名称"按钮检查，如果组存在，检查结果如图 2-9 所示，其中前面代表计算机名称，后面代表组名称。或直接单击"高级"按钮，在打开的对话框中单击"立即查找"按钮搜索出可用组，如图 2-10 所示，然后在搜索结果中选择相应的组加入即可。

STEP 03　配置"配置文件"选项卡信息

打开"配置文件"选项卡，如图 2-11 所示，可以设置本地用户账户的配置文件路径、登录脚本以及主文件夹路径。当用户第一次登录时，系统就为每个用户创建一个用户配置文件，它保存了该登录用户对系统进行的所有设置。作为本地用户账户，配置文件通常保存在本地磁盘"%userprofile%"文件夹中，当用户离开或注销时，系统会对其进行自动更新。

STEP 04　配置"环境"选项卡信息

打开"环境"选项卡，如图 2-12 所示，可以设置终端服务客户机的工作环境。在"开始程序"选项组中可以指定当用户连接到终端服务器时自动运行的程序，输入相应的文件名和开始位置即可。通过对"客户端设备"选项组的设置，可以实现在登录时自动连接客户端驱动器、客户端打印机以及将默认值设为主客户端打印机等功能。

图 2-9　检查结果显示　　　　　　图 2-10　高级搜索结果

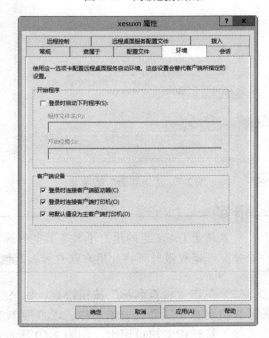

图 2-11　"配置文件"选项卡　　　　　图 2-12　"环境"选项卡

STEP 05 配置"会话"选项卡信息

打开"会话"选项卡，如图 2-13 所示，可根据具体情况设置会话的时间以及会话结束时所要进行的相关操作。

STEP 06 配置"远程控制"选项卡信息

打开"远程控制"选项卡，如图 2-14 所示，通过设置可以允许网络管理员观察或随时控制客户机会话，选中"启用远程控制"复选框，打开远程控制或观察会话功能，然后再选中"需要用户许可"复选框，申请用户远程控制或观察会话的权限。

STEP 07 配置"远程桌面服务配置文件"选项卡信息

打开"远程桌面服务配置文件"选项卡，如图 2-15 所示，通过设置可以为用户指定用于远程会话的配置文件，并且可以指定远程桌面服务会话的主目录和路径，指定用户是否有权访问远程桌面服务器。

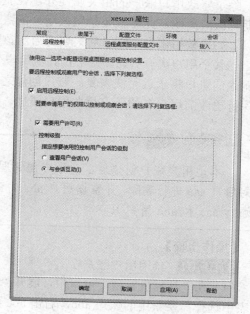

图 2-13 "会话"选项卡   图 2-14 "远程控制"选项卡

STEP 08 配置"拨入"选项卡信息

打开"拨入"选项卡，如图 2-16 所示，可以设置本地用户账户的一系列拨入属性。默认情况下，将独立远程访问服务器上或本地计算机中的 Administrator 和 Guest 账户设置为"通过 NPS 网络策略控制访问"，将其他账户设置为"拒绝访问"。"回拨选项"选项组可以使服务器以呼叫方设置的电话号码或网络管理员设置的特定电话号码回拨呼叫方。

图 2-15 "远程桌面服务配置文件"选项卡   图 2-16 "拨入"选项卡

2.4.3　管理本地用户账户

除了修改用户账户的相关属性外，在企业内部经常因工作原因，有时会出现某个用户长期休假或离职，此时就要禁用该用户的账户，不允许该账户登录，该账户信息会显示为"×"。如果禁用账户，则以后只要再启用该账户，即可恢复其相关用户的属性。

当某个用户离开公司，为防止其他用户使用该用户账户登录，就要删除该用户的账户，被删除的账户将永远无法恢复。账户创建之后，有时可以随时更改账户名，用户更名后，仍保持更改前用户名的所有相关用户属性。有时出于安全考虑，要更改用户的密码等。

任务案例 2-3

本地用户账户创建后，为了方便管理，请对用户 abc 进行禁用，对用户 aaa 进行删除，并重设用户 abc 的密码（请先按照任务案例 2-1 添加 aaa 和 abc 用户）。

管理本地用户账户

【操作步骤】

STEP 01 禁用用户账户

（1）在"计算机管理"窗口中，展开"本地用户和组"，选择"用户"选项，在对应的列表中选择需要禁用的账户 abc，右击 abc 账户，在弹出的快捷菜单中选择"属性"命令。

（2）打开"abc 属性"对话框，切换到"常规"选项卡，选中"账户已禁用"复选框，如图 2-17 所示，单击"确定"按钮，该账户即被禁用。

（3）如果要重新启用某账户，只要取消选中"账户已禁用"复选框即可。

STEP 02 删除用户账户

在"计算机管理"窗口中，展开"本地用户和组"，选择"用户"选项，在列表中选择需要删除的账户 aaa，右击该账户，在弹出的快捷菜单中选择"删除"命令，如图 2-18 所示，在弹出的删除用户提示框中单击"是"按钮，即可删除该账户。

图 2-17　禁用用户账户　　　　　　　　　　　图 2-18　删除用户账户

STEP 03　更改用户账户名

在"计算机管理"窗口中，展开"本地用户和组"，选择"用户"选项，在对应的列表中选择需要更名的账户，右击该账户，在弹出的快捷菜单中选择"重命名"命令，输入新用户名即可。

STEP 04　重设账户密码

如果用户在知道密码的情况下想更改密码，可以在登录后按 Ctrl+Alt+Delete 组合键，输入正确的旧密码，然后输入新密码即可。如果用户忘记了登录密码，其他用户不知道其旧密码，但网络管理员可以更改其密码，然后使用新密码登录。

（1）在"计算机管理"窗口中，展开"本地用户和组"，选择"用户"选项，在对应的列表中选择需要重设密码的账户（abc），右击该账户，在弹出的快捷菜单中选择"设置密码"命令，打开"为 abc 设置密码"对话框，如图 2-19 所示。

（2）单击"继续"按钮，打开设置密码对话框，输入新密码，再次输入新密码进行确认即可，如图 2-20 所示。

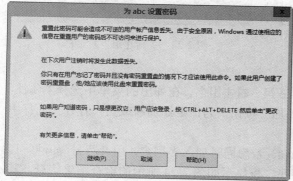
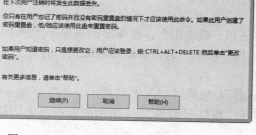

图 2-19　"为 abc 设置密码"对话框　　　　图 2-20　设置新密码

2.4.4　创建本地组

组账户是计算机的基本安全组件，是用户账户的集合。组账户并不能用于登录计算机，但是可以用于组织用户账户。通过使用组，网络管理员可以同时向一组用户分配权限，故可简化对用户账户的管理。

　任务案例　2-1

为新天教育培训集团新建 3 个用户组，分别是 manager、office 和 sales，并将 xesuxn 添加到 office 组中。

【操作步骤】

STEP 01　选择"新建组"命令

打开"计算机管理"窗口，展开"本地用户和组"，右击"组"节点，在弹出的快捷菜单中选择"新建组"命令，如图 2-21 所示。

STEP 02　打开"新建组"对话框

打开"新建组"对话框，输入新建组的组名 office 和描述信息，如图 2-22 所示。设置完成后，单击"创建"按钮创建新的本地用户账户，接着可创建另外一个组或单击"关闭"按钮关闭该对话框，完成组的创建。

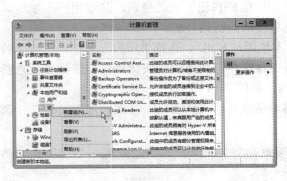

图 2-21 "新建组"命令

图 2-22 "新建组"对话框

STEP 03 为组添加新成员

（1）在图 2-21 中找到需添加用户的 office 组，右击组名，在弹出的菜单中选择"属性"命令，打开"office 属性"对话框，单击"添加"按钮，为该组添加新成员，打开"选择用户"对话框，如图 2-23 所示。

（2）直接输入待加入用户名称，如 xesuxn。若想同时加入多用户，用";"号隔开即可。然后单击"检查名称"按钮检查，如果组存在，将显示如图 2-24 所示的检查结果信息，其中前面代表计算机名称，后面代表组名称。

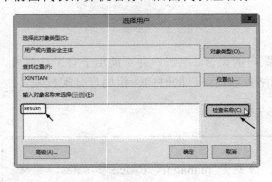

图 2-23 "选择用户"对话框

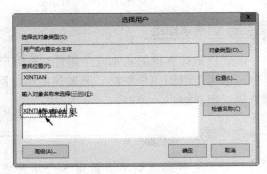

图 2-24 检查结果

（3）也可以直接单击"高级"按钮，在打开的对话框中单击"立即查找"按钮搜索出可用组，如图 2-25 所示，然后在搜索结果中选择相应的用户加入即可。

（4）也可以在如图 2-23 所示的对话框中右击需要加入组 office 的成员 xesuxn，在弹出的快捷菜单中选择"属性"命令，打开"xesuxn 属性"对话框，选择"隶属于"选项卡，单击"添加"按钮，如图 2-26 所示，进入为该组添加新成员的对话框，按提示添加即可。

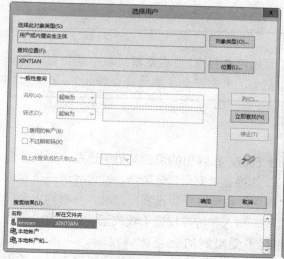

图 2-25 用户高级搜索结果

图 2-26 选择"属性"命令

2.4.5 删除本地组

当计算机中组太多而又不再需要时，可以将其删除。打开"计算机管理"窗口，右击要删除的用户组，在弹出的快捷菜单中选择"删除"命令，打开"本地用户和组"删除提示框，如图 2-27 所示，单击"是"按钮即可删除。删除功能由系统管理员或用户账户管理员执行，只可以删除新增组，不能删除系统内置组，删除内置组时会出现如图 2-28 所示错误提示。

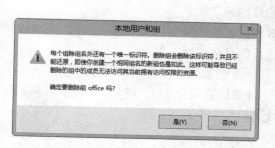

图 2-27 删除组账户提示

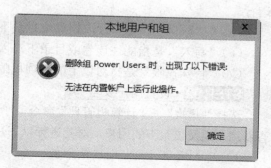

图 2-28 删除内置组时出错提示

> **注意**
>
> 每个组在创建时，系统为其分配一个唯一的标识符，这个标识符对应该组的权限以及资源访问能力等信息，一旦组账户被删除，这些对应的信息将会遗失，因此，删除前务必要慎重考虑。

2.4.6 系统账户权限设置

Windows Server 2012 R2 的默认安全设置足以保护本地和 AD 账户的安全，能够抵御多种威胁。但是，必须加强管理账户的某些默认设置，从而提高网络的安全级别。

任务案例 2-5

在新天教育培训集团的服务器中新建了本地用户和组,但在使用过程中难免会出现一些安全问题,为做好防范,需设置好磁盘安全、用户安全、本地安全等。

【操作步骤】

STEP 01 设置磁盘安全

在一个 NTFS 卷或 NTFS 卷下的一个目录上右击,在弹出的快捷菜单中选择"属性"命令,进入如图 2-29 所示的磁盘属性设置对话框。切换到"安全"选项卡,就可以对一个卷或者一个卷下面的目录进行权限设置,或单击"高级"按钮进一步设置。此时,会看到完全控制、修改、读取和执行、列出文件夹内容、读取、写入和特殊权限七项权限。

(1)"完全控制"就是对此卷或目录拥有不受限制的完全访问权限。其地位就像 Administrators 在所有组中的地位一样。选中"完全控制"权限,除"特殊权限"以外的五项权限将会被自动选中。

(2)"修改"的地位则像 Power users,选中了"修改"权限,"读取和执行""列出文件夹内容""读取""写入"四项权限将会被自动选中。这四项权限中的任何一项没有被选中时,"修改"条件将不再成立。

(3)"读取和执行"就是允许读取和运行这个卷或目录下的任何文件,"列出文件夹内容"和"读取"是"读取和执行"的必要条件。

(4)"列出文件夹内容"是指只能浏览该卷或目录下的子目录,不能读取,也不能运行。

(5)"读取"是指能够读取该卷或目录下的数据。

(6)"写入"是指能往该卷或目录下写入数据。

(7)"特殊权限"是指对以上的六项权限进行的具体说明。

STEP 02 设置用户安全

选择"开始"→"计算机管理"命令,打开"计算机管理"窗口,展开"本地用户和组",查看用户组及该组下的用户,对其进行以下几个方面的安全设置。

1)给 Administrator 用户重命名

Windows Server 2012 R2 的 Administrator 用户是不能被停用的,这意味着其他人可以一遍又一遍地尝试这个用户的密码,所以应该尽量把它伪装成普通用户,如将其改成 xintian,再将普通用户(如 abc)重命名为 Administrator。如图 2-30 所示,在用户 Administrator 上右击,在弹出的快捷菜单上选择"重命名"命令,输入需要修改的用户名 xintian 即可。

2)禁用 Guest 账户

为了计算机系统的安全,通常在计算机管理的用户里面把 Guest 账户禁用。同时,最好给 Guest 账户设置一个复杂的密码,其中包含一串特殊字符、数字、字母的长字符串。右击 Guest 账户,在弹出的快捷菜单中选择"属性"命令,进入"Guest 属性"对话框。选中"账户已禁用"复选框后,单击"应用"按钮即可。设置完成后在 Guest 账户上将出现"×"表示已禁用。

图 2-29　磁盘属性设置

图 2-30　给 Administrator 用户重命名

3）限制不必要的用户

去掉所有不必要的用户，如测试用户、共享用户等。为用户组策略设置相应权限，并且经常检查系统的用户，删除已经不再使用的用户。通常这些用户都是黑客入侵系统的突破口。

4）创建一个陷阱用户

创建陷阱用户，即创建一个名为 Administrator 的本地用户，把它的权限设置成最低，任何操作都不能完成，并且加上一个超过 10 位的超级复杂密码。这样可以让那些黑客忙上一段时间，从而发现他们的入侵企图。

5）把共享文件的权限从 Everyone 组改成授权用户

任何时候都不要把共享文件的用户设置成 Everyone 组，包括打印共享，默认的属性是 Everyone 组的，要进行修改。

6）开启用户策略

开启用户策略后，可以分别设置复位账户锁定计数器时间、账户锁定时间及账户锁定阈值。详细设置见本地安全设置部分内容，在此不再赘述。

STEP 03　本地安全设置

本地安全设置是指用户登录安装了 Windows Server 2012 R2 的计算机对用户登录、在本地计算机执行相关任务以及通过网络访问本地计算机等定义的一系列安全设置。通过这些安全设置，可以直接修改本地计算机的账户策略（包括密码策略和账户锁定策略）、本地策略（包括审核策略、用户权限分配和安全选项）、公钥策略、软件限制策略以及 IP 安全策略，进而达到控制用户对本地计算机资源和共享资源访问的目的。

在 Windows Server 2012 R2 中，选择"开始"→"管理工具"→"本地安全策略"命令，如图 2-31 所示。打开"本地安全策略"窗口，如图 2-32 所示，展开"安全设置"项目设置本地安全策略。

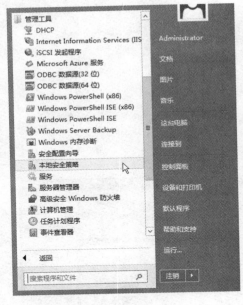 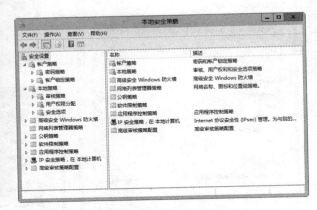

图 2-31   选择 "本地安全策略" 命令   图 2-32   "本地安全策略" 窗口

1. 账户策略→密码策略

"密码策略" 属于 "账户策略" 的一个子集, 可用于域账户或本地用户账户管理。具体内容介绍如下。

1) "强制密码历史" 策略

该安全设置通过确保旧密码不能继续使用, 从而提高系统安全性。重新使用旧密码之前, 该安全设置需确定与某个用户账户相关的唯一新密码的数量, 这个数量值必须为 0～24 之间的一个数值。

选择 "密码策略", 右击右侧窗格中的 "强制密码历史" 策略, 在弹出的快捷菜单中选择 "属性" 命令, 进入如图 2-33 所示的 "强制密码历史 属性" 对话框。输入数值后单击 "确定" 按钮即可。

2) "密码最短使用期限" 策略

该安全设置用于确定用户可以更改密码之前必须使用该密码的时间 (单位为天)。可以设置为 1～998 天之间的某个值, 或者通过将天数设置为 0, 允许立即更改密码。如果希望强制密码历史有效, 可将密码最短有效期限设置为大于 0。如果没有密码最短有效期限, 则用户可以重复循环用过的密码, 直到获得满意的旧密码。

选择 "密码策略", 右击右侧窗格中的 "密码最短使用期限" 策略, 在弹出的快捷菜单中选择 "属性" 命令, 进入如图 2-34 所示的 "密码最短使用期限 属性" 对话框。输入数值后单击 "确定" 按钮即可。

3) "密码最长使用期限" 策略

该安全设置用于确定系统要求用户更改密码之前可以使用该密码的时间 (单位为天)。可将密码的过期天数设置在 1～999 天之间, 或将天数设置为 0, 以指定密码永不过期。如果密码最长使用期限在 1～999 天之间, 那么密码最短使用期限必须小于密码最长使用期限。如果密码最长使用期限设置为 0, 则密码最短使用期限可以是 1～998 天之间的任何值。

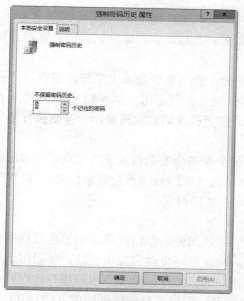

图 2-33　"强制密码历史 属性"对话框

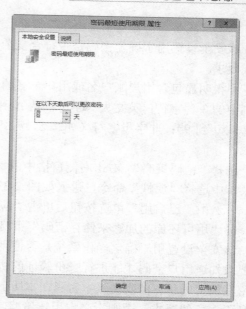

图 2-34　"密码最短使用期限 属性"对话框

选择"密码策略",右击右侧窗格中的"密码最长使用期限"策略,在弹出的快捷菜单中选择"属性"命令,进入如图 2-35 所示的"密码最长使用期限 属性"对话框。输入数值后单击"确定"按钮即可。

4)"密码长度最小值"策略

该安全设置用于确定用户账户的密码可以包含的最少字符个数。可以设置为 1～14 个字符之间的某个值,或者通过将字符数设置为 0,以设置成不需要密码。

选择"密码策略",右击右侧窗格中的"密码长度最小值"策略,在弹出的快捷菜单中选择"属性"命令,进入如图 2-36 所示的"密码长度最小值 属性"对话框。输入数值后单击"确定"按钮即可。

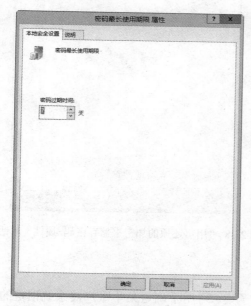

图 2-35　"密码最长使用期限 属性"对话框

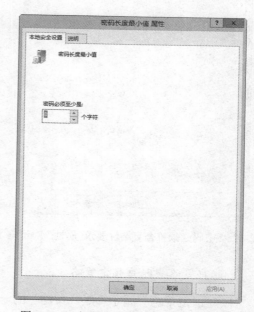

图 2-36　"密码长度最小值 属性"对话框

5）"密码必须符合复杂性要求"策略

该安全设置用于确定密码是否符合复杂性要求。如启用该策略，则密码必须符合以下最低要求。

不得明显包含用户账户名或用户全名的一部分；长度至少为 6 个字符；包含以下 4 种类别中的 3 种字符：英文大写字母（从 A 到 Z），英文小写字母（从 a 到 z）；10 个基本数字（从 0 到 9）；非字母字符（如!、$、#、%）。在更改或创建密码时，会强制执行复杂性要求。

选择"密码策略"，右击右侧窗格中的"密码必须符合复杂性要求"策略，在弹出的快捷菜单中选择"属性"命令，进入如图 2-37 所示的"密码必须符合复杂性要求 属性"对话框。选中"已启用"单选按钮后单击"应用"按钮即可。

6）"用可还原的加密来储存密码"策略

该安全设置用于确定操作系统是否使用可还原的加密来存储密码。如果应用程序使用了要求知道用户密码才能进行身份验证的协议，则该策略可对它提供支持。使用可还原的加密存储密码和存储明文版本密码在本质上是相同的。因此，除非应用程序有比保护密码信息更重要的要求，否则不必启用该策略。当使用问答握手身份验证协议（CHAP）通过远程访问或 Internet 身份验证服务（IAS）进行身份验证时，该策略是必需的。在 Internet 信息服务（IIS）中使用摘要式验证时也要求启用该策略。

选择"密码策略"，右键右侧窗格中的"用可还原的加密来存储密码"策略，在弹出的快捷菜单中选择"属性"命令，进入如图 2-38 所示的"用可还原的加密来储存密码 属性"对话框。选中"已启用"单选按钮后单击"应用"按钮即可。

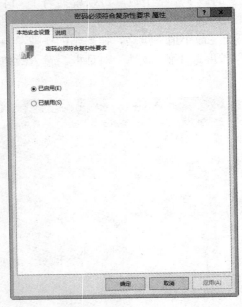
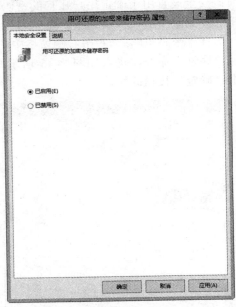

图 2-37 "密码必须符合复杂性要求 属性"对话框　图 2-38 "用可还原的加密来储存密码 属性"对话框

2. 账户策略→账户锁定策略

"账户锁定策略"属于"账户策略"的一个子集，可用于确定某个账户被系统锁定的情况及时间长短。具体内容如下。

1）"账户锁定时间"策略

该安全设置用于确定锁定的账户在自动解锁前保持锁定状态的分钟数,有效范围为 0～99 999 分钟。如果将账户锁定时间设置为 0,那么在网络管理员明确将其解锁前,该账户将被锁定。如果定义了账户锁定阈值,则账户锁定时间必须大于或等于重置时间。因为只有当指定了账户锁定阈值时该安全设置才有意义,所以默认时不可用。

2）"账户锁定阈值"策略

该安全设置用于确定造成用户账户被锁定的登录失败尝试的次数。在无法使用锁定的账户,可能是管理员进行了重新设置或该账户的锁定时间已过期。登录尝试失败的次数可设置为 0～999。如果将此值设为 0,则无法锁定账户。对于使用 Ctrl+Alt+Delete 组合键或带有密码保护的屏幕保护程序锁的工作站或成员服务器计算机,失败的密码尝试记入失败的登录尝试次数中。

3）"重置账户锁定计数器"策略

该安全设置用于确定在登录尝试失败计数器被复位为 0（即 0 次失败登录尝试）之前,尝试登录失败之后所需的分钟数。有效范围为 1～99 999 分钟。如果定义了账户锁定阈值,则该复位时间必须小于或等于账户锁定时间。因为只有当指定了账户锁定阈值时该策略设置才有意义,所以默认时不可用。

3. 本地策略→审核策略

"审核策略"属于"本地策略"的一个子集。执行审核策略前,必须决定要审核的事件类别。为事件类别选择的审核设置将定义审核策略。在加入域中的成员服务器和工作站上,默认情况下未定义事件类别的审核设置。

4. 本地策略→用户权限分配

"用户权限分配"属于"本地策略"的一个子集,它包括备份文件和目录、创建标记对象、调试程序以及配置文件系统性能等部分。

5. 本地策略→安全选项

"安全选项"属于"本地策略"的一个子集,它包括账户（管理员账户状态）、审核（对全局系统对象的访问进行审核）、设备（未签名驱动程序的安装操作）以及网络访问（不允许存储网络身份验证的凭据或.NET Passport）等部分。

6. 公钥策略

通过使用 Windows Server 2012 R2 域中的公钥策略,管理员可自动为计算机颁发证书、管理加密的数据恢复代理、创建证书信任列表,或自动建立证书颁发机构的信任。

选择"公钥策略",右击"加密文件系统",在弹出的快捷菜单中选择"添加数据恢复代理程序"命令（或选择"所有任务"→"添加数据恢复代理程序"命令）,然后按照"添加故障恢复代理向导"的指示进行操作。

7. 软件限制策略

软件限制策略旨在满足控制未知或不信任软件的需求。随着网络以及电子邮件在商务计算方面的应用日益增多,用户经常会遇到新软件,就必须不断做出是否运行该未知软件的决定。病毒和特洛伊木马经常故意伪装自己以骗得用户的运行,要用户做出安全的选择来确定应该运行的程序是非常困难的。使用软件限制策略,可通过标识并指定允许运行的软件来保护计算机环境免受不信任软件的侵袭。可以为组策略对象(GPO)定义"不受限的"或"不允许的"默认安全级别,从而决定是否在默认情况下允许软件运行。通过为特定软件创建软件限制策略规则,可以对默认安全级别做出例外安排。

可以通过如下方式配置此安全设置:右击"软件限制策略",在弹出的快捷菜单中选择"创建软件限制策略"命令(或选择"所有任务"→"创建软件限制策略"命令),新建后再对其进行相关设置。

2.5 拓展训练

2.5.1 课堂训练

课堂任务

按照表 2-1 为新天教育培训集团创建相关用户,用户创建完成后,可任选一个用户进行登录测试。

表 2-1 相关用户信息

用户名称	全名	密码	密码权限归属	用户类别
User1	Xintian User 1	one		管理员
User2	Xintian User 2	two		用户
User3	Xintian User 3	three		用户
User4	Xintian User 4	four		管理员
User5	Xintian User 5	five		用户

课堂任务

按照表 2-2 为新天教育培训集团创建和管理本地组,在 Test 组添加 User3,删除 User4,最后删除 XTGroup3 组。

表 2-2 组信息

组	成员
XTGroup1	User1、User2
XTGroup2	User2、User3
XTGroup3	User3、User4
Test	User4、User5

2.5.2 课外拓展

一、知识拓展

【拓展 2-1】填空题。

1. Administrator 是操作系统中最重要的用户账户，通常称为超级用户，它属于系统中的_____账户。

2. Windows Server 2012 R2 中用户分为以下 3 种：内置用户、_____和本地用户。

3. 用户配置文件分为 3 种，它们分别为_____、_____和_____。管理员在域控制器上创建了一个用户，该用户被创建后所使用的用户配置文件是_____。

4. Windows Server 2012 R2 中超级用户的名字是_____。

5. 用户账户的密码最长是_____个字符。

6. 密码复杂性要求至少包含数字、大写字母、小写字母和_____4 种里的 3 种。

【拓展 2-2】选择题。

1. 在 Windows Server 2012 R2 中，计算机的网络管理员有禁用账户的权限。当一个用户有一段时间不用账户（可能是休假等原因），网络管理员可以禁用该账户。下列关于禁用账户的叙述中正确的是（　　）。（选择两项）

　　A. Administrator 账户可以禁用自己，所以在禁用自己之前，应该先创建至少一个管理员组的账户

　　B. 普通用户可以被禁用

　　C. Administrator 账户不可以被禁用

　　D. 禁用的账户过一段时间会自动启用

2. 下列选项中，（　　）不是合法的账户名。

　　A. abc_123　　　　　B. windows book　　　C. dictionar*　　　D. abdkeofFHEKLLOP

3. （　　）账户默认情况下是禁用的。

　　A. Administrators　　B. Power users　　　　C. Users

　　D. Administrator　　E. Guest

4. 小赵是一台系统为 Windows Server 2012 R2 的计算机的管理员，该计算机处于工作组中。由于工作关系，来公司参观的人需要使用这台计算机访问公司的网络。小赵希望所有来访者都不能更改所有账号的密码，在为来访问者创建账号时，小赵应该选择（　　）。

　　A. 用户下次登录时必须更改密码　　　　B. 用户不能更改密码

　　C. 账户已锁定　　　　　　　　　　　　D. 账户已禁用

5. 下列关于组可以包含组的描述中，正确的是（　　）。（选择两项）

　　A. 组在任何时候都可以包含组

　　B. 组在任何时候都可以加入组

　　C. 在工作组模式下，本地组不能包含本地组

　　D. 在工作组模式下，本地组可以包含内置组

二、技能拓展

【拓展 2-3】在 Windows Server 2012 R2 中，为新天教育培训集团创建张三、李四、王

五和周六 4 个用户，用户创建完成后，请任选一个用户进行登录测试。

【拓展 2-4】在 Windows Server 2012 R2 中，为新天教育培训集团创建和管理办公室、销售部和财务部 3 个本地组，在财务部组添加 CWGrp1 和 CWGrp2，并将张三与李四加入 CWGrp1；在销售部添加 XSGrp1、XSGrp2 和 XSGrp3 组，并将王五和周六加入 XSGrp2。

■2.6 总结提高

通过本项目的学习，大家应该已经掌握了 Windows Server 2012 R2 本地计算机中主要的两种账户管理：本地用户账户和组账户。通过为账户设置有关的权限，可以实现对用户访问网络中各种数据权限的管理，以保护本地系统和网络服务器不被非法用户访问，达到控制网络系统资源分布与共享的目的。完成本项目后，认真填写学习情况考核登记表（表 2-3），并及时予以反馈。

表 2-3 学习情况考核登记表

序号	知识与技能	重要性	自我评价					小组评价					老师评价				
			A	B	C	D	E	A	B	C	D	E	A	B	C	D	E
1	能够创建本地账户	★★★★★															
2	能够修改本地账户属性	★★★☆															
3	能够删除账户、修改账户名和账户密码	★★★★															
4	能够创建本地组账户	★★★★★															
5	能够删除本地组账户	★★★★															
6	能够配置系统账户的相关权限	★★★★☆															
7	能够完成课堂训练	★★★☆															

说明：评价等级分为 A、B、C、D、E 五等。其中，对知识与技能掌握很好，能够熟练地完成本地用户与组的配置与管理为 A 等；掌握了 75%以上的内容，能较为顺利地完成任务为 B 等；掌握 60%以上的内容为 C 等；基本掌握为 D 等；大部分内容不够清楚为 E 等。

配置与管理磁盘

学习指导

教学目标 ☞

知识目标

了解磁盘管理的基本概念

掌握主磁盘分区的创建与管理

了解动态磁盘的基本概念

掌握动态磁盘分区的创建与管理

掌握 Windows Server 2012 R2 自带磁盘管理工具的使用

技能目标

会对基本磁盘进行分区、格式化

会使用 Windows Server 2012 R2 自带磁盘管理工具

能将基本磁盘转换为动态磁盘

能在动态磁盘中对一般卷进行创建与管理

能进行磁盘配额管理

能对文件进行压缩与加密

态度目标 ☞

培养认真细致的工作态度和工作作风

养成刻苦、勤奋、好问、独立思考和细心检查的学习习惯

能与组员精诚合作,正确面对他人的成功或失败

具有一定的自学能力,分析、解决问题能力和创新能力

建议课时 ☞

教学课时:理论 2 课时+教学示范 2 课时

拓展训练课时:课堂模拟 2 课时+课堂训练 2 课时

　　Windows Server 2012 R2 的磁盘管理任务是以一组磁盘管理应用程序的形式提供给用户的，它们位于"计算机管理"控制台中，包括查错程序、磁盘碎片整理程序、磁盘整理程序等。用户可以使用这些磁盘管理工具方便地对本地磁盘进行各种操作，包括对磁盘进行分区、格式化，将基本磁盘转换为动态磁盘，以及对动态磁盘进行管理。

　　本项目详细介绍基本磁盘和动态磁盘的基本概念，使用磁盘管理工具对磁盘进行分区和格式化，以及将基本磁盘转换为动态磁盘，在动态磁盘中对一般卷的创建与管理；容错卷的创建与管理；文件的压缩与加密；磁盘重整与磁盘故障恢复等。通过任务案例引导读者完成磁盘配置和管理的各项任务。

■3.1　情境描述

做好磁盘管理，保证系统安全

　　在新天教育培训集团的网络建设项目中，唐宇负责技术开发和服务器的配置与管理，在进行网络操作系统安装、各类服务器配置与管理的过程中，他认真负责、刻苦钻研，解决了一个又一个难题。

　　接下来的工作是在保证系统正常工作的同时，又能保证各类服务器发挥更好的性能。除了在安装 Windows Server 2012 R2 的过程中需要配置磁盘外，在使用计算机过程中也经常要进行磁盘管理，如新建分区、删除磁盘分区、更改驱动器号及路径、清理磁盘和设置磁盘限额等。同时在使用基本磁盘时，会出现分区不可跨越磁盘；如果没有及时备份而遭遇磁盘损坏，会造成极大的损失等。

　　此时，唐宇在服务器中应该进行哪些配置，才能为新天教育培训集团解决上述问题呢？

　　唐宇凭借所学的知识经过分析认为，要满足以上要求需要对磁盘进行配置与管理。首先要利用磁盘管理工具查看分区情况，并根据实际需要添加、删除、格式化分区，指派、更改或删除驱动器号，将分区标记为活动分区等。其次，要将基本磁盘转化为动态

磁盘，保证用户可以在动态磁盘上实现数据的容错、高速的读写操作、相对随意的修改卷大小等。

■3.2　任务分析 ■

1. 磁盘管理的概念与主要功能

磁盘管理是计算机使用中的一项常规任务，它是以一组磁盘管理应用程序的形式提供给用户，位于"计算机管理"控制台中。磁盘管理包括查错程序、磁盘碎片整理程序以及磁盘整理程序等。

磁盘管理的主要功能包括查看本机磁盘信息；对本机硬盘进行分区、更改盘符路径、格式化、动态磁盘与虚拟磁盘间转换等。Windows Server 2012 R2 支持基本分区和动态分区两类分区，实现了跨区卷、带区卷、镜像卷等功能。使用动态存储技术，可以创建、扩充或监视磁盘卷，添加新磁盘，用户无须重新启动系统，多数配置即可立即生效。

2. 磁盘的分区和格式化

工厂生产的硬盘必须经过低级格式化、分区和高级格式化三个步骤才能存储数据。其中磁盘的低级格式化通常由生产厂家完成，目的是划定磁盘可供使用的扇区和磁道，并标记有问题的扇区；而用户则需要使用操作系统所提供的磁盘工具对磁盘进行分区和格式化。

计算机中的硬盘称为物理盘，而将在硬盘分区之后所建立的具有"C："或"D："等各类"Drive/驱动器"称为逻辑盘。逻辑盘是系统为控制和管理物理硬盘而建立的操作对象，一块物理盘可以设置成一块逻辑盘，也可以设置成多块逻辑盘使用。

在对硬盘的分区和格式化处理步骤中，建立分区和逻辑盘是对硬盘进行格式化处理的必然条件。用户可以根据物理硬盘容量和自己的需要建立主分区、扩展分区和逻辑盘符后，再通过格式化处理来为硬盘分别建立引导区（BOOT）、文件分配表（FAT）和数据存储区（DATA）。只有经过以上处理之后，硬盘才能在电脑中正常使用。

3. 动态磁盘管理

一个硬盘既可以是基本的磁盘，也可以是动态的磁盘，但不能二者兼是，因为在同一磁盘上不能组合多种存储类型。但是，如果计算机中有多个硬盘，就可以将各个硬盘分别配置为基本磁盘或动态磁盘。

1）基本磁盘转换为动态磁盘

Windows Server 2012 R2 安装完成后默认的磁盘类型是基本磁盘，在使用动态磁盘功能之前，首先要把基本磁盘转换为动态磁盘。

2）动态磁盘分区的创建与管理

在将一个磁盘从基本磁盘转换为动态磁盘后，磁盘上包含的将是卷，而不再是磁盘分区。其中的每个卷是硬盘驱动器上的一个逻辑部分，还可以为每个卷指定一个驱动器字母或者挂接点，但是要注意的是只能在动态磁盘上创建卷。

动态磁盘通过将磁盘划分为卷的方式来管理磁盘空间，需要创建的卷类型包括简单卷、带区卷、跨区卷、镜像卷和 RAID-5 卷五种。

4. 基本磁盘转换为动态磁盘的具体要求

（1）必须以管理员或管理组成员的身份登录才能完成该过程。如果计算机与网络连接，则网络策略设置也有可能妨碍转换。

（2）将基本磁盘转换为动态磁盘后，不能将动态卷改回到基本分区。这时唯一的方法就是删除磁盘上的所有动态卷，然后使用"还原为基本磁盘"命令。

（3）在转换磁盘之前，应该先关闭在那些磁盘上运行的程序。

（4）为保证转换成功，任何要转换的磁盘都必须至少包含 1MB 的未分配空间。在磁盘上创建分区或卷时，"磁盘管理"工具将自动保留这个空间。但是带有其他操作系统创建的分区或卷的磁盘上可能就没有这个空间。

（5）扇区大小超过 512B 的磁盘，不能从基本磁盘升级为动态磁盘。

（6）一旦升级完成，动态磁盘就不能包含分区或逻辑驱动器，也不能被非 Windows Server 2012 R2 的其他操作系统所访问。

5. 磁盘管理的基本流程

在 Windows Server 2012 R2 中进行磁盘管理的基本流程如下。

（1）构建磁盘工作环境，对基本磁盘进行分区、格式化。

（2）创建与管理磁盘分区。

（3）将基本磁盘转换为动态磁盘。

（4）对动态磁盘区进行管理，包括创建简单卷、跨区卷、带区卷、镜像卷和 RAID-5 卷。

（5）磁盘配额的配置与管理。

（6）文件的压缩、加密与磁盘整理。

6. 本项目的具体任务

本项目主要完成以下任务：磁盘管理工具的使用，分区的创建与管理，动态磁盘区的创建与管理，磁盘配额，添加磁盘，文件的压缩、加密与磁盘整理。

▌3.3　知识储备 ▌

3.3.1　磁盘管理基本概念

Windows Server 2012 R2 集成了许多"磁盘管理"程序，这些实用程序是用于管理硬盘、卷或它们所包含的分区的系统实用工具。利用磁盘管理可以初始化磁盘、创建卷、使用 FAT、FAT32 或 NTFS 文件系统格式化卷以及创建容错磁盘系统。磁盘管理可以在不需要重新启动系统或中断用户的情况下执行多数与磁盘相关的任务；大多数配置更改可以立即生效。用户有效地对本地磁盘进行管理、设置和维护，可以保证计算机系统快速、安全与稳定地工作，保证 Windows Server 2012 R2 服务器为网络应用提供稳定的服务。

1. 磁盘管理特性

Windows Server 2012 R2 的磁盘管理特性如下。

1）动态存储

利用动态存储技术，不用重新启动系统，就可以创建、扩充或监视磁盘卷；不用重新启动计算机就可以添加新磁盘，而且多数配置的改变可以立即生效。

2）本地和网络驱动器管理

如果是管理员，可以管理运行 Windows Server 2012/2008/NT 域中的任何网络计算机磁盘。

3）简化任务和用户接口

磁盘管理易于使用。菜单显示了在选定对象上执行的任务，向导可以引导你创建分区和卷，并初始化或更新磁盘。

4）驱动器路径

可以使用磁盘管理将本地驱动器连接或固定在一个本地 NTFS 格式卷的空文件夹上。

2. 基本磁盘上的分区类型

基本磁盘是一种可由 MS-DOS 和所有基于 Windows 的操作系统访问的物理磁盘，是以分区方式组织和管理磁盘空间，如图 3-1 所示。基本磁盘可包含多达四个主磁盘分区，或三个主磁盘分区加一个具有多个逻辑驱动器的扩展磁盘分区。

1）主磁盘分区

主磁盘分区通常就是用来启动操作系统的分区。磁盘上最多可以有四个主磁盘分区。当基本磁盘上包含两个以上的主磁盘分区时，可以在不同的分区里安装不同的操作系统，系统将默认由第一个主磁盘分区作为启动分区。

2）扩展磁盘分区

扩展磁盘分区是基本磁盘中除主磁盘分区之外剩余的硬盘空间。不能用来启动操作系统。一个硬盘中只能

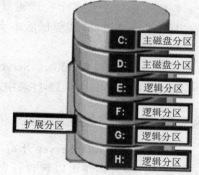

图 3-1　磁盘空间

存在一个扩展磁盘分区。也就是说，一个基本磁盘中最多可以由三个主磁盘分区和一个扩展磁盘分区组成。系统管理员可根据实际需要在扩展磁盘分区上创建多个逻辑驱动器。

3）逻辑驱动器

逻辑驱动器是在扩展磁盘分区中创建的分区。逻辑驱动器类似于主磁盘分区，只是每个磁盘最多只能有四个主磁盘分区，而在每个磁盘上创建的逻辑驱动器的数目不受限制。逻辑驱动器可以被格式化并被指派驱动器号。

3. 磁盘管理涉及的概念和术语

1）分区

分区是像物理上独立的磁盘那样工作的物理磁盘部分。创建分区后，在将数据存储在该分区之前，必须将其格式化并指派驱动器号。在基本磁盘上，分区被称为基本卷，它包含主要分区和逻辑驱动器。在动态磁盘上，分区称为动态卷，它包含简单卷、带区卷、跨

区卷、镜像卷和 RAID-5 卷。

2）主磁盘分区

主磁盘分区是可在基本磁盘上创建的一种分区类型。主磁盘分区是物理磁盘的一部分，它像物理上独立的磁盘那样工作。对于基本主启动记录（MBR）磁盘，在一个基本磁盘上最多可以创建四个主磁盘分区，或者三个主磁盘分区和一个有多个逻辑驱动器的扩展磁盘分区。对于 GUID 分区表（GPT）磁盘，最多可创建 128 个主磁盘分区。分区也称为"卷"。

3）扩展磁盘分区

扩展磁盘分区是一种分区类型，只可以在 MBR 磁盘上创建。如果想在 MBR 磁盘上创建四个以上的卷，需要使用扩展磁盘分区。与主磁盘分区不同的是，扩展磁盘分区需进一步创建一个或多个逻辑驱动器。创建逻辑驱动器之后，可以将其格式化并为其指派一个驱动器号。一个 MBR 磁盘可以包含最多四个主磁盘分区，或三个主磁盘分区、一个扩展磁盘分区和多个逻辑驱动器。

4）卷

卷是硬盘上的存储区域。使用一种文件系统（如 FAT 或 NTFS）可以格式化卷，并给卷指派一个驱动器号。单击"Windows 资源管理器"或"我的电脑"中某个卷的图标可以查看该卷的内容。一个硬盘可以有多个卷，一个卷也可以跨越多个磁盘。

5）卷集

卷集是由一个或多个物理磁盘上的磁盘空间组成的卷。使用基本磁盘可以创建卷集，只有 Windows NT 4.0 或更低版本支持卷集。动态磁盘中使用跨区卷代替卷集。

6）引导分区

引导分区包含 Windows Server 2012 R2 操作系统文件，这些文件位于%Systemroot%和%Systemroot%\System32 目录中。

3.3.2　基本磁盘与动态磁盘

从 Windows 2000 Server 开始，Windows 系统将磁盘存储类型分为基本磁盘和动态磁盘两种类型。磁盘系统可以包含任意的存储类型组合，但是同一个物理磁盘上所有卷必须使用同一种存储类型。在基本磁盘上，使用分区来分割磁盘；在动态磁盘上，将存储分为卷而不是分区。

1. 基本磁盘

基本磁盘是一种可由 MS-DOS 和所有基于 Windows 的操作系统访问的包含主磁盘分区、扩展磁盘分区或逻辑驱动器的物理磁盘。对于 MBR 磁盘（磁盘第一个引导扇区包括分区表和引导代码），最多可以创建四个主磁盘分区，或最多三个主磁盘分区加上一个扩展分区。在扩展分区内，可以创建多个逻辑驱动器。对于 GPT 磁盘[一种基于 Itanium 计算机的可扩展固件接口（EPI）使用的磁盘分区架构]，最多可创建 128 个主磁盘分区。由于GPT 磁盘并不限制四个分区，因而不必创建扩展分区或逻辑驱动器。

2. 动态磁盘

动态磁盘可以提供一些基本磁盘不具备的功能，如创建可跨越多个磁盘的卷（跨区卷和带区卷）和创建具有容错能力的卷（镜像卷和 RAID-5 卷）。所有动态磁盘上的卷都是动态卷。动态卷有五种类型：简单卷、跨区卷、带区卷、镜像卷和 RAID-5 卷。不管动态磁盘使用 MBR 还是 GPT 分区样式，都可以创建最多 2000 个动态卷，推荐值是 32 个或更少。

基本磁盘和动态磁盘都可以完成以下功能：检测磁盘属性，如容量、可用空间和当前状态；查看卷和分区属性，如大小、分配的驱动器号、卷标、类型和文件系统；为一个磁盘卷、分区、CD-ROM 设备建立驱动器号；为一个卷或分区创建共享磁盘和安全设置；将一个基本磁盘升级为动态磁盘，或将动态磁盘转化为基本磁盘。

多磁盘的存储系统应该使用动态存储。磁盘管理支持在多个硬盘有超过一个分区的遗留卷，但不允许创建新的卷。不能在基本磁盘上执行创建简单卷、跨区卷、带区卷、镜像卷和带奇偶校验的带，以及扩充卷和卷设置等操作。

1）简单卷

简单卷由单个物理磁盘上的磁盘空间组成，它可以由磁盘上的单个区域或连接在一起的相同磁盘上的多个区域组成。可以在同一磁盘中扩展简单卷或把简单卷扩展到其他磁盘。如果跨多个磁盘扩展简单卷，则该卷就是跨区卷。

只能在动态磁盘上创建简单卷。简单卷不能包含分区或逻辑驱动器，也不能由 Windows Server 2012 R2 和 Windows Server 2008 以外的其他 Windows 操作系统访问。

2）跨区卷

跨区卷可以将来自两个或更多磁盘（最多为 32 块硬盘）的剩余磁盘空间组成为一个卷。与带区卷所不同的是，将数据写入跨区卷时，首先填满第一个磁盘上的剩余部分，然后再将数据写入下一个磁盘，依此类推。虽然利用跨区卷可以快速增加卷的容量，但是跨区卷既不能提高对磁盘数据的读取性能，也不提供任何容错功能。当跨区卷中的某个磁盘出现故障时，存储在该磁盘上的所有数据将全部丢失。

3）带区卷

带区卷是由两个或多个磁盘中的空余空间组成的卷（最多 32 块磁盘）。在向带区卷中写入数据时，数据被分割成 64KB 的数据块，然后同时向阵列中的每一块磁盘写入不同的数据块。这个过程显著提高了磁盘效率和性能，但是，带区卷不提供容错功能。

4）镜像卷

RAID（redundant array of inexpensive disks，廉价磁盘冗余阵列）是一种把多块物理硬盘按不同的方式组合起来形成一个逻辑硬盘组，从而提供比单个硬盘更高的存储性能和数据冗余技术。组成磁盘阵列不同的方式称为 RAID 级别。Windows Server 2012 R2 内嵌了软件的 RAID-0、RAID-1 和 RAID-5。

镜像卷即 RAID-1，是一种在两块磁盘上实现的数据冗余技术。利用 RAID-1，可以将用户的相同数据同时复制到两个物理磁盘中。如果其中的一个物理磁盘出现故障，虽然该磁盘上的数据无法使用，但系统能够继续使用尚未损坏的正常运转的磁盘进行数据的读、写操作，通过另一磁盘保留完全冗余的副本，保护磁盘上的数据免受介质故障的影响。由此可见，镜像卷的磁盘空间利用率只有 50%（每组数据有两个成员），所以镜像卷的成本相对较高。

5）RAID-5 卷

在 RAID-5 卷中，Windows Server 2012 R2 通过给该卷的每个硬盘分区中添加奇偶校验信息带区来实现容错。如果某个硬盘出现故障，Windows Server 2012 R2 便可以用其余硬盘上的数据和奇偶校验信息重建发生故障的硬盘上的数据。

因为要计算奇偶校验信息，所以 RAID-5 卷上的写操作要比镜像卷上的写操作慢一些。但是，RAID-5 卷比镜像卷提供更好的读性能。原因很简单，Windows Server 2012 R2 可以从多个磁盘上同时读取数据。与镜像卷相比，RAID-5 卷的性价比较高，而且 RAID-5 卷中的硬盘数量越多，冗余数据带区的成本越低。因此，RAID-5 广泛应用于存储环境。

RAID-5 卷至少需要三个硬盘才能实现，但最多不能超过 32 块硬盘。与 RAID-1 不同，RAID-5 卷不能包含根分区或系统分区。

3. 动态磁盘与基本磁盘的比较

动态磁盘是从 Windows 2000 时代开始的新特性，Windows Server 2012 R2 继续使用了这个特性。相比基本磁盘，它提供更加灵活的管理和使用特性。

（1）用户可以在动态磁盘上实现数据的容错、高速的读写操作、相对随意的修改卷大小等操作，而不能在基本磁盘上实现。

（2）一块基本磁盘只能包含四个分区，最多三个主分区和一个扩展分区，扩展分区可以包含数个逻辑盘。而动态磁盘没有卷数量的限制，只要磁盘空间允许，用户可以在动态磁盘中任意建立卷。

（3）在基本磁盘中，分区是不可跨越磁盘的。然而，通过使用动态磁盘，用户可以将数块磁盘中的空余磁盘空间扩展到同一个卷中来增大卷的容量。

（4）基本磁盘的读写速度由硬件决定，不可能在不额外消费的情况下提升磁盘效率。用户可以在动态磁盘上创建带区卷来同时对多块磁盘进行读写，显著提升磁盘效率。

（5）基本磁盘不可容错，如果没有及时备份而遭遇磁盘失败，会有极大的损失。用户可以在动态磁盘上创建镜像卷，所有内容自动实时被镜像到镜像磁盘中，即使遇到磁盘失败，也不必担心数据损失；还可以在动态磁盘上创建带有奇偶校验的带区卷，来保证在提高性能的同时为磁盘添加容错性。

3.3.3　磁盘配额的基本知识

安装 Windows Server 2012 R2 操作系统的服务器，系统管理员可以为访问服务器资源的客户机设置磁盘配额，也就是限制它们一次性访问服务器资源的卷空间数量。这样做的目的在于防止同一时刻某个客户过量地占用服务器和网络资源，导致其他客户无法访问服务器和使用网络。

1. 了解磁盘配额的两个参数

在启用磁盘配额时，可设置两个值：磁盘配额限制和磁盘配额警告等级。系统管理员可以这样配置这两个值。

（1）磁盘配额限制：指定了用户可以使用的磁盘空间数量。

（2）磁盘配额警告等级：指定了用户接近配额限制的点。

例如，设置用户磁盘配额限制是 100MB，磁盘配额警告等级设置为 90MB。在此情况下，用户可在卷中存储不超过 100MB 的文件。如果用户在卷中存储了超过 90MB 的文件，磁盘配额系统将事件记录到日志中。另外，系统管理员可以指定用户可以超过配额限制。

当不想拒绝用户访问卷而又想跟踪每个用户的磁盘空间使用时，启动配额和不限制磁盘空间使用，以实现这一需求。当用户超过配额限制和磁盘配额警告等级时，还可以指定是否记录日志事件。

为支持磁盘配额，磁盘卷格式必须为 NTFS 5.0。NTFS 4.0 卷将自动被 Windows Server 2012 R2 安装更新为 NTFS 5.0 格式。而且，为了管理卷的配额，用户必须是本地计算机上的管理员组成员。如果卷不是 NTFS 格式，或者用户不是本地计算机上的管理员组成员，配额选项卡不显示在卷的属性页上。另外，文件压缩不影响卷的记账数字。例如，如果一个用户被限制为 5MB 的磁盘空间，该用户只能存储 5MB 的文件，即使文件被压缩。

2. 磁盘配额与用户的关系

在 Windows Server 2012 R2 中，每个用户的磁盘配额是独立的，一个用户的磁盘配额使用情况的变化不会影响其他用户。例如，一个用户将 100MB 的文件存储到卷 E 上，如果不先从中删除或移动一些现有的文件，其他用户不能将额外的数据写到此卷中（假定配额都是 100MB）。磁盘配额依据文件的所有权计算，与卷中用户文件的文件夹位置无关。例如，如果用户将相同卷中的文件从一个文件夹移到另一个文件夹，卷空间的使用并不改变。然而，如果用户将文件复制到相同卷的不同文件夹中，则卷空间使用加倍。

3. 物理磁盘和文件夹对磁盘配额的影响

磁盘配额只适用于卷，与卷的文件夹结构和物理磁盘的分布无关。如果卷有多个文件夹，配额适用于该卷中的所有文件夹。例如，如果\\Library\jsj 和\\Library\shx 是相同卷，都是某一卷中的共享文件夹，用户对\\Library\jsj 和\\Library\shx 的使用总和不能超过在该卷上分配的配额。如果单个物理磁盘含有多个卷，可以给每个卷分配配额，每个卷配额只适用于指定卷。例如，共享两个不同的卷（卷 E、卷 F），对两个卷的配额跟踪是独立的，即使它们存在于相同的物理磁盘上。

如果卷跨越多个物理磁盘，卷的相同配额适用于整个跨卷。例如，卷 E 有 100MB 的限制配额，那么用户不能存储超过 100MB 的数据到卷 E，而不管卷 E 是在一个物理磁盘或是跨越三个物理磁盘。

4. 用户活动对磁盘配额的影响

在 Windows Server 2012 R2 中，用户活动将影响到磁盘配额。例如，下列每一种情况的用户活动将导致磁盘空间被文件占据，系统管理员可按照用户配额来限制。

（1）用户复制或存储新文件到 NTFS 卷。

（2）用户获得 NTFS 卷中文件的所有权。

例如，如果用户 A 获得用户 B 复制到卷中的 6KB 文件的所有权，则用户 B 的磁盘使用降低了 6KB，而用户 A 的磁盘使用增加了 6KB。

如果修改其他人所拥有的文件，用户自身的磁盘配额不受影响。例如，如果管理员在服务器上创建了 10MB 的工程文件，组中的每个成员都可以更新此文件，而不管他们的配额状态。文件被分给管理员，管理员拥有此文件。

3.4　任务实施

3.4.1　磁盘管理控制台的使用

在安装 Windows Server 2012 R2 时，硬盘将自动初始化为基本磁盘。基本磁盘上的管理任务包括磁盘分区的建立、删除、查看以及分区的挂载和磁盘碎片整理等。在 Windows Server 2012 R2 中，磁盘管理任务是以一组磁盘管理实用程序的形式提供给用户的，它们位于"计算机管理"控制台中，都是通过基于图形界面的"磁盘管理"控制台来完成的。"磁盘管理"窗口主要具有以下功能。

（1）创建和删除磁盘分区。

（2）创建和删除扩展分区中的逻辑驱动器。

（3）读取磁盘状态信息，如分区大小。

（4）读取 Windows Server 2012 R2 卷的状态信息，如驱动器名、卷标、文件类型等。

（5）指定或更改磁盘驱动器及 CD-ROM 设备的驱动器名和路径。

（6）创建和删除卷和卷集。

（7）创建和删除包含或者不包含奇偶校验的带区集。

（8）建立或拆除磁盘镜像集。

（9）保存或还原磁盘配置。

任务案例 3-1

在 Windows Server 2012 R2 中，学会基于图形界面的"磁盘管理"窗口的使用。

磁盘管理控制台的使用

【操作步骤】

STEP 01　打开"计算机管理"窗口

选择"开始"→"计算机管理"命令，打开的"计算机管理"窗口，如图 3-2 所示。

STEP 02　显示磁盘信息

在图 3-2 中展开"存储"选项，单击"磁盘管理"；或者右击"计算机"，在弹出的快捷菜单中选择"管理"命令，打开"服务器管理器"窗口，选择"工具"→"计算机管理"命令，打开"计算机管理"窗口，展开"存储"选项，选择"磁盘管理"；也可以执行"开始"→"运行"命令，输入"diskmgmt.msc"，并单击"确定"按钮，"磁盘管理"窗口如图 3-3 所示。

在窗口右半部有"顶端"和"底端"两个窗格，以不同形式显示磁盘信息，右侧"底端"窗口中以图形方式显示了当前计算机系统安装的三个物理磁盘，以及各个磁盘的物理大小和当前分区的结果与状态。"顶端"以列表的方式显示了磁盘的属性、状态、类型、容量和空闲等详细信息。

图 3-2　"计算机管理"窗口

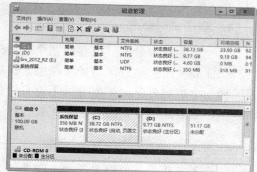

图 3-3　"磁盘管理"窗口

STEP 03 选择显示磁盘的方式

选择"查看"菜单中的"顶端"或"底端"，可以选择显示磁盘的方式，包括磁盘列表、卷列表、图形视图等。

STEP 04 设置显示的颜色

选择"查看"菜单的中"设置"选项，打开如图 3-4 所示的"设置"对话框，其中"外观"选项卡用来设置显示的颜色，而如图 3-5 所示的"比例"选项卡用来设置显示的比例。

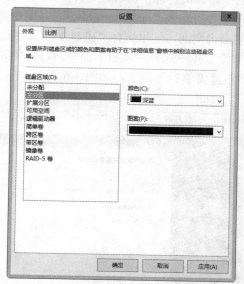

图 3-4　视图外观属性设置对话框

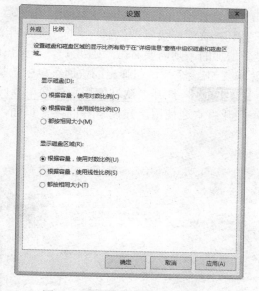

图 3-5　视图比例属性设置对话框

3.4.2　分区创建与管理

以前人们习惯使用 MS-DOS 提供的 Fdisk.exe 工具对磁盘分区进行管理，这个命令操作简单。但是，在 Windows Server 2012 R2 中并没有该命令，取而代之的是"diskpart.exe"，该命令在之前的 Windows Server 2003 操作系统中已经出现，使用该命令可以有效地管理复杂的磁盘系统。

如果不熟悉命令的方式，可以使用图形化界面的磁盘管理工具。本小节将介绍使用"计算机管理"控制台来完成常见的磁盘管理任务。

1. 创建主磁盘分区

在一个硬盘中最多只能存在四个主分区，如果一个硬盘上需要超过四个以上的磁盘分块，就需要使用扩展分区。如果使用了扩展分区，那么一个物理硬盘上最多只能有三个主分区和一个扩展分区。扩展分区不能直接使用，它必须经过第二次分割成为一个一个的逻辑分区，然后才可以使用。一个扩展分区中可以创建任意多个逻辑分区。

任务案例

由于新天教育培训集团的 FTP 服务器的磁盘空间不足，请在服务器中新添加一块 500GB 的硬盘，然后为该硬盘创建一个 300GB 的主磁盘分区。

【操作步骤】

STEP 01　在服务器中添加磁盘

在服务器中添加一块 500GB 的硬盘（如果是在 WMware 的虚拟机中，请在主菜单中选择"虚拟机"→"设置"→"添加"→"硬盘"命令），然后重启计算机。

STEP 02　选取未指派的磁盘空间

选择"开始"→"计算机管理"命令，打开的"计算机管理"窗口，展开"存储"选项，单击"磁盘管理"；也可以执行"开始"→"运行"命令，输入"diskmgmt.msc"，并单击"确定"按钮；在"磁盘管理"窗口选取一块未指派的磁盘空间，这里选择"磁盘 1"（如果磁盘 1 是新增加的，则需要右击"磁盘 1"，在弹出的快捷菜单中选择"联机"命令后，再初始化磁盘），右击该空间，在弹出的快捷菜单中选择"新建简单卷"命令，如图 3-6 所示。

STEP 03　打开"欢迎使用新建简单卷向导"页面

打开"欢迎使用新建简单卷向导"页面，如图 3-7 所示，单击"下一步"按钮。

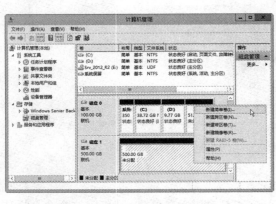

图 3-6　选取未指派的磁盘空间　　　　　图 3-7　"欢迎使用新建简单卷向导"页面

STEP 04　打开"指定卷大小"页面

进入"指定卷大小"页面，该页面显示了磁盘分区可选择的最大值和最小值，如图 3-8 所示，根据实际情况确定主分区的大小，这里根据需要设置为 300GB。

STEP 05　打开"分配驱动器号和路径"页面

单击"下一步"按钮，打开"分配驱动器号和路径"页面，选中"分配以下驱动器号"

单选按钮，指派驱动器盘符为"F:"，如图3-9所示，网中三个选项的作用如下。

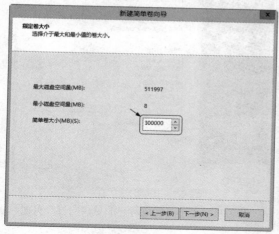

图3-8 "指定卷大小"页面

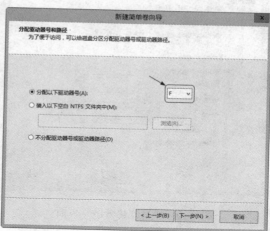

图3-9 "分配驱动器号和路径"页面

（1）"分配以下驱动器号"单选按钮：表示系统为此卷分配的驱动器号，系统会按26个字母顺序分配，一般不需要更改。

（2）"装入以下空白NTFS文件夹中"单选按钮：表示指派一个在NTFS文件系统下的空文件夹来代表该磁盘分区。

（3）"不分配驱动器号或驱动器路径"单选按钮：表示可以事后再指派驱动器号或指派某个空文件夹来代表该磁盘分区。

STEP 06 打开"格式化分区"页面

单击"下一步"按钮，打开"格式化分区"页面，如图3-10所示，可以选择是否格式化该分区，若选择格式化该分区，则需要设置如下内容。

（1）文件系统：可以将该分区格式化为FAT32或NTFS的文件系统，建议格式化为NTFS的文件系统，因为该文件系统提供了权限、加密、压缩以及可恢复的功能。

（2）分配单元大小：磁盘分配单元大小即磁盘簇的大小。Windows 2000 Server和Windows XP使用的文件系统都根据簇的大小组织磁盘。簇的大小表示一个文件所需分配的最小空间，簇空间越小，磁盘的利用率就越高，格式化时如果未指定簇的大小，系统就自动根据分区的大小来选择簇的大小，推荐使用默认值。

（3）卷标：为磁盘分区起一个名字。

（4）执行快速格式化：选择此选项时，系统只是重新创建FAT、FAT32或NTFS格式，不去检查是否有坏扇区，同时磁盘内原有文件不会真正地被删除。

（5）启用文件和文件夹压缩：选中此选项，可将该磁盘设为"压缩磁盘"，以后添加到该磁盘分区中的文件及文件夹都会被自动压缩，且该分区只能是NTFS类型。

STEP 07 打开"正在完成新建简单卷向导"页面

单击"下一步"按钮，打开"正在完成新建简单卷向导"页面，如图3-11所示。在中间的"已选择下列设置"项中，可以查看前面所做的一些设置。如果发现有问题，可以通过单击"上一步"按钮对前面的步骤进行修改，在此单击"完成"按钮，完成一个简单卷的创建，此时，在磁盘1上已经创建了一个主分区。

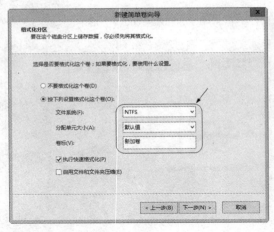 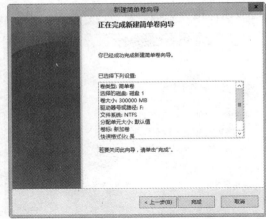

图 3-10　"格式化分区"页面　　　　　　图 3-11　"正在完成新建简单卷向导"页面

2．创建扩展磁盘分区

在基本磁盘还没有使用（未指派）的空间中，可以创建扩展磁盘分区，但是在一台基本磁盘中，只能创建一个扩展磁盘分区。扩展分区创建好后，可以在该分区中创建逻辑磁盘驱动器，并给每个逻辑磁盘驱动器指派驱动器号。Windows Server 2012 R2 已经不提供图形方式来创建扩展磁盘分区，但可以用 diskpart.exe 命令来创建扩展磁盘分区。

—— 任务案例　*3-3*

在新天教育培训集团的 FTP 服务器的新磁盘中使用 diskpart.exe 命令创建一个 30GB 的扩展磁盘分区。

【操作步骤】

STEP 01 打开"运行"对话框

选择"开始"→"运行"命令，打开"运行"对话框，在"打开"文本框中输入 diskpart，如图 3-12 所示，单击"确定"按钮。

STEP 02 打开"命令提示符"窗口

打开"命令提示符"窗口，在该窗口中先输入"select disk 1"命令后按 Enter 键，选择"磁盘 1"，出现"磁盘 1 现在是所选磁盘。"的提示；再输入"create partition extended size=30000"命令后按 Enter 键，就可在选定的"磁盘 1"上创建一个大小为 30GB 的扩展磁盘分区，如图 3-13 所示。

图 3-12　"运行"对话框　　　　　　　　图 3-13　"命令提示符"窗口

STEP 03 查看新建的主磁盘分区和扩展磁盘分区

再次选择"开始"→"计算机管理"命令，打开"计算机管理"窗口，展开"存储"选项，单击"磁盘管理"启动"磁盘管理"应用程序，可以看到"磁盘 1"新建的主磁盘分区和扩展磁盘分区，如图 3-14 所示。

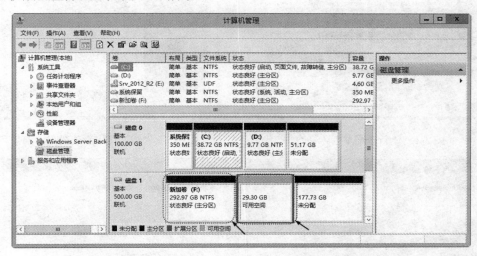

图 3-14 新建的主磁盘分区和扩展磁盘分区

3. 创建逻辑驱动器

创建完成扩展磁盘分区后，可以将该分区切割成一段或几段，每一段就是一个逻辑驱动器，给逻辑驱动器指派驱动器号并按一定文件系统格式化后，该逻辑驱动器就可用来存储数据了。

任务案例

在新天教育培训集团的 FTP 服务器的新磁盘的扩展磁盘分区中创建三个 10GB 的逻辑驱动器。

【操作步骤】

STEP 01 选择"新建简单卷"命令

右击图 3-14 中的扩展磁盘分区，在弹出的菜单中选择"新建简单卷"命令，如图 3-15 所示。

STEP 02 打开"欢迎使用新建简单卷向导"页面

打开"欢迎使用新建简单卷向导"页面，如图 3-16 所示。

STEP 03 打开"指定卷大小"页面

单击"下一步"按钮，进入"指定卷大小"页面，显示了磁盘分区可选择的最大值和最小值，如图 3-17 所示，根据实际情况确定逻辑分区的大小（如 10GB）。

STEP 04 打开"分配驱动器号和路径"页面

单击"下一步"按钮，打开"分配驱动器号和路径"页面，选中"分配以下驱动器号"单选按钮，指派驱动器盘符为"G："，如图 3-18 所示。

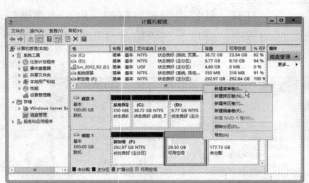

图 3-15 "新建简单卷"命令

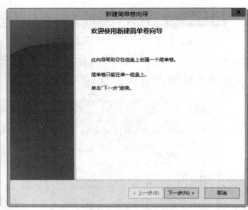

图 3-16 "欢迎使用新建简单卷向导"页面

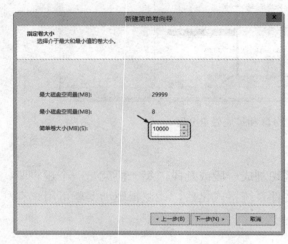

图 3-17 "指定卷大小"页面 　　　　图 3-18 "分配驱动器号和路径"页面

STEP 05 打开"格式化分区"页面

单击"下一步"按钮，打开"格式化分区"页面，如图 3-19 所示，可以选择是否格式化该分区。若选择格式化该分区，则需要设置文件系统、分配单位大小、卷标和执行快速格式化等内容。

STEP 06 打开"正在完成新建简单卷向导"页面

单击"下一步"按钮，打开"正在完成新建简单卷向导"页面，如图 3-20 所示。单击"完成"按钮，完成一个简单卷的创建，此时，在磁盘 1 上可以看到新创建的第一个逻辑驱动器。

STEP 07 查看新建的逻辑驱动器

按照上面的方法，创建第二、第三个逻辑驱动器，并分别指派驱动器盘符为"H:"和"I:"，创建完成后，再次选择"开始"→"计算机管理"命令，打开"计算机管理"窗口，展开"存储"选项，单击"磁盘管理"，启动"磁盘管理"应用程序，可以看到"磁盘 1"新建的三个逻辑驱动器，如图 3-21 所示。

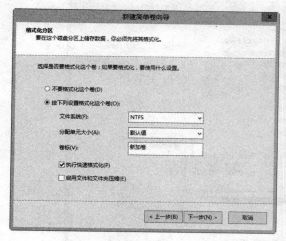

图 3-19 "格式化分区"页面

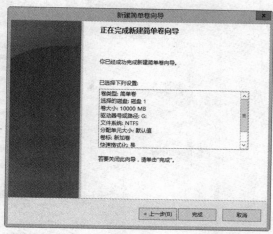

图 3-20 "正在完成新建简单卷向导"页面

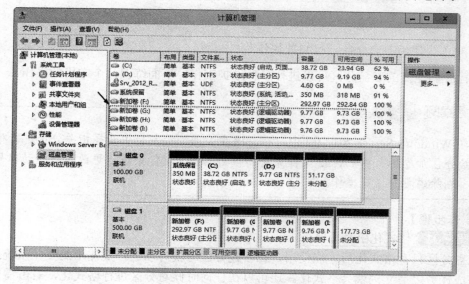

图 3-21 新建的逻辑驱动器

4. 指定"活动"的磁盘分区

如果计算机中安装了多套无法直接相互访问的不同操作系统，如 Windows Server 2012 R2、UNIX 等，则计算机在启动时会启动被设为"活动"的磁盘分区内的操作系统。

假设当前第一个磁盘分区中安装的是 Windows Server 2012 R2，第二个磁盘分区中安装的是 UNIX，如果第一个磁盘分区被设为"活动"，则计算机启动时就会启动 Windows Server 2012 R2。若要在下一次启动时启动 UNIX，则需将第二个磁盘分区设为"活动"。

由于用来启动操作系统的磁盘分区必须是主磁盘分区，因此，只能将主磁盘分区设为"活动"的磁盘分区。要指定"活动"的磁盘分区，通过右击主磁盘分区，在弹出的菜单中选择"将分区标记为活动分区"命令即可，如图 3-22 所示。

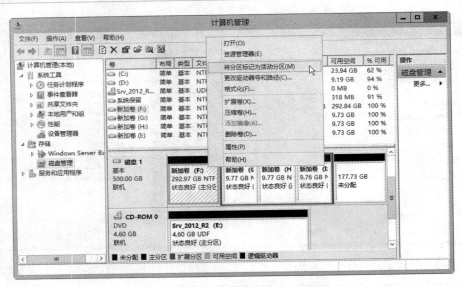

图 3-22　将主磁盘分区设为"活动"的磁盘分区

5. 对已创建的磁盘分区进行相关操作

对已经创建好的磁盘分区可以进行多种维护工作，下面练习几个常用的操作。

任务案例

在 Windows Server 2012 R2 中，在"磁盘管理"控制台中选择相关分区进行格式化、给分区加卷标、将 FAT32 文件系统转换为 NTFS 文件系统、更改磁盘驱动器号及路径、删除磁盘分区等操作。

【操作步骤】

STEP 01　格式化磁盘分区

磁盘分区只有格式化后才能使用，在创建分区时就可以选择要使用的文件系统，并且创建完成任务之后立刻就会格式化。还可以在任何时候对分区进行格式化，右击需要格式化的驱动器，在弹出的菜单中选择"格式化"命令，出现如图 3-23 所示的对话框，选择"文件系统"，设置卷标后，单击"确定"按钮即可格式化磁盘分区。

提示

如果要格式化的磁盘分区中包含数据，则格式化之后该分区内的数据都将被删除，另外，不能直接对系统磁盘分区和引导磁盘分区进行格式化。

STEP 02　加卷标

右击磁盘分区，选择快捷菜单中的"属性"命令，然后在打开的对话框中选择"常规"选项卡，在"卷标"文本框内输入卷标即可，如图 3-24 所示。

STEP 03　将 FAT32 文件系统转换为 NTFS 文件系统

如果原有磁盘分区被格式化成 FAT32，可以利用 convert.exe 命令转换成 NTFS。首先进入 MS-DOS 命令提示符环境，然后运行以下命令（假设要将磁盘 F：转换为 NTFS）。

```
convert  F: /FS: NTFS
```

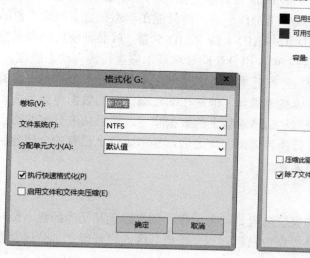

图 3-23　格式化磁盘分区

图 3-24　给分区加卷标

STEP 04　更改磁盘驱动器号及路径

　　要更改磁盘驱动器号或磁盘路径，右击磁盘分区或光驱，选择快捷菜单中的"更改驱动器号和路径"命令，弹出如图 3-25 所示的对话框。单击"更改"按钮，即可在如图 3-26 所示的对话框中将驱动器号 G 更改为 K。若在图 3-25 中单击"添加"按钮，则出现相应的对话框，用户可以设置一个空文件夹对应到磁盘分区。

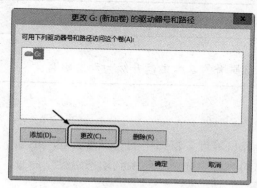

图 3-25　更改驱动器号和路径

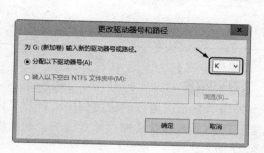

图 3-26　"更改驱动器号和路径"对话框

　　另外，系统磁盘分区与引导磁盘分区的磁盘驱动器号是无法更改的。对其他的磁盘分区最好也不要随意更改磁盘驱动器号，因为有些应用程序会直接参照驱动器号来访问磁盘内的数据。如果更改了磁盘驱动器号，可能造成这些应用程序无法正常运行。

STEP 05 删除磁盘分区

要删除磁盘分区，只需右击该磁盘分区，选择快捷菜单中的"删除磁盘分区"命令，在弹出的系统提示确认对话框中单击"是"按钮即可。

3.4.3 动态磁盘分区创建与管理

在安装 Windows Server 2012 R2 时，硬盘将自动初始化为基本磁盘。但是，不能在基本磁盘分区中创建新卷集、条带集或者 RAID-5 卷，而只能在动态磁盘上创建类似的磁盘配置。也就是说，如果想创建 RAID-0、RAID-1 或 RAID-5 卷，就必须使用动态磁盘。在 Windows Server 2012 R2 安装完成后，可使用升级向导将基本磁盘转换为动态磁盘。

将一个基本磁盘转换成动态磁盘后，在基本磁盘上的分区将变成卷，但基本磁盘的数据不会丢失。也可以将动态磁盘转换成基本磁盘，但是在动态磁盘上的数据将会丢失。为了将动态磁盘转换成基本磁盘，要先删除动态磁盘上的数据和卷，然后从未分配的磁盘空间上重新创建基本分区。将基本磁盘转换为动态磁盘之后，基本磁盘上已有的全部分区或逻辑驱动器都将变为动态磁盘上的简单卷。

1. 将基本磁盘升级为动态磁盘

要创建上述这些动态卷，必须先保证磁盘是动态磁盘，如果磁盘是基本磁盘，则可先将其升级为动态磁盘。如果磁盘在升级之前已经创建了磁盘分区，则升级之后分区会发生如表 3-1 所示的变化。

表 3-1　基本磁盘升级为动态磁盘后各卷的变化

原磁盘分区	升级后的变化	原磁盘分区	升级后的变化
主磁盘分区	简单卷	带区集	带区卷
扩展磁盘分区	简单卷	奇偶校验的带区集	RAID-5 卷
镜像集	镜像卷	卷集	跨区卷

任务案例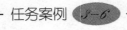

在新天教育培训集团的 FTP 服务器中，将原有的基本磁盘升级为动态磁盘。

【操作步骤】

STEP 01 打开"磁盘管理"选项

关闭所有正在运行的应用程序，打开"计算机管理"窗口中的"磁盘管理"选项，右击要升级的基本磁盘（如"磁盘 1"），在弹出的菜单中选择"转换到动态磁盘"命令，如图 3-27 所示。

STEP 02 打开"转换为动态磁盘"对话框

打开"转换为动态磁盘"对话框，如图 3-28 所示。在此可以选择多个磁盘一起转换。选好之后，单击"确定"按钮，打开如图 3-29 所示的"要转换的磁盘"对话框，单击"转换"按钮。

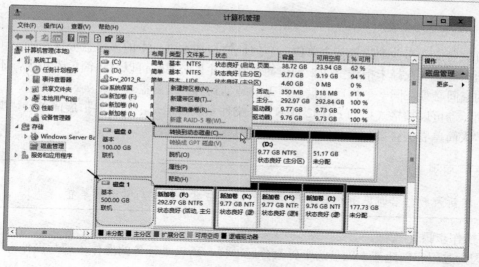

图 3-27 "转换到动态磁盘"命令

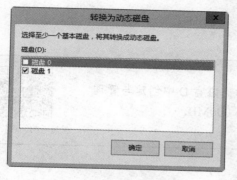

图 3-28 "转换为动态磁盘"对话框

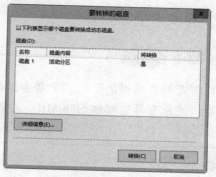

图 3-29 "要转换的磁盘"对话框

STEP 03 确认并完成转换

随即出现将基本磁盘转换为动态磁盘的确认提示框,如图 3-30 所示。如果需要转换,可单击"是"按钮,升级完成后在管理窗口中可以看到磁盘的类型改为动态。

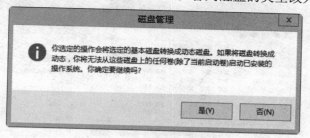

图 3-30 确认提示框

注意

如果升级的基本磁盘中包括系统磁盘分区或引导磁盘分区,则升级之后需要重新启动计算机。

2. 简单卷的创建与管理

简单卷是动态卷中的最基本单位，它的地位与基本磁盘中的主磁盘分区相当。可以从一个动态磁盘内选择未指派空间来创建简单卷，并且必要时可以将该简单卷扩大，不过简单卷的空间必须在同一个物理磁盘上，无法跨越到另一个磁盘。

简单卷可以被格式化为 FAT32 或 NTFS 文件系统，但是，如果要扩展简单卷，即要动态地扩大简单卷的容量，则必须将其格式化为 NTFS 格式。

任务案例 3-7

在新天教育培训集团的 FTP 服务器的动态磁盘中创建与管理简单卷。

【操作步骤】

因为过程和创建基本磁盘的主磁盘分区一样，所以本任务的操作步骤与操作方法可参考【任务案例 3-4】。

3. 扩展卷的创建与管理

任务案例 3-8

在新天教育培训集团的 FTP 服务器的动态磁盘 D 中创建与管理扩展卷，使原有容量增加 5000MB，达到 15 000MB。

扩展卷的创建与管理

【操作步骤】

STEP 01 选择"扩展卷"命令

选择"开始"→"计算机管理"命令，打开"计算机管理"窗口，展开"存储"选项，单击"磁盘管理"，右击简单卷"（D：）"，在弹出的菜单中选择"扩展卷"命令，如图 3-31 所示。

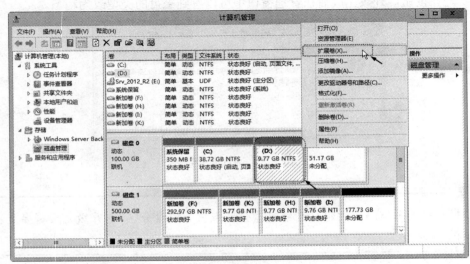

图 3-31　选择"扩展卷"命令

STEP 02　打开"扩展卷向导"对话框

打开"扩展卷向导"对话框，如图 3-32 所示，单击"下一步"按钮。

STEP 03　打开"选择磁盘"页面

进入"选择磁盘"页面，如图 3-33 所示，选择已选的"磁盘 0"，在"选择空间量"文本框中输入扩展空间容量 5000MB（5GB）。此时，在"卷大小总数"中可以看到磁盘总空间为 15 000MB（15GB）（原 D：盘大小 10GB+磁盘 0 上 5GB）。

STEP 04　打开"完成扩展卷向导"页面

单击"下一步"按钮，进入"完成扩展卷向导"页面，如图 3-34 所示，对扩展卷的设置再次进行确认，单击"完成"按钮，完成创建扩展卷的操作。

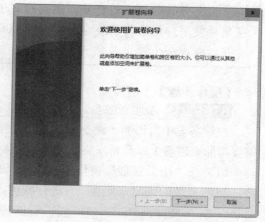

图 3-32　"扩展卷向导"对话框

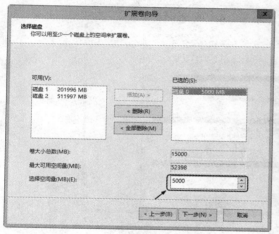

图 3-33　"选择磁盘"页面

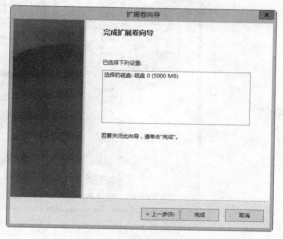

图 3-34　"完成扩展卷向导"页面

STEP 05　查看扩展卷磁盘容量

扩展完成后，返回"磁盘管理"窗口，可以看出整个简单卷 D：在磁盘的物理空间上是不连续的两部分，总容量为 15GB，同时简单卷的颜色变为橄榄色。

4. 跨区卷的创建与管理

跨区卷是几个（大于一个）位于不同物理磁盘的未指派空间组合成的一个逻辑卷，可以用来将动态磁盘内多个剩余的、容量较小的未指派空间组合成一个容量较大的卷，以有效地利用磁盘空间。组成跨区卷的每个成员的容量大小可以不同，但不能包含系统卷与启动卷。与简单卷相同的是，NTFS 格式的跨区卷可以扩展容量，FAT 和 FAT32 格式的跨区卷不具备此功能。通过创建跨区卷，用户可以将多块物理磁盘中的多余空间分配成同一个卷，充分利用了资源。但是，跨区卷并不能提高性能或容错能力。

任务案例 3-9

　　因业务需要新天教育培训集团的 FTP 服务器上还需要安装一块 500GB 的硬盘，现在需要使用跨区卷将新硬盘空间中的 100GB 与原来磁盘 1 未分配空间中的 50GB 进行合并，组成一个逻辑磁盘。

【操作步骤】

STEP 01 添加新磁盘，并进行联机和初始化

　　在服务器中再添加一块 500GB 的新硬盘，因为跨区卷是建立在动态卷的基础上的，所以需要将原来磁盘 1 以及新安装的硬盘（磁盘 2）都转换为动态磁盘，然后才可以创建跨区卷。

　　（1）在"磁盘管理"窗口上右击新安装的"磁盘 2"，在弹出的菜单中选择"联机"命令，将新安装的硬盘（磁盘 2）进行联机，如图 3-35 所示。

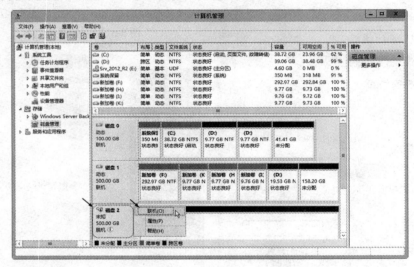

图 3-35　选择"联机"命令

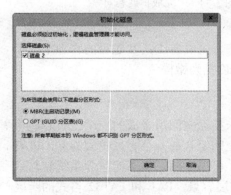

图 3-36　"初始化磁盘"对话框

　　（2）联机完成后，再次右击"磁盘 2"，在弹出的快捷菜单中选择"初始化磁盘"命令。

　　（3）打开"初始化磁盘"对话框，如图 3-36 所示。在此采用默认的磁盘分区形式（MBR），单击"确定"按钮，完成磁盘 2 的初始化。

　　（4）接下来参考【任务案例 3-6】，将新安装的硬盘（磁盘 2）转换为动态磁盘。

STEP 02 选择"新建跨区卷"命令

　　在磁盘管理器中右击"磁盘 1"或者磁盘 1 中未分配的区域，在弹出的快捷菜单中选择"新建跨区卷"命令，如图 3-37 所示。

STEP 03 打开"新建跨区卷"对话框

　　打开"新建跨区卷"对话框，如图 3-38 所示，单击"下一步"按钮。

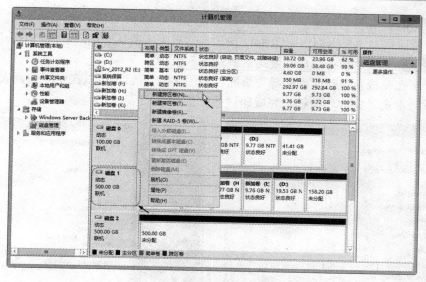

图 3-37 选择"新建跨区卷"命令

STEP 04 打开"选择磁盘"页面

打开"选择磁盘"页面，在"可用"部分列出了所有可以使用的磁盘，选中将要加入跨区卷中的磁盘，单击"添加"按钮，将所有作为跨区卷的磁盘移到"已选的"部分。下方标示出了跨区卷的大小总数，在"选择空间量"文本框中可调整"磁盘 1"和"磁盘 2"中加入跨区卷的空间量，如图 3-39 所示，单击"下一步"按钮。

STEP 05 打开"分配驱动器号和路径"页面

打开"分配驱动器号和路径"页面，如图 3-40 所示。选中"分配以下驱动器号"单选按钮可以设置新建的跨区卷的盘符，在此给该跨区卷分配驱动器号 I，单击"下一步"按钮。

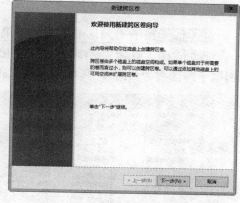

图 3-38 "新建跨区卷"对话框

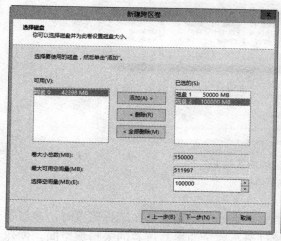

图 3-39 "选择磁盘"页面

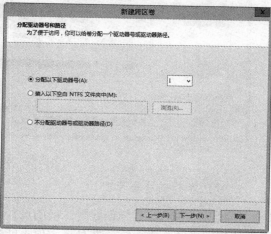

图 3-40 "分配驱动器号和路径"页面

STEP 06 打开"卷区格式化"页面

打开"卷区格式化"页面，如图 3-41 所示。这里采用默认选项，单击"下一步"按钮。

STEP 07 打开"正在完成新建跨区卷向导"页面

打开"正在完成新建跨区卷向导"页面，如图 3-42 所示。可以在中间的列表框中查看所做的设置，单击"完成"按钮，完成跨区卷的创建。

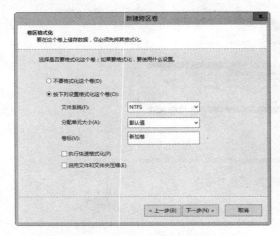
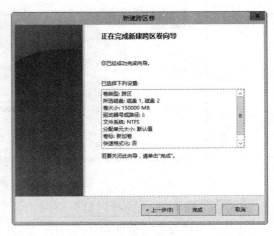

图 3-41　"卷区格式化"页面　　　　　图 3-42　"正在完成新建跨区卷向导"页面

STEP 08 查看跨区卷的创建结果

返回"磁盘管理"窗口，会发现"磁盘 1"的最后一个区的 50GB 与"磁盘 2"的 100GB 都属于跨区卷"（I:）"，其容量为 150GB，如图 3-43 所示。

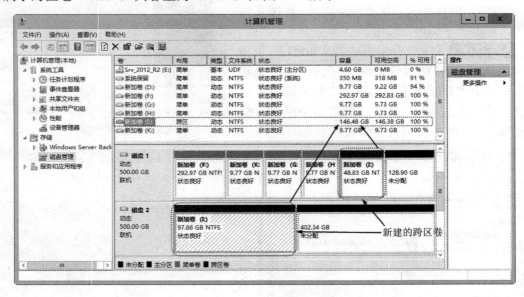

图 3-43　创建的跨区卷 I

5. 带区卷的创建与管理

创建带区卷的过程与创建跨区卷的过程类似，唯一的区别就是在选择磁盘时，参与带区卷的空间必须大小一样，并且最大值不能超过最小容量的参与该卷的未指派空间。创建完成之后，如果有三个容量为 300MB 的空间加入了带区卷，则最后生成的带区卷的容量为 900MB。带区卷是通过将两个或更多磁盘上的可用空间区域合并到一个逻辑卷创建的，可以在多个磁盘上分布数据。带区卷不能被扩展或镜像，并且不具备容错能力。如果包含带区卷的其中一个磁盘出现故障，则整个卷无法工作。当创建带区卷时，最好使用相同大小、型号和制造商的磁盘。

利用带区卷，可以将数据分块并按一定的顺序在阵列中的所有磁盘上分布数据，与跨区卷类似。带区卷可以同时对所有磁盘进行写数据操作，从而可以相同的速率向所有磁盘写数据。尽管不具备容错能力，但带区卷在所有 Windows 磁盘管理策略中的性能最好，同时它通过在多个磁盘上分配 I/O 请求来提高 I/O 性能。

任务案例 *3-10*

在新天教育培训集团的 FTP 服务器上的"磁盘管理"窗口的动态磁盘中，为"磁盘 0"中的 5GB、"磁盘 1"中的 5GB 和"磁盘 2"中的 5GB 容量创建与管理带区卷。

【操作步骤】

STEP 01 执行"新建带区卷"命令

在"磁盘管理"窗口中右击需要创建带区卷的动态磁盘的未分配空间，在快捷菜单中选择"新建带区卷"命令，如图 3-44 所示。

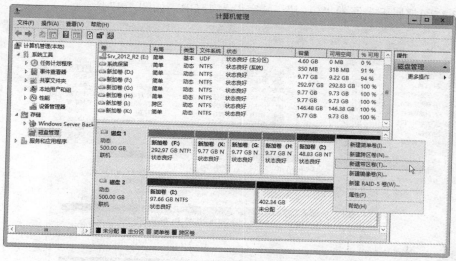

图 3-44 "新建带区卷"命令

STEP 02 打开"新建带区卷"对话框

打开"新建带区卷"对话框，单击"下一步"按钮打开"选择磁盘"页面，如图 3-45 所示。在此页面中分别选择可用"磁盘 0"和"磁盘 2"，将它们添加到已选的磁盘列表，分别选中"磁盘 0""磁盘 1""磁盘 2"，在"选择空间量"文本框中输入 5000MB，设置完成后，在"卷大小总数"文本框中可以看到新建的带区卷的容量为 15 000MB，单击"下一步"按钮。

STEP 03 打开"分配驱动器号和路径"页面

打开"分配驱动器号和路径"页面，如图 3-46 所示。选中"分配以下驱动器号"单选按钮，可以设置新建的跨区卷的盘符，在此给该带区卷分配驱动器号 J。单击"下一步"按钮，打开"卷区格式化"页面。再单击"下一步"按钮，打开"正在完成新建带区卷向导"页面，可以在中间的列表框中查看所做的设置，单击"完成"按钮，完成带区卷的创建。

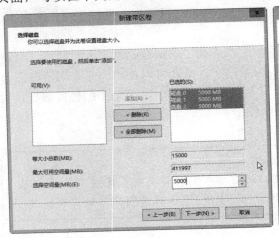

图 3-45　新创建的带区卷

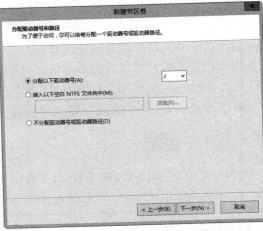

图 3-46　"分配驱动器号和路径"页面

STEP 04　查看新建的带区卷

返回"磁盘管理"窗口，会发现"磁盘 0"上的 5GB、"磁盘 1"上的 5GB 与磁盘 2 上的 5GB 空间都属于带区卷"(J：)"，其容量为 15GB，如图 3-47 所示。

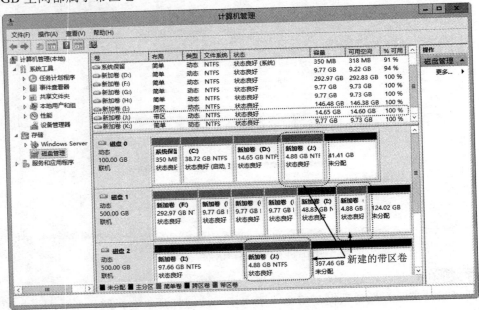

图 3-47　新建的带区卷

6. 镜像卷的创建与管理

镜像卷由一个动态磁盘内的简单卷和另一个动态磁盘内的未指派空间组合而成，或由两个未指派的可用空间组合而成，然后给予一个逻辑磁盘驱动器号。镜像卷中的两个区域存储完全相同的数据，当一个磁盘出现故障时，系统仍然可以使用另一个磁盘内的数据，因此，它具备容错功能，但它的磁盘利用率不高，只有 50%。

镜像卷的功能类似于磁盘阵列 RAID-1 标准。与跨区卷、带区卷不同的是，它可以包含系统卷和启动卷。镜像卷的创建有两种形式，可以由一个简单卷与另一磁盘中的未指派空间组合而成，也可以由两个未指派的可用空间组合而成。镜像卷的创建类似于前面几种动态卷的创建过程，区别是在选择卷类型时选择"镜像"，其他与前述一致，设置驱动器号和路径，设置磁盘空间大小以及格式化参数。

 任务案例 *3-11*

在 Windows Server 2012 R2 的"磁盘管理"窗口的动态磁盘中，在磁盘 1 和磁盘 2 中创建一个 20GB 的镜像卷。

【操作步骤】

STEP 01　进入"选择磁盘"页面

在"磁盘管理"窗口中右击要创建镜像卷的某个动态磁盘上的未分配空间，然后执行"新建镜像卷"命令。打开"新建镜像卷"对话框，单击"下一步"按钮，进入"选择磁盘"页面，如图 3-48 所示，将需要添加到镜像卷的"可用"磁盘添加到"已选的"列表中，在"选择空间量"文本框中设置容量（20 000MB），单击"下一步"按钮。

STEP 02　完成新建镜像卷的创建

进入"分配驱动器号和路径"页面，选中"分配以下驱动器号"单选按钮，设置新建的镜像卷的盘符，在此给该镜像卷分配驱动器号 L。

图 3-48　"选择磁盘"页面

单击"下一步"按钮，进入"卷区格式化"页面，再单击"下一步"按钮，进入"正在完成新建镜像卷向导"页面。可以在中间的列表框中查看所做的设置，单击"完成"按钮完成创建。

STEP 03　查看新建的镜像卷

返回"磁盘管理"窗口，会看到镜像卷"（L：）"，如图 3-49 所示。

STEP 04　为简单卷添加镜像

镜像卷是一个带有一份完全相同副本的简单卷，因此可以为一个简单卷添加一个镜像，使之变为镜像卷。为简单卷添加镜像的方法是：在磁盘管理器中右击简单卷，在弹出的菜单中选择"添加镜像"命令，在"添加镜像"对话框中为其镜像选择一个动态磁盘，单击"添加镜像"命令按钮。命令执行完成后，就可以为简单卷创建一个镜像，简单卷也就变为镜像卷。

STEP 05　删除镜像

在磁盘管理器中右击镜像卷，在弹出的菜单中选择"删除镜像"命令，按照屏幕提示完成后，已删除镜像中的所有数据都将被删除，被删除的镜像也变为未分配空间，而且剩余镜像变成不再具备容错能力的简单卷。

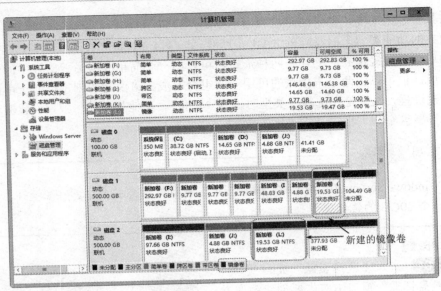

图 3-49　新建的镜像卷

7. RAID-5 卷的创建与管理

RAID-5 卷有一点类似于带区卷，也是由多个分别位于不同磁盘的未指派空间所组成的一个逻辑卷。不同的是，RAID-5 卷在存储数据时，还会根据数据内容计算出奇偶校验数据，并将该校验数据一起写入 RAID-5 卷中。当某个磁盘出现故障时，系统可以利用该奇偶校验数据推算出故障磁盘内的数据，具有一定的容错能力。其功能类似于磁盘阵列 RAID-5 标准。

RAID-5 卷至少要由三个磁盘组成，系统在写入数据时，以 64KB 为单位。例如，由四个磁盘组成 RAID-5 卷，则系统会将数据拆分成每三个 64KB 为一组，写数据时每次将一组三个 64KB 和它们的奇偶校验数据分别写入四个磁盘，直到所有数据都写入磁盘为止。并且，奇偶校验数据不是存储在固定的磁盘内，而是依序分布在每个磁盘内，例如，第一次写入时存储在磁盘 0，第二次写入时存储在磁盘 1……存储到最后一个磁盘后，再从磁盘 0 开始存储。

RAID-5 卷的写入效率相对镜像卷较差，因为在写入数据的同时要进行奇偶校验数据的计算，但读取数据时效率比镜像卷好，因为可以从多个磁盘读取数据，并且不用计算奇偶校验数据。另外，RAID-5 卷的磁盘空间有效利用率为 $(n-1)/n$，其中 n 为磁盘的数目，从这一点上看，比镜像卷要好。

── 任务案例 *3-12* ────────────────

新天教育培训集团新购置了一台服务器，因为经常需要对服务器进行大量数据读写和数据存储，为提高读写磁盘效率，保证数据安全，集团决定利用 RAID-5 的特性布置服务器。

【操作步骤】

STEP 01　执行"新建 RAID-5 卷"命令

打开"计算机管理"窗口，选择"磁盘管理"选项，右击"磁盘 2"或其他磁盘上的任一未指派空间，在弹出的快捷菜单中选择"新建 RAID-5 卷"命令，如图 3-50 所示。

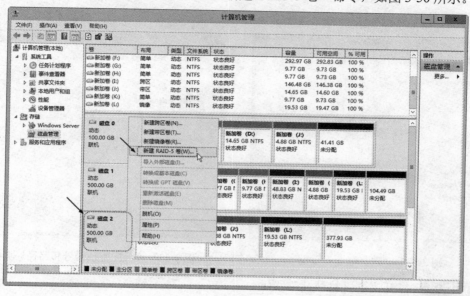

图 3-50 "新建 RAID-5 卷"命令

STEP 02 打开"新建 RAID-5 卷"对话框

打开"新建 RAID-5 卷"对话框，如图 3-51 所示，单击"下一步"按钮。

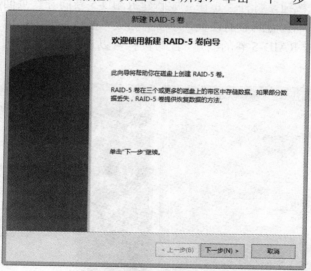

图 3-51 "新建 RAID-5 卷"对话框

STEP 03 打开"选择磁盘"页面

打开"选择磁盘"页面，将三个"可用"列表中的磁盘添加到"已选的"磁盘列表中，在"选择空间量"文本框中设置容量，在"卷大小总数"中可以看到该 RAID-5 卷的总大小，如图 3-52 所示。

STEP 04 打开"分配驱动器号和路径"页面

单击"下一步"按钮，打开"分配驱动器号和路径"页面，如图 3-53 所示。选中"分配以下驱动器号"单选按钮，可以设置新建的 RAID-5 卷的盘符，在此推荐使用默认设置，即驱动器号为 M。

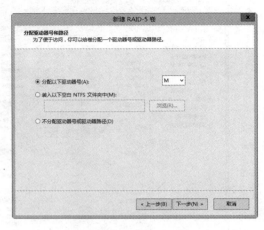

图 3-52　"选择磁盘"页面　　　　　　图 3-53　"分配驱动器号和路径"页面

STEP 05　打开"卷区格式化"页面

单击"下一步"按钮，打开"卷区格式化"页面，如图 3-54 所示，在此推荐使用默认设置。

STEP 06　打开"正在完成新建 RAID-5 卷向导"页面

单击"下一步"按钮，打开"正在完成新建 RAID-5 卷向导"页面，如图 3-55 所示。可以在中间的列表框中查看所做的设置，单击"完成"按钮，如果出现"磁盘管理"提示，单击"是"按钮，完成 RAID-5 卷的创建，此时同样可以返回"磁盘管理"窗口查看 RAID-5 卷的创建结果。

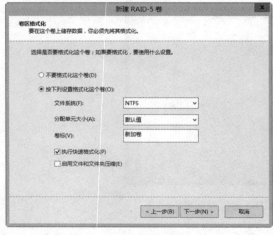

图 3-54　"卷区格式化"页面　　　　　图 3-55　"正在完成新建 RAID-5 卷向导"页面

STEP 07　恢复 RAID-5 卷

RAID-5 卷中某一磁盘出现故障时，将出现标记为"丢失"的动态磁盘。要恢复 RAID-5 卷，可参照如下过程。

（1）将故障盘从计算机中拔出，将新磁盘装入计算机，保证连线正确。

（2）右击"磁盘管理"选项，选择"重新扫描磁盘"。

（3）右击"失败"的 RAID-5 卷中工作正常的任一成员，在弹出的菜单中选择"修复卷"命令，选择新磁盘取代原来的故障磁盘，单击"确定"按钮。

（4）将标记为"丢失"的磁盘删除，RAID-5 卷恢复正常。

3.4.4　配置磁盘配额

Windows Server 2012 R2 会对不同用户使用的磁盘空间进行容量限制，这就是磁盘配额。磁盘配额对于网络的系统管理员来说至关重要，系统管理员可以通过磁盘配额功能为各用户分配磁盘空间。当用户使用的空间超过了配额的允许后会收到系统的警报，并且不能再使用更多的磁盘空间。磁盘配额监视个人用户的卷使用情况，因此每个用户对磁盘空间的利用都不会影响同一卷上的其他用户的磁盘配额。

任务案例 3-15

　　为了避免个别用户滥用磁盘空间，对原有的 xesuxn 用户及以后新建的用户均实行磁盘配额，其最大的使用空间为 1000MB，而警告级别设为 900MB。

【操作步骤】

STEP 01 将磁盘空间限制为某一容量

在"这台电脑"中或"磁盘管理器"中右击磁盘（如 D 盘），在弹出的快捷菜单中选择"属性"命令；打开"属性"对话框，选择"配额"选项卡，如图 3-56 所示。选中"启用配额管理"和"拒绝将磁盘空间给超过配额限制的用户"复选框，设置配额选项。例如，在"将磁盘空间限制为"文本框中输入 1000MB，在"将警告等级设为"文本框中输入 900MB，然后再选中"用户超出配额限制时记录事件"和"用户超过警告等级时记录事件"复选框。

STEP 02 打开磁盘配额项窗口

单击"配额项"按钮，打开磁盘配额项窗口，如图 3-57 所示。

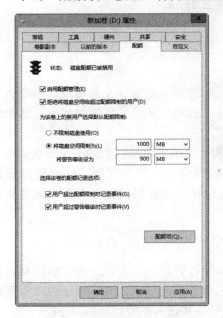

图 3-56　启用磁盘配额

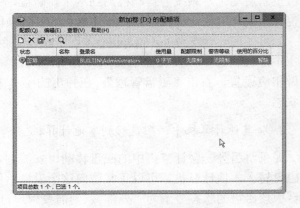

图 3-57　磁盘配额项窗口

STEP 03 选择要限制配额的用户

选择"配额"→"新建配额项"命令,弹出"选择用户"对话框,选择要限制配额的用户。在输入对象名称时,一定要确定为本机的合法用户名,以用户 xesuxn 为例,如图 3-58 所示。单击"确定"按钮,为用户添加新配额项,将磁盘空间限制为 1000MB,将警告等级设为 900MB,如图 3-59 所示。单击"确定"按钮完成磁盘配额。

图 3-58 "选择用户"对话框

图 3-59 添加新配额项

STEP 04 查看或监控用户使用空间的情况

创建完毕的配额项,可以在磁盘配额项窗口查看或监控用户 xesuxn 的空间使用情况,如图 3-60 所示。

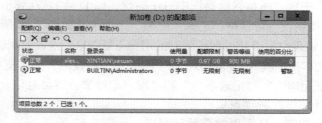

图 3-60 查看或监控用户使用空间的情况

3.4.5 添加磁盘

1. 增加一个新磁盘

如果将安装 Windows Server 2012 R2 的计算机关机之后,安装一个新磁盘,则在该计算机重新启动时,系统会自动检测到这个新磁盘,并且自动更新磁盘系统的状态。这个磁盘也会出现在磁盘管理窗口中,不需要执行其他操作。

如果要在一台支持 hot swapping(热插拔)功能的计算机内添加或删除一个磁盘,则可以在不停机状态下直接将磁盘插入计算机或从计算机上拔出,但是需要在磁盘管理窗口中做相应设置,右击"磁盘管理",在弹出的菜单中选择"重新扫描磁盘"命令来更新磁盘状态。

2. 将其他计算机中的磁盘移到本地计算机

如果将另外一台计算机中的磁盘移动、安装到本地计算机中,系统一般能够自动将这个磁盘转入本地计算机,可以正常访问这个磁盘。但当无法自动转入时,即在磁盘管理控制台中该磁盘的状态显示为"外部",则需要用户自己将其转入本地计算机。

任务案例 *3-14*

> 在 Windows Server 2012 R2 网络磁盘管理控制台中，将另外一台计算机中的磁盘移动、安装到本地计算机中。当无法自动转入时，请用户自己将其转入本地计算机。

【操作步骤】

STEP 01 安装磁盘

从另一台计算机中选择"状态良好"的一个磁盘，将其拆除并安装到本地计算机中，启动计算机。如果计算机支持 hot swapping，则可以直接在不关机的情况下拆除、安装磁盘。

STEP 02 重新扫描磁盘

在磁盘管理窗口中右击"磁盘管理"，或者选择"操作"→"重新扫描磁盘"命令。

STEP 03 导入外部磁盘

右击标示为"外部"的磁盘，在弹出的菜单中选择"导入外部磁盘"命令，如图 3-61 所示命令。

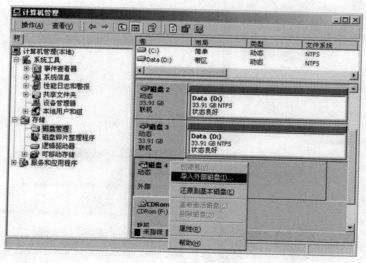

图 3-61 导入外部磁盘

STEP 04 将磁盘转入本地计算机

打开"导入外部磁盘"对话框，单击"确定"按钮，按照向导提示即可将该磁盘转入本地计算机。

3.4.6 磁盘整理与故障恢复

Windows Server 2012 R2 中自带了"对驱动器进行优化和碎片整理"和"查错"等几个工具，在"计算机"或"资源管理器"中右击任意一个磁盘（如 D：），选择快捷菜单中的"属性"命令，打开"属性"对话框，选择"工具"选项卡，其中包含了常用的几个工具。

1. 磁盘查错

磁盘查错主要是扫描硬盘驱动器上的文件系统错误和坏簇，保证系统的安全。

任务案例 *3-15*

使用 Windows Server 2012 R2 中自带的"查错"工具对磁盘进行查错。

【操作步骤】

STEP 01 打开属性对话框的"工具"选项卡

双击桌面上的"这台电脑"图标,进入"这台电脑"窗口,右击驱动器图标(如 D:),在弹出的快捷菜单中选择"属性"命令,打开属性对话框的"工具"选项卡,如图 3-62 所示。

STEP 02 选择需要检查的选项

在"查错"选项区域中单击"检查"按钮,如果磁盘没有错误,就会出现如图 3-63 所示"不需要扫描此驱动器"的提示窗口。如果出现"磁盘检查选项"对话框,请选择需要检查的选项后,单击"开始"按钮即可进行查错。

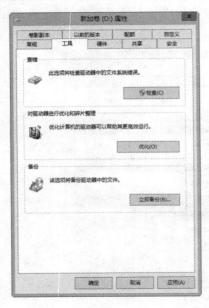

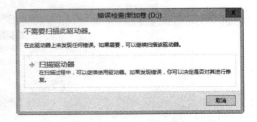

图 3-62 "工具"选项卡   图 3-63 "不需要扫描此驱动器"提示窗口

STEP 03 使用命令方式进行碎片整理

也可以在命令窗口,使用 defrag 命令进行碎片整理,操作方法如图 3-64 所示,要中断碎片整理进程,请在命令行处按 Ctrl+C 组合键。

图 3-64 命令窗口

运行 defrag 命令和运行磁盘碎片整理程序相互排斥。如果正在使用磁盘碎片整理程序来整理卷，并在命令行提示符处运行 defrag 命令，则 defrag 命令将会失败。相反，如果正在运行 defrag 命令时并打开磁盘碎片整理程序，则磁盘碎片整理程序中的碎片整理选项不可用。

2. 整理磁盘碎片

对驱动器进行优化和碎片整理可以让系统和软件都更加高效地运行。

使用 Windows Server 2012 R2 中自带的"对驱动器进行优化和碎片整理"工具对磁盘进行优化。

【操作步骤】

STEP 01　打开"优化驱动器"对话框

选择"开始"→"管理工具"→"碎片整理和优化驱动器"命令，打开"优化驱动器"对话框，如图 3-65 所示。

STEP 02　进行"优化"

选中某个磁盘，单击"分析"按钮，系统即可开始对该磁盘进行分析。分析完成后，系统弹出分析结果，告诉用户磁盘中碎片情况。如果需要进行碎片整理可选中需要整理的磁盘，单击"优化"按钮，即可进行碎片整理，如图 3-66 所示，碎片整理完成后，单击"关闭"按钮。

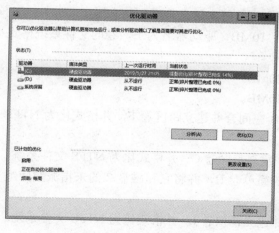

图 3-65　"优化驱动器"对话框

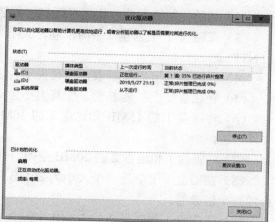

图 3-66　优化过程对话框

3.5　拓展训练

3.5.1　课堂训练

新天教育培训集团经常需要在网络中实现资源共享，而且要求也比较多，考虑到资源的安全性，大多数情况下采用架设 FTP 服务器的方法来完成，请按要求完成课堂任务。

课堂任务

在 VM 虚拟机中增加一个虚拟磁盘，然后根据操作要求进行基本磁盘管理。

【训练要求】

（1）为 VM 虚拟机增加一个 10GB 的虚拟磁盘。

（2）把新添加的磁盘分成一个 4GB 的主分区和一个 6GB 的扩展分区。

（3）把扩展分区分割成两个逻辑磁盘，分别是 2.5GB 和 3.5GB。

（4）将逻辑磁盘中第一个分区的驱动器号修改为 G。

（5）把所有刚才新建的磁盘与分区都删除，按以下要求重新建立分区和磁盘。

① 把硬盘分成 3GB 的主分区，格式化成 NTFS 磁盘，盘符为 O。

② 把剩余空间建成扩展分区，并建两个逻辑磁盘，P 盘为 NTFS 格式，Q 盘为 FAT32 格式。

课堂任务

在虚拟机上添加三块虚拟硬盘，对新添加的磁盘进行动态磁盘管理，具体管理内容见操作要求。

【训练要求】

（1）在虚拟机上添加三块虚拟硬盘，大小分别为 1GB、2GB、3GB。

（2）初始化新添加的三块虚拟硬盘，并把它们从基本磁盘升级到动态磁盘。

（3）在磁盘 1 上创建一个简单卷，大小为 10MB，驱动器名为 E，卷的文件系统格式为 NTFS。

（4）在磁盘 1 上扩展 E 卷，使其大小为 20MB。

（5）在磁盘 2 上扩展 E 卷，使其大小为 40MB。

（6）将磁盘 1 的 15MB 和磁盘 2 的 30MB 空间合并建立跨区卷 F，并格式化为 NTFS 文件系统。

（7）将磁盘 1 和磁盘 2 的 20MB 空间合并建立带区卷 G，并格式化为 NTFS 文件系统。

（8）在磁盘 1 上创建一个大小为 20MB 的简单卷 H，并将它和磁盘 2 的未指派空间组合成一个镜像卷。

（9）将磁盘 1 和磁盘 2 的 30MB 空间合并建立镜像卷 I，并格式化为 NTFS 文件系统。

（10）中断镜像卷 H，再恢复镜像卷 H。

（11）删除镜像卷 H 在磁盘 1 上的镜像。

（12）删除镜像卷 I。

（13）将磁盘 1、磁盘 2、磁盘 3 的 30MB 空间合并建立 RAID-5 卷 J，并格式化为 NTFS 文件系统。

（14）关闭虚拟机，删除磁盘 2，再还原已损坏的镜像卷 H 和 RAID-5 卷 J。

3.5.2　课外拓展

一、知识拓展

【拓展 3-1】填空题。

1. 工厂生产的硬盘必须经过_____、_____和_____三个步骤才能存储数据。其中磁盘的_____通常由生产厂家完成，目的是划定磁盘可供使用的扇区和磁道，并标记有问题的扇区；而用户则需要使用操作系统提供的磁盘工具对磁盘进行_____和_____。

2. 在将一个磁盘从_____转换为_____后，磁盘上包含的将是_____，而不再是_____。

3. 动态磁盘中的_____卷和_____卷具有容错能力，_____卷和_____卷具有较高的工作性能。

4. 镜像卷的磁盘空间利用率是_____，RAID-5 卷的磁盘空间利用率是_____。

5. 带区卷又称为_____技术，RAID-1 又称为_____卷，RAID-5 又称为_____卷。

6. 简单卷显示为_____色，跨区卷显示为_____色，带区卷显示为_____色，镜像卷显示为_____色，RAID-5 卷显示为_____色。

【拓展 3-2】选择题。

1. 基本磁盘是指包含（　　　）。

　　A. 主磁盘分区、逻辑驱动器的物理磁盘

　　B. 主磁盘分区、扩展磁盘分区或逻辑驱动器的物理磁盘

　　C. 扩展磁盘分区或逻辑驱动器的物理磁盘

　　D. 都不是

2. 一个基本磁盘最多可以创建（　　　）。

　　A. 四个主磁盘分区，或者三个主磁盘分区和一个逻辑磁盘分区

　　B. 四个主磁盘分区和一个逻辑磁盘分区

　　C. 三个主磁盘分区和一个逻辑磁盘分区

　　D. 都不对

3. 扩展磁盘可创建在（　　　）。

　　A. 主磁盘分区　　　B. 逻辑驱动器　　　C. 基本磁盘的未分配区　　　D. 都不对

4. 简单卷的空间（　　　）。

　　A. 可以在主磁盘分区

　　B. 必须在同一个磁盘上，无法跨越到另一个磁盘

　　C. 可以在基本磁盘的未分配区

　　D. 可以在同一个磁盘上，也可以跨越到另一个磁盘

5. 只有（　　　）的简单卷，其容量可以扩展。

　　A. NTFS 格式　　　B. FAT 格式　　　C. FAT32 格式　　　　　D. 都可以

6. 组成跨区卷的是（　　　），它的每个成员的容量大小（　　　），但不能包含系统卷和启动卷。

　　A. 不同物理磁盘的未指派空间，可以不同

　　B. 相同物理磁盘的未指派空间，可以不同

    C. 不同物理磁盘的未指派空间，相同

    D. 相同物理磁盘的未指派空间，相同

7. 带区卷也是由几个（大于一个）分别位于不同磁盘的未指派空间所组合成的一个逻辑卷，不同的是，带区卷的每个成员的容量大小（　　　）。

    A. 相同   B. 不同   C. 无限制

8. 具有容错能力的是（　　　）。

    A. 带区卷   B. RAID-5 卷   C. 跨区卷   D. 简单卷

二、技能拓展

【拓展 3-3】 使用磁盘管理控制台分别创建主磁盘分区、扩展磁盘分区，并对已经创建好的分区进行格式化、更改磁盘驱动器号及路径等相应操作。

【拓展 3-4】 使用磁盘管理控制台创建简单卷，扩展简单卷，创建跨区卷、带区卷、镜像卷、RAID-5 卷，并尝试对具有容错能力的卷进行数据恢复操作。

【拓展 3-5】 利用磁盘配额工具，对不同的用户分配相应的磁盘空间。

【拓展 3-6】 利用磁盘整理、磁盘查错等工具，实现对磁盘的简单维护。

3.6　总结提高

    本项目主要讲述磁盘管理的基本概念，基本磁盘和动态磁盘的常用管理方法，简单卷、带区卷、跨区卷、镜像卷和 RAID-5 卷的概念及创建方法；以及磁盘配额的概念及管理，添加、转移磁盘操作以及文件的压缩、加密等内容。

    磁盘管理是 Windows Server 2012 R2 中的重要功能，它对系统的安全性有着非常大影响。读者随着学习的深入和对磁盘管理应用的熟练，更能体会到这一点。完成本项目后，认真填写学习情况考核登记表（表 3-2），并及时予以反馈。

表 3-2　学习情况考核登记表

序号	知识与技能	重要性	自我评价					小组评价					老师评价				
			A	B	C	D	E	A	B	C	D	E	A	B	C	D	E
1	能够操作"磁盘管理"窗口	★★★															
2	能够对基本磁盘建立磁盘分区	★★★☆															
3	能够对基本磁盘分区进行格式化	★★★★★															
4	能够将基本磁盘转换成动态磁盘	★★★★															
5	能够对动态磁盘建立简单卷	★★★★															
6	能够配置磁盘配额	★★★★★															
7	能够添加磁盘	★★★★															
8	能够完成课堂训练	★★★☆															

    说明：评价等级分为 A、B、C、D、E 五等。其中：对知识与技能掌握很好，能够熟练地完成磁盘的配置与管理为 A 等；掌握了 75% 以上的内容，能较为顺利地完成任务为 B 等；掌握 60% 以上的内容为 C 等；基本掌握为 D 等；大部分内容不够清楚为 E 等。

配置与管理文件系统

学习指导

教学目标 ☞

知识目标

理解文件系统的概念

了解 NTFS 文件系统与 FAT 文件系统的区别

理解共享文件夹、脱机文件夹、卷影副本和分布式文件系统的概念

掌握共享文件夹的配置与管理

熟悉 NTFS 管理数据的功能

技能目标

能够实现文件压缩、加密、文件夹权限

能够配置与管理共享文件夹

能够使用共享文件夹

能够配置与管理映射网络驱动器

能够解决配置与管理中出现的相关问题

态度目标 ☞

培养认真细致的工作态度和工作作风

养成刻苦、勤奋、好问、独立思考和细心检查的学习习惯

能与组员精诚合作，正确面对他人的成功或失败

具有一定的自学能力，分析、解决问题能力和创新能力

建议课时 ☞

教学课时：理论 2 课时+教学示范 1 课时

拓展训练课时：课堂模拟 2 课时+课堂训练 1 课时

文件和文件夹是计算机系统组织数据的集合单位。Windows Server 2012 R2 提供了强大的文件管理功能，尤其是 NTFS 文件系统，具有很高的安全性能，使得用户可以十分方便地在计算机或网络上处理、使用、组织、共享和保护文件及文件夹。

本项目详细介绍 Windows Server 2012 R2 中有关文件系统的内容，包括文件系统的基本概念、NTFS 文件系统的安全特性等，进一步介绍如何在 Windows Server 2012 R2 中配置 NTFS 的权限。再通过任务训练读者掌握文件压缩、加密、文件夹权限设置，共享文件夹的管理等方面的技能。

■4.1　情境描述

集中管理文件资源

新天教育培训集团为了推进信息化进程，在公司内部构建了局域网，初步完成了网络操作系统 Windows Server 2012 R2 的安装与简单环境的设置。员工在工作中需要用到的资源比较多（如网站素材、宣传资料、办公文件、共享软件等），现需解决各部门的相关资源如何提供给其他部门员工使用的问题。

为此，新天教育培训集团希望唐宇想办法保证用户能够很好地进行共享资源的配置与管理，以及很好地访问和管理分布在网络各处的文件，那么怎样才能实现呢？

唐宇经过分析，认为最简单的方法是通过配置共享文件夹，然后映射网络驱动器来解决此问题。如果将资源保存到一台服务器，则服务器的性能和磁盘容量不能满足要求。如果将资源保存到多台服务器上，则需要为每个员工在每台服务器上都创建一个用户名，并且员工要记住不同的资源保存的服务器路径，从而大大地方便了用户的使用。

4.2　任务分析

1. 文件系统及操作系统与文件系统兼容性

文件系统是操作系统用于明确磁盘或分区上的文件的方法和数据结构，即在磁盘上组织文件的方法，也可指用于存储文件的磁盘或分区，或文件系统种类。文件系统由三部分组成：与文件管理有关软件、被管理文件以及实施文件管理所需数据结构。从系统角度来看，文件系统是对文件存储器空间进行组织和分配，负责文件存储并对存入的文件进行保护和检索的系统。具体地说，它负责为用户建立文件，存入、读出、修改、转储文件，控制文件的存取，当用户不再使用时撤销文件等。

运行 Windows Server 2003 的计算机的磁盘分区可以使用三种类型的文件系统：FAT16、FAT32 和 NTFS。和 Windows Server 2003 不同的是，运行 Windows Server 2012 R2 的计算机的磁盘分区只能使用 NTFS 文件系统，操作系统与文件系统的兼容性如表 4-1 所示。

表 4-1　操作系统与文件系统的兼容性

操作系统	文件系统格式
Windows Server 2012、Windows Server 2012 R2	NTFS
Windows 2000、Windows XP、Windows Server 2003	NTFS、FAT16、FAT32
Windows NT	NTFS、FAT16
Windows 98/Me、Windows 95 OS/2	FAT16、FAT32
MS-DOS、Windows 3.x、Windows 95 第一版	FAT16

2. 权限及 NTFS 权限

1）权限
（1）权限定义了用户、组或计算机对资源的访问类型。
（2）可以对文件、文件夹、共享文件夹和打印机设置访问权限。
（3）可以为域用户和组或本地用户和组分配权限。
2）NTFS 权限
（1）它像交给用户的一把钥匙，有了它用户就可以执行某种操作。
（2）它又像一把锁，锁住了该指定权限之外的任何其他操作。
3）共享权限与 NTFS 权限
共享权限仅对网络访问有效，当用户从本机访问一个文件夹时，共享权限完全派不上用场。NTFS 权限对于网络访问和本地访问都有效，但是要求文件或文件夹必须在 NTFS 分区上，否则无法设置 NTFS 权限。

注意

FAT16 和 FAT32 分区上的文件夹不具备 NTFS 权限，也就是说，只能通过共享权限来控制该文件夹的远程访问权限，无法使用 NTFS 权限来控制其本机访问权限。在这种情况下，建议减少用户从本机登录的情形，尽量强制用户从网络上访问该文件夹。

3. 本项目的具体任务

本项目主要完成以下任务：文件系统的建立与文件系统的转换、文件与文件夹访问权限的管理、共享文件夹的配置与管理、映射网络驱动器。

4.3 知识储备

4.3.1 FAT 文件系统简介

FAT（file allocation table）指的是文件分配表，包括 FAT16 和 FAT32 两种。FAT 是一种适合小卷集、对系统安全性要求不高、需要双重引导的用户应选择使用的文件系统。

FAT16 是早期 DOS、Windows 95 使用的文件系统，现在常用的 Windows 98/2000/XP 等系统均支持 FAT16 文件系统。它最大可以管理 2GB 的磁盘分区，但每个分区最多只能有 65 535 个簇（簇是磁盘空间的配置单位）。随着硬盘或分区容量的增大，每个簇所占的空间越来越大，从而导致硬盘空间的浪费。

FAT32 是 FAT16 的增强版，可以支持大到 2TB（2048GB）的磁盘分区。FAT32 使用的簇比 FAT16 小，从而有效地节约了磁盘空间。FAT 文件系统是一种最初用于小型磁盘和简单文件夹结构的简单文件系统，它向后兼容，最大的优点是适用于所有的 Windows 操作系统。另外，FAT 文件系统在容量较小的卷上使用比较好，因为 FAT 启动只使用非常少的开销。FAT 在容量低于 512MB 的卷上工作最好，当卷容量超过 1.024GB 时，效率就显得很低。对于 400～500MB 以下的卷，FAT 文件系统相对于 NTFS 文件系统来说是一个比较好的选择。

4.3.2 NTFS 文件系统简介

NTFS（new technology file system）是 Windows Server 2008 和 Windows Server 2012/2012 R2 推荐使用的高性能文件系统，它支持许多新的文件安全、存储和容错功能，而这些功能也正是 FAT 文件系统所缺少的。

NTFS 是从 Windows NT 开始使用的文件系统，它是一个特别为网络和磁盘配额、文件加密等管理安全特性设计的磁盘格式。

1. NTFS 文件系统

Windows 的 NTFS 文件系统提供了 FAT 文件系统所没有的安全性、可靠性和兼容性。其设计目标就是在大容量的硬盘上能够很快地执行读、写和搜索等标准的文件操作，甚至包括像文件系统恢复这样的高级操作。NTFS 文件系统包括了文件服务器和高端个人计算机所需的安全特性，它还支持对于关键数据、十分重要的数据访问控制和私有权限。除了可以赋予计算机中的共享文件夹特定权限外，NTFS 文件和文件夹无论共享与否都可以赋予权限，NTFS 是唯一允许为单个文件指定权限的文件系统。但是，当用户从 NTFS 卷移动或复制文件到 FAT 卷时，NTFS 文件系统权限和其他特有属性将会丢失。

NTFS 文件系统设计简单却功能强大。从本质上讲，卷中的一切都是文件，文件中的一切都是属性，从数据属性到安全属性，再到文件名属性。NTFS 卷中的每个扇区都分配给了某个文件，甚至文件系统的超数据（描述文件系统自身的信息）也是文件的一部分。

2. NTFS 文件系统的优点

NTFS 文件系统是 Windows Server 2012 R2 所推荐的文件系统，它具有 FAT 文件系统的所有基本功能，并且提供 FAT 文件系统所没有的优点。

（1）更安全的文件保障，提供文件加密，能够大大提高信息的安全性。

（2）更好的磁盘压缩功能。

（3）支持最大容量达 2TB 的大硬盘，并且随着磁盘容量的增大，NTFS 的性能不像 FAT 会降低。

（4）可以赋予单个文件和文件夹权限。对同一个文件或者文件夹可以为不同用户指定不同的权限。在 NTFS 文件系统中，可以为单个用户设置权限。

（5）NTFS 文件系统中设计的恢复能力无须用户在 NTFS 卷中运行磁盘修复程序。在系统崩溃事件中，NTFS 文件系统使用日志文件和复查点信息自动恢复文件系统的一致性。

（6）NTFS 文件夹的 B-Tree 结构使得用户在访问较大文件夹中的文件时，速度甚至比访问卷中较小文件夹中的文件还快。

（7）可以在 NTFS 卷中压缩单个文件和文件夹。NTFS 系统的压缩机制可以让用户直接读写压缩文件，而不需要使用解压软件将这些文件展开。

（8）支持活动目录和域。此特性可以帮助用户方便灵活地查看和控制网络资源。

（9）支持稀疏文件。稀疏文件是应用程序生成的一种特殊文件，文件尺寸非常大，但实际上只需要很少的磁盘空间，也就是说，NTFS 只需要给这种文件实际写入的数据分配磁盘存储空间。

（10）支持磁盘配额。磁盘配额可以管理和控制每个用户所能使用的最大磁盘空间。

NTFS 的主要缺点是，它只能被 Windows NT/2000/XP、Windows Server 2003 2012/2012 R2 所识别，虽然它可以读取 FAT16 和 FAT32 文件系统中的文件，但其文件却不能被 FAT16 和 FAT32 文件系统所存取。因此，如果使用双重启动配置，则可能无法从计算机上的另一个操作系统访问 NTFS 分区上的文件。所以，如果要使用双重启动配置，FAT32 或者 FAT16 文件系统将是更适合的选择。

3. NTFS 的安全特性

NTFS 实现了很多安全功能，包括基于用户和组账号的许可权、审计、拥有权、可靠的文件清除和上一次访问的时间标记等安全特性。

（1）许可权。NTFS 能记住哪些用户或组可以访问哪些文件或记录，并为不同的用户提供不同的访问等级。

（2）审计。Windows Server 2012 R2 可将与 NTFS 安全有关的事件记录到安全记录中，日后可利用"事件查看器"进行查看。系统管理员可以设置哪些方面要进行审计以及详尽到何种程度。

（3）拥有权。NTFS 能记住文件的所属关系，创建文件或目录的用户自动成为该文件的拥有者，并拥有对它的全部权限。管理员或个别具有相应许可的人可以接受文件或目录的拥有权。

（4）可靠的文件清除。NTFS 会回收未分配的磁盘扇区中的数据，对这种扇区的访问返回 0 值，这样可以防止利用对磁盘的低层次访问去恢复已经被删除的扇区数据。

（5）上次访问时间标记。NTFS 能够记录文件上次被打开（用于任何访问）的时间。当需要确定系统被侵入的程度时，该功能就变得尤为重要。

（6）自动缓写功能。NTFS 是一种基于记录的文件系统，它要记录文件和目录的变化，还记录在系统失效情况下如何取消（undo）和重作（redo）这些变更。该特性使 NTFS 文件系统比 FAT 文件系统具有更强的稳定性。

（7）热修复功能。热修复技术（hot fixing）使 NTFS 能容忍磁介质正常老化过程而不丢失数据。当扇区发生写故障时，NTFS 会自动进行检测，把有故障的簇加上不能使用标记，并写入新簇。硬盘的热修复只能在硬件支持热修复的 SCSI 驱动器上实现。

（8）磁盘镜像功能。磁盘镜像技术（disk mirroring）能容忍系统中的一个硬盘完全损坏。NTFS 允许指定同样大小的两个分区作为镜像卷，在两个位置上保存同样的数据。如果任何一个发生了故障，则可使用它的镜像，直至有故障的分区被替换。

（9）有校验的磁盘条带化。NTFS 允许在多个硬盘上创建条带集，可以同时访问这些硬盘，一个硬盘上保存着其余硬盘空间上所有数据的算术和，可以用它重新计算条带集中任何发生故障的硬盘所含的数据，这意味着在多磁盘环境下任何一个磁盘的故障都不会引起系统的崩溃。它是用磁盘管理程序建立的。在引导分区或系统分区不能使用磁盘条带，因为必须先加载 NTFS 驱动器才能识别条带集。

（10）文件加密。在 Windows Server 2012 R2 的 NTFS 文件系统中支持新的"加密文件系统"功能，可以加密硬盘上的重要文件，以保证文件的安全。只有那些拥有系统管理员权限的用户才能访问这些加密文件，这使得 Windows Server 2012 R2 特别适合用作公司 IIS 服务器或大型数据库的文件系统。

4.3.3 NTFS 文件权限的类型

网络中最重要的是安全，安全中最重要的是权限。在网络中，网络管理员首先要面对的就是权限的分配问题，一旦权限设置不当，就会引起难以预计的严重后果。权限决定了用户可以访问的数据和资源，也决定了用户所享受的服务。

NTFS 权限可以实现高度的本地安全性，通过对用户赋予 NTFS 权限，可以有效地控制用户对文件和文件夹的访问。NTFS 分区上的每一个文件和文件夹都有一个列表，称为 ACL（access control list，访问控制列表），该列表记录了每一用户和组对该资源的访问权限。NTFS 权限可以针对所有的文件、文件夹、注册表键值、打印机和动态目录对象进行权限的设置。

利用 NTFS 权限可以控制用户账户和组对文件夹和个别文件的访问。NTFS 权限只适用于 NTFS 磁盘分区，NTFS 权限的类型主要包括两大类，分别是文件夹权限和文件权限，以下分别予以说明。

（1）读取。此权限允许用户读取文件内的数据、查看文件的属性、查看文件的所有者、查看文件的权限。

（2）写入。此权限包括覆盖文件、改变文件的属性、查看文件的所有者、查看文件的权限等。

（3）读取及运行。此权限除了具有"读取"的所有权限，还具有运行应用程序的权限。

（4）修改。此权限除了拥有"写入""读取及运行"的所有权限外，还能够更改文件内的数据、删除文件、改变文件名等。

（5）完全控制。拥有所有 NTFS 文件的权限，也就是拥有上面所提到的所有权限，此外，还拥有"修改权限"和"取得所有"权限。

（6）特殊权限。其他不常用的权限，例如，删除权限的权限。

4.3.4　Windows Server 2012 R2 的安全策略

Windows Server 2012 R2 的安全策略主要包括以下几种。

（1）对服务器上的所有文件实施强有力的、基于许可的安全措施。

（2）对中低安全性的安装，除系统卷和引导卷外，所有驱动器上均实施域用户（domain user）管理，避免使用默认的每个用户（Everyone）、完全控制（full control）许可等安全措施。

（3）对于高安全性安装，去掉所有 Everyone、完全控制许可权。不要用默认许可代替，只在特别需要的地方才增加许可。

（4）以机构中的自然关系为基础建立组，按组分配文件许可权。

（5）利用第三方的许可审计软件管理复杂环境中的许可权问题。

4.3.5　文件与文件夹访问权的确定方法

随着网络环境下的共享文件和文件夹的创建，可能会出现资源许可权冲突。当某个用户是多个组的成员时，其中的某些组可能允许访问某种资源，而其他组的成员被拒绝访问它。另外，有时也可能出现重复的许可。例如，某用户对一文件夹应能进行读访问，但他又是 Administrator 组的成员，同时又有完全控制权限。

Windows Server 2012 R2 按以下方式确定访问权。

（1）权限的累加性。用户对每个资源的有效权限是其所有权限的总和，即权限相加，所有的权限加在一起为该用户的权限。

（2）对资源的拒绝权限会覆盖掉所有其他的权限。例如，当用户对某一个资源的权限被设为拒绝访问时，则用户的最后权限是无法访问该资源，其他的权限不再起作用。

（3）文件权限会覆盖掉文件夹权限。当用户或组对某个文件夹以及该文件夹下的文件具有不同的访问权限时，用户对文件的最终权限是用户被赋予访问该文件的权限。例如，共享文件夹允许完全控制，而文件允许只读，则该文件为只读。

（4）移动和复制操作对权限继承性的影响。移动和复制操作对权限继承性的影响主要体现在以下几个方面。

① 在同一个分区内移动文件或文件夹时，此文件和文件夹会保留在原位置的一切 NTFS 权限；在不同的 NTFS 分区之间移动文件或文件夹时，文件或文件夹会继承目的分区中文件夹的权限。

② 在同一个 NTFS 分区内复制文件或文件夹时，文件或文件夹将继承目的位置中文件夹的权限；在不同 NTFS 分区之间复制文件或文件夹时，文件或文件夹将继承目的位置中文件夹的权限。

③ 当从 NTFS 分区向 FAT 分区中复制或移动文件和文件夹，都将导致文件和文件夹的权限丢失。

（5）共享权限和 NTFS 权限的组合权限。NTFS 权限和共享权限都会影响用户获取网上资源的能力。共享权限只对共享文件夹的安全性做控制，即只控制来自网络的访问，但也适合 FAT16 和 FAT32 文件系统；NTFS 权限则对所有文件和文件夹做安全控制，无论访问来自本地还是网络，但它只适用于 NTFS 文件系统。当共享权限和 NTFS 权限冲突时，以两者中最严格的权限设定为准。

■4.4　任务实施 ■

4.4.1　管理文件与文件夹的访问许可权

Windows Server 2012 R2 以用户和组账户为基础实现文件系统的许可权管理。每个文件和文件夹都有一个称作访问控制清单（access control list，ACL）的许可清单，该清单列举出了哪些用户或组对该资源有哪种类型的访问权限。访问控制清单中的各项称为访问控制项，文件访问许可权只能用于 NTFS 卷。

任务案例 ──────────────────

在 Windows Server 2012 R2 中，在 D: 盘的根目录新建 TEST 文件夹，并在该文件夹中新建 Test.txt 文件，接着查看新建文件 Test.txt 及文件夹 TEST 的访问许可权。

管理文件与文件夹的
访问许可权

【操作步骤】
STEP 01 新建 TEST 文件夹

（1）在桌面上打开"这台电脑"，再打开"新加卷（D:）"，在打开的窗口中选择"主页"页面，在"新建"任务窗格中单击"新建文件夹"按钮，即可新建一个文件夹；或在 D 盘窗口空白处右击，在弹出的快捷菜单中选择"新建"→"文件夹"命令，也可新建一个文件夹。

（2）将新建的文件名称改为 TEST 即可，如图 4-1 所示。

STEP 02 新建 Test 文件

（1）打开 TEST 文件夹，选择"主页"页面，在"新建"任务窗格中单击"新建项目"下拉按钮，在展开的菜单中选择"文本文档"，即可新建一个文本文件；或在 TEST 文件夹中右击，在弹出的快捷菜单中选择"新建"→"文本文档"命令，也可新建一个文本文件。

（2）将新建的文件名称改为 Test 即可，如图 4-2 所示。

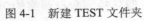

图 4-1　新建 TEST 文件夹　　　　　　　　　图 4-2　新建 Test.txt 文件

STEP 03 查看 TEST 文件夹的访问许可权

右击 TEST 文件夹，在弹出的快捷菜单中选择"属性"命令，打开"TEST 属性"对话框，如图 4-3 所示。单击"安全"标签，打开"安全"选项卡，如图 4-4 所示。

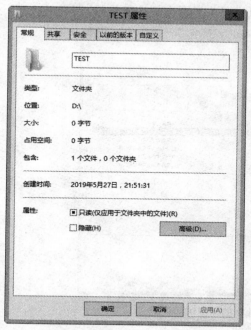

图 4-3 "TEST 属性"对话框

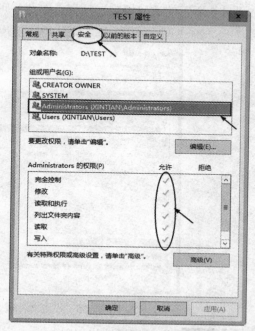

图 4-4 查看文件或文件夹的访问许可权

在"组或用户名"列表框中列出了对 TEST 文件夹具有访问许可权限的组和用户。当选定了某个组或用户后，该组或用户所具有的各种访问权限将显示在权限列表框中。这里选中的是 Administrators 组，从图 4-4 中可以看到，该组的用户具有对文件或文件夹的所有权限。当需要修改某个用户或组的访问权限时，单击"编辑"按钮即可。

注意

没有列出来的用户也可能具有对文件或文件夹的访问许可权，因为用户可能属于该选项中列出的某个组。因此，最好不要把对文件的访问许可权分配给每个用户，最好先创建组，把许可权分配给组，然后把用户添加到组中，这样需要更改的时候只需要更改整个组的访问许可权即可，而不必逐个修改每个用户。

4.4.2 更改文件或文件夹的访问许可权

当用户需要更改文件或文件夹的权限时，必须具有对它的更改权限或拥有权。用户可以在如图 4-4 所示的对话框中选择需要设置的用户或组，选中或取消选中对应权限后面的复选框即可。

任务案例

在 Windows Server 2012 R2 中，设置用户 xesuxn 对 TEST 文件夹具有写入权限。

【操作步骤】

STEP 01 打开访问控制对话框

打开 TEST 文件夹的"TEST 属性"对话框,选择"安全"选项卡,"高级"按钮,打开如图 4-5 所示的访问控制对话框。在此,可以进一步设置高级访问权限。

图 4-5　设置文件或文件夹的高级访问权限

STEP 02 设置高级访问权限

选中用户"xesuxn",在图 4-5 中单击"编辑"按钮,打开"TEST 的高级安全设置"对话框,选择需要进行特殊权限设置的用户,这里以"xesuxn"用户为例(如果列表中没有 xesuxn 用户,则可在图 4-4 中先添加),选择该用户,单击"编辑"按钮,在弹出的"TEST 的权限项目"对话框中可以对 xesuxn 用户的特殊权限进行设置,如图 4-6 所示。此时,用户可以通过"应用于"下拉列表框选择需设定的用户或组,并对选定对象的访问权限进行更加全面的设置。

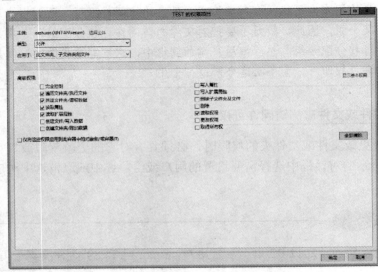

图 4-6　为用户或组设置额外的高级访问权限

STEP 03 设置写入权限

在图 4-6 中可以看到用户 xesuxn 对 TEST 文件夹的操作权限是"遍历文件夹/执行文件""列出文件夹/读取数据""读取属性""读取扩展属性"等，没有"创建文件/写入数据""写入属性""删除子文件夹及文件""删除"等属性。分别选中这些选项，如图 4-7 所示，单击"确定"按钮完成设置。

STEP 04 将文件写入 TEST 文件夹

注销 Windows，以用户 xesuxn 登录，进入 TEST 文件夹，验证用户 xesuxn 对 TEST 文件夹的写入权限，如图 4-8 所示。

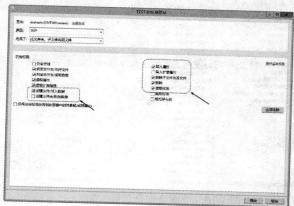

图 4-7　设置写入权限

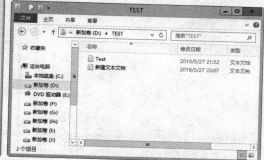

图 4-8　将文件写入 TEST 文件夹

4.4.3　配置与管理共享文件夹

资源共享是网络最重要的特性，通过共享文件夹可以使用户方便地进行文件交换。但是，简单地设置共享文件夹可能会带来安全隐患，因此，必须考虑设置对应文件夹的访问权限。

创建共享文件夹的用户必须拥有管理员权限，普通用户要在网络中创建共享文件夹时，需要知道管理员的用户名和密码。

任务案例

在新天教育培训集团有许多培训资料和策划方案（保存在 D:\TEST）需要提供给公司内部员工使用，不允许用户修改，更不允许用户删除。但用户 xesuxn 具有修改权限。

配置与管理共享文件夹

【操作步骤】

STEP 01 启用 Guest 账户

选择"开始"→"计算机管理"命令，打开"计算机管理"窗口，展开"本地用户和组"→"用户"子节点，右击"Guest"用户，在弹出的菜单中选择"属性"命令，打开"Guest 属性"对话框，如图 4-9 所示，取消选中"账户已禁用"复选框，单击"确定"按钮即可。

STEP 02 检查 Guest 是否被禁用

选择"开始"→"管理工具"→"本地安全策略"命令，打开"本地安全策略"窗口，展开"本地策略"→"用户权限分配"子节点，如图 4-10 所示，查看右侧窗格中"拒绝从网络访问这台计算机"项的属性中是否有 Guest 账户，如果有，将其删除。

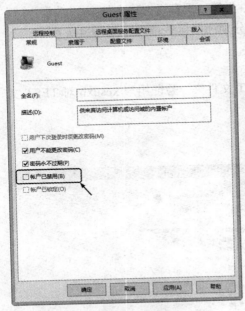

图 4-9　启用 Guest 来宾账户

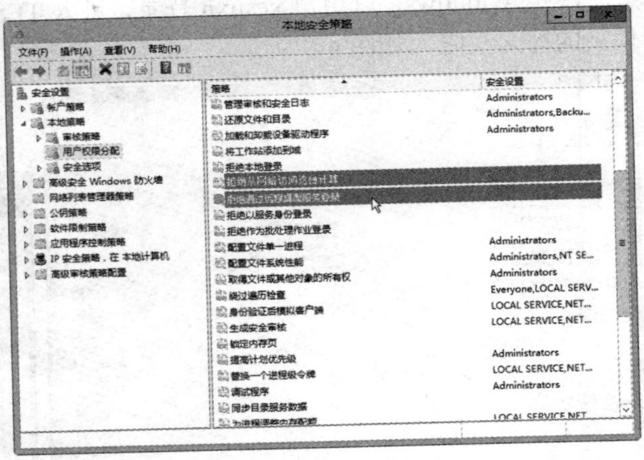

图 4-10　"本地安全策略"窗口

STEP 03　添加共享文件夹

【方法一】

（1）选择"开始"→"计算机管理"命令，打开"计算机管理"窗口，展开"共享文件夹"→"共享"子节点，如图 4-11 所示。

（2）窗口右边显示了计算机中所有共享文件夹的信息。如果要建立新的共享文件夹，可通过选择"操作"→"新建共享"命令，或右击"共享"子节点，在弹出的菜单中选择"新建共享"命令，打开"创建共享文件夹向导"对话框，单击"下一步"按钮，打开如图 4-12 所示页面，输入要共享的文件夹路径。

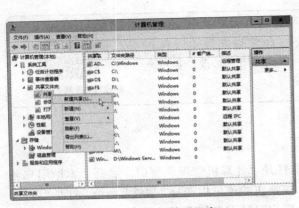

图 4-11　"计算机管理"窗口

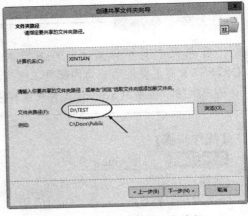

图 4-12　输入共享文件夹路径

（3）单击"下一步"按钮，打开如图 4-13 所示页面。输入共享名称与共享描述，在共享描述中可输入该资源的描述性信息，方便用户了解其内容。

（4）单击"下一步"按钮，打开如图 4-14 所示页面，用户可以根据自己的需要设置网络用户的访问权限，或者选择自己定义网络用户的访问权限。

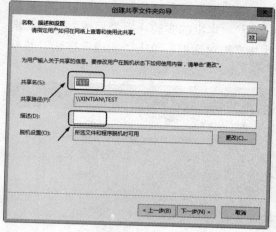

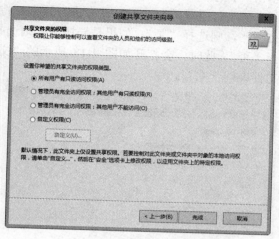

图 4-13　输入共享名称与共享描述　　　　图 4-14　设置共享文件夹权限

（5）单击"完成"按钮，完成共享文件夹的设置。

【方法二】

（1）打开"计算机"或"资源管理器"窗口，选择要设置为共享的文件夹 TEST，右击，在弹出的菜单中选择"属性"命令，打开"TEST 属性"对话框，选择"共享"选项卡，如图 4-15 所示，单击"共享"按钮，打开"文件共享"对话框，如图 4-16 所示。

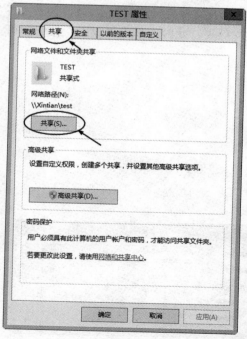

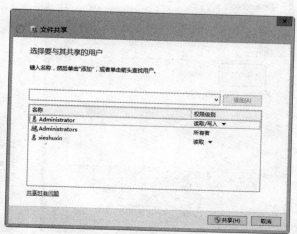

图 4-15　文件夹的共享选项　　　　图 4-16　"文件共享"对话框

（2）在图 4-16 中，单击下拉列表按钮，在弹出的用户列表中选择相应的用户或在文本框中输入用户名，如"Everyone"，而后单击"添加"按钮，添加成功后在"名称"列表中可以看到"Everyone"用户，将其权限级别设置为"读取/写入"，如图 4-17 所示，单击"共享"按钮。

（3）如果是第一次对文件夹进行共享，将打开"网络发现和文件共享"窗口，如果是公用网，则选择"是"；如果是局域网，则选择"否"。本机的实验环境为局域网，因此选择"否"。此时，会打开如图 4-18 所示的"文件共享"对话框，单击"完成"按钮，共享文件夹创建完毕。

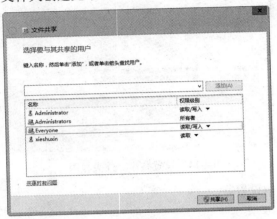

图 4-17　添加共享用户

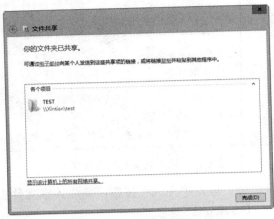

图 4-18　完成创建共享文件夹

（4）在图 4-15 中单击"高级共享"按钮，打开"高级共享"对话框，如图 4-19 所示。单击"添加"按钮，打开"新建共享"对话框，如图 4-20 所示。在该对话框中可以设置共享名和用户数量限制。如果希望隐藏共享文件夹，需要在文件夹名称后加上"$"符号，客户机访问该文件夹时，要指明路径，否则看不到该文件夹，此时，单击"权限"按钮，可以重新设置共享用户及其权限。

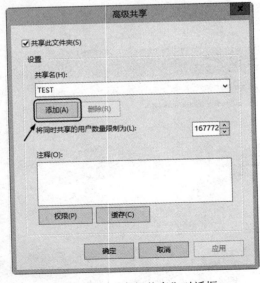

图 4-19　"高级共享"对话框

图 4-20　"新建共享"对话框

STEP 04 访问共享文件夹 TEST

【方法一】

打开"这台电脑"窗口，如图 4-21 所示。在地址栏中输入"\\计算机的 IP 地址或计算机名"后按 Enter 键，即可看到共享文件夹 TEST，如图 4-22 所示。

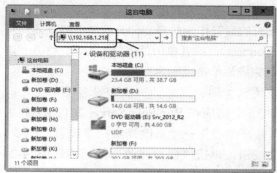

图 4-21　"这台电脑"窗口

图 4-22　TEST 共享文件夹

【方法二】

选择"开始"→"运行"命令，在"打开"文本框中输入"\\计算机的 IP 地址或计算机名"，如图 4-23 所示，也能找到如图 4-22 所示的共享文件夹。此时可将共享文件夹中的内容复制到本机，也可以将本机中的文件上传到共享文件夹。

【方法三】

打开浏览器，在地址栏中输入"\\计算机的 IP 地址或计算机名"，如图 4-24 所示。也能看到如图 4-22 所示的共享文件夹。

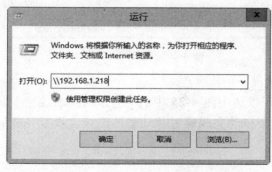

图 4-23　"运行"对话框

图 4-24　浏览器窗口

4.4.4 映射网络驱动器

为了使用方便，用户可以将经常使用的网络中某台计算机上的共享文件夹映射为驱动器，也就是把其他计算机上的一个共享文件夹变为自己计算机上的一个逻辑驱动器符。

任务案例 *4-1*

新天教育培训集团的许多培训资料和策划方案已共享给员工使用，但访问时很不方便，员工希望像访问本机的物理磁盘一样访问共享资源，此时就需要映射网络驱动器。

映射网络驱动器

【操作步骤】

STEP 01 打开"映射网络驱动器"对话框

在 Windows 7 客户机的桌面上右击"计算机"图标，在弹出的菜单中选择"映射网络驱动器"选项，打开"映射网络驱动器"对话框，如图 4-25 所示。

STEP 02 选择要映射的文件夹

在"驱动器"下拉列表框中选择一个本机没有的盘符作为共享文件夹的映射驱动器符号（如 Z）。输入要共享的文件夹名及路径（如\\xintian\test），或者单击"浏览"按钮，打开"浏览文件夹"对话框，选择要映射的文件夹，设置完成后单击"确定"按钮。

如果单击"浏览"按钮时，出现"网络发现已关闭。网络计算机和设备不可见。请启用网络和共享中心中的网络发现。"的出错提示，则应在 Windows Server 2012 R2 的主机中选择"开始"→"控制面板"→"网络和共享中心"→"更改高级共享设置"命令，在"网络发现"中选中"启用网络发现"单选按钮，单击"保存修改"按钮，如图 4-26 所示。

图 4-25 "映射网络驱动器"对话框

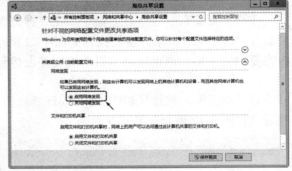

图 4-26 启用网络发现

STEP 03 选定"登录时重新连接"复选框

如果经常需要使用该驱动器，则用户还可以选中图 4-25 中的"登录时重新连接"复选框，这样当计算机启动并登录到网络时，会自动完成映射驱动器的连接，设置完成后单击"完成"按钮。

STEP 04 查看映射的网络驱动器

单击"完成"按钮后即可完成对共享文件夹到本机的映射。打开"计算机"窗口，会发现本机多了一个驱动器符，通过该驱动器符可以访问该共享文件夹，如同访问本机的物理磁盘一样，如图 4-27 所示，"Z"驱动器实际上是网络上 xintian 计算机的共享文件夹 test 到本机的映射。

STEP 05 断开网络驱动器

当不再需要网络驱动器时，可以将其断开，具体操作方法如下。

（1）右击"计算机"，在弹出的菜单中选择"断开网络驱动器"命令，打开"断开网络驱动器"对话框，如图 4-28 所示。

（2）选择要断开的网络驱动器 Z，单击"确定"按钮即可。

图 4-27　查看映射的网络驱动器

图 4-28　"断开网络驱动器"对话框

▌4.5　拓展训练 ▌

4.5.1　课堂训练

课堂任务

请在用户计算机的 D 盘中建立共享文件夹 PHOTO，并设置来宾用户可以访问，不能修改。而用户本人可以修改和删除文件。

【训练步骤】

请参考【任务案例 4-2】与【任务案例 4-3】完成具体任务。

4.5.2　课外拓展

一、知识拓展

【拓展 4-1】填空题。

1. Windows Server 2012 R2 支持的文件系统是_____。

2. 在 NTFS 文件系统中，文件夹的标准权限有_____、_____、_____、_____和_____。

3. 已经设置了 C 盘权限为只读，D 盘权限为完全控制权，如果把一个在 D 盘根目录中的 AA 文件夹复制到 C 盘根目录中，则 AA 文件夹的权限为_____。

4. 若 D 盘是 NTFS 分区，D:\test1 文件夹的权限为完全控制权，D:\test2 文件夹的权限为写入，如果将 D:\test1\a.txt 文件复制到 D:\test2 文件夹下，则 a.txt 的权限为_____。

5. 如果一个用户同时加入了读写组和拒绝访问组，则该用户的最终权限是_____。

6. 新建的共享目录的默认共享权限是 Everyone 都能以_____权限访问。

7. 对于有权限设置的共享，一般通过_____的方法连接，在文件夹中输入_____，单击_____，输入远程计算机上的用户名和口令。

8. Windows Server 2012 R2 系统提供了几种映射网络驱动器的方法。在命令行模式下，可以使用"_____"命令完成映射；也可以通过右击桌面"_____"或"_____"，在弹出的菜单中选择"映射网络驱动器"命令，在打开的对话框中直接输入"_____"映射网络驱动器。

二、技能拓展

【拓展 4-2】按如下要求完成建立共享文件夹任务。

1. 在本地磁盘某驱动器（应为 NTFS 格式）中新建一个文件夹，命名为"MP3"，将其设为共享文件夹。并将其设为 Guest 用户可以完全控制。

2. 在邻近的某台计算机上（假设其计算机名为 tech）将该文件夹映射为该计算机的 G 驱动器。

4.6 总结提高

本项目具体介绍了文件权限的一些基本知识，以及共享文件夹、分布式文件系统的基本概念，具体训练了读者配置共享文件夹、映射网络驱动器的能力，同时让读者进行了文件和文件夹权限的设置、共享资源的访问、分布式文件系统操作等。

完成本项目后，认真填写学习情况考核登记表（表 4-2），并及时予以反馈。

表 4-2　学习情况考核登记表

序号	知识与技能	重要性	自我评价					小组评价					老师评价				
			A	B	C	D	E	A	B	C	D	E	A	B	C	D	E
1	能够设置文件和文件夹的访问许可权	★★★★☆															
2	能够配置共享文件夹	★★★★★															
3	能够访问共享文件夹	★★★★☆															
4	能够映射共享文件夹	★★★★															
5	能够访问网络驱动器	★★★															
6	能够完成课堂训练	★★★☆															

说明：评价等级分为 A、B、C、D、E 五等。其中，对知识与技能掌握很好，能够熟练地完成文件系统的配置与管理为 A 等；掌握了 75%以上的内容，能较为顺利地完成任务为 B 等；掌握 60%以上的内容为 C 等；基本掌握为 D 等；大部分内容不够清楚为 E 等。

配置与管理 DHCP 服务器

教学目标 ☞

知识目标
了解 DHCP 的作用
了解 DHCP 的工作原理
掌握 DHCP 服务器的安装和配置方法
掌握 DHCP 客户机的配置方法

技能目标
会检查并安装 DHCP 服务器
会授权 DHCP 服务器
会创建 DHCP 作用域
会 DHCP 选项的配置（如保留特定的 IP、配置作用域）
能配置 DHCP 客户机
能测试 DHCP 服务器的配置情况

态度目标 ☞

培养认真细致的工作态度和工作作风
养成刻苦、勤奋、好问、独立思考和细心检查的学习习惯
能与组员精诚合作，正确面对他人的成功或失败
具有一定的自学能力，分析、解决问题能力和创新能力

建议课时 ☞

教学课时：理论 1 课时+教学示范 1 课时
拓展训练课时：课堂模拟 1 课时+课堂训练 1 课时

　　在 TCP/IP 网络中，每一台计算机都必须要有一个唯一的 IP 地址，否则，将无法与其他计算机进行通信。因此，管理、分配和配置客户机的 IP 地址变得非常重要，如果网络管理员一台一台机器地为客户机管理和分配 IP 地址，不仅费时、费力，而且容易出错。借助动态主机配置协议 DHCP 服务器，对每台计算机的 IP 地址进行动态分配，可以大幅提高工作效率，并减少发生 IP 地址故障的可能性，从而减少网络管理的复杂性。

　　本项目将介绍 DHCP 的作用、工作原理及在 Windows Server 2012 R2 中 DHCP 的配置方法。通过任务案例练习安装 DHCP 服务器、授权 DHCP 服务器、创建 DHCP 作用域、保留特定的 IP 地址、配置 DHCP 选项、建立超级作用域等，在客户机测试 DHCP 服务器的配置结果。

■5.1　情境描述

用 DHCP 为局域网的客户机自动分配 IP 地址

　　在新天教育培训集团的局域网中，服务器安装了 Windows Server 2012 R2 网络操作系统。组网前集团内部计算机维护由办公室的专人负责，当时只有 20 几台计算机，唐宇为每台计算机配置了静态 IP 地址。随着集团业务的发展，目前计算机数量已接近 500 台，有的员工配备的还是笔记本电脑，在使用时出现的问题越来越多。一是有个别员工经常去修改相关参数，导致 IP 地址冲突，无法正常上网；二是计算机多了，对相关参数的维护工作也越来越繁重了；三是公司领导和部分员工配备的笔记本电脑需要在不同的环境下切换使用，这样就需要不断修改 IP 地址，非常麻烦。

　　为此，集团领导希望解决上述问题。

　　唐宇经过思考，认为只需要为中心配置 DHCP 服务即可解决上述问题。首先应根据网络拓扑和规模规划网络 IP 地址，确定网段的划分以及每个网段可能的主机数量等信息；然后再根据用户需求选择合适的 DHCP 组网方案。

常见的 DHCP 组网方式可分为两种：一种是 DHCP 服务器和客户机都在一个子网内，直接进行 DHCP 协议的交互；另一种是 DHCP 服务器和客户机分别处于不同的子网中，必须通过 DHCP 中继代理实现 IP 地址的分配。

5.2 任务分析

1. DHCP 的概念及作用

DHCP（dynamic host configuration protocol，动态主机分配协议）是一个简化主机 IP 地址分配管理的 TCP/IP 标准协议，它可以自动为网络客户机配置一个动态 IP 地址，并提供安全、可靠、简单的 TCP/IP 网络配置，确保不发生地址冲突。

在 TCP/IP 网络中，每台工作站在存取网络上的资源之前，都必须进行基本的网络配置，一些主要参数如 IP 地址、子网掩码、缺省网关和 DNS 等是必不可少的，还可能需要一些附加的信息如 IP 管理策略等。之所以要使用 DHCP 服务为客户机自动分配 IP 地址，其主要作用有以下两个方面。

1）简化并提供安全可信的网络配置

采用 DHCP 自动分配 IP 地址后，网络管理员就无须为每一个客户手动配置 IP 地址了，从而减轻了网络管理员的负担，用户也不必关心网络地址的概念和配置，还能防止网络上计算机配置地址的冲突。通过 IP 地址与 MAC 地址的绑定，能有效解决盗用 IP 地址的问题。这在规模稍大的网络中效果特别明显。

2）提高 IP 地址的利用率，解决 IP 地址不够用的问题

DHCP 客户机在断开网络连接后，释放了原来使用的 IP 地址，可以继续分配给其他用户使用。这对于网络 IP 地址资源紧缺的网络环境特别有用。

2. 使用 DHCP 服务需要的网络环境

DHCP 可以实现网络中一些主要参数的动态配置，主要适用于如下网络环境。

（1）网络规模较大，需要对整个网络进行集中管理，简化网络管理。

（2）网络中主机数目大于该网络支持的 IP 地址数量，无法为每个主机分配一个固定的 IP 地址，大量用户必须通过 DHCP 服务动态获得 IP 地址。

（3）网络中存在移动设备，需要实现对移动设备的方便接入及自动配置管理。

（4）网络中只有少数主机需要固定的 IP 地址，大多数主机没有固定 IP 地址的需求。

（5）网络中的接入设备进行简单的配置，即可实现基于 DHCP 的安全管理。

3. DHCP 服务提供的配置信息

（1）网络接口的 IP 地址和子网掩码。

（2）网络接口 IP 地址对应的网络地址和广播地址。

（3）缺省网关地址。

（4）DNS 服务器地址。

4. DHCP 服务器的搭建流程

在 Windows Server 2012 R2 中构建 DHCP 服务器的流程与构建其他服务器的流程类似，具体过程如下。

（1）构建网络环境，为服务器设置静态 IP 地址，服务器和客户机最好设置在同一局域网内。

（2）默认情况下 Windows Server 2012 R2 操作系统没有安装 DHCP 服务，需要安装 DHCP 服务。

（3）DHCP 服务安装好后并不能直接提供服务，还需要给 DHCP 服务授权。

（4）激活 DHCP 作用域。

（5）保留特定的 IP 地址。

（6）配置 DHCP 选项。

（7）启动与停止 DHCP 服务。

（8）DHCP 客户机配置及测试。

5. 本项目的具体任务

本项目主要完成以下任务：添加 DHCP 服务器角色、配置 DHCP 服务器、授权 DHCP 服务器、激活作用域、配置 DHCP 选项、配置 DHCP 客户机。

5.3 知识储备

5.3.1 DHCP 概述

DHCP 的前身是 BOOTP，它工作在 OSI 的应用层，是一种帮助计算机从指定的 DHCP 服务器获取配置信息的自举协议。DHCP 使用客户机/服务器模式，请求配置信息的计算机叫作"DHCP 客户机"，而提供信息的计算机叫作"DHCP 服务器"。

5.3.2 DHCP 地址分配机制

DHCP 提供自动分配、手动分配和动态分配 3 种地址分配机制。

（1）自动分配：DHCP 服务器为客户机分配一个永久地址。在该地址被分配后 DHCP 服务器便不能对其进行再分配了。

（2）手动分配：网络管理员手动设置 IP 地址到 MAC 地址的映射，DHCP 服务器仅负责将该信息传送给客户机。

（3）动态分配：DHCP 服务器向客户机分配可重用的地址。

从各个方面来看，动态分配机制都是这 3 种机制中最理想的一种。首先，动态分配机制非常适合服务器只有少量可用地址，而主机又需要与网络保持短时间连接的场合。很多 Internet 服务供应商（Internet service provider，ISP）就是采用这种分配机制对其客户机动态分配 IP 地址的。这样，当客户机断开连接或离线时，Internet 服务供应商可以将其地址重新分配给另一台主机。使用动态地址分配机制的另一个原因是，在 DHCP 地址池中地址数量有限的情况下，当网络中淘汰旧的主机，加入新的主机时，新主机可以获取旧主机的地址或其他地址。这样，地址池中便可以保持同样的主机地址使用率。

采用手动分配机制可以避免在手工配置主机过程中可能出现的错误。因为采用手动分配机制时，DHCP 管理员可以在服务器上静态地对主机进行配置，然后客户机再从该服务器上下载其配置信息。

> **提示**
>
> DHCP 服务在很多设备中已内置。例如，现在家庭上网用的宽带 Modem、宽带路由器等都内置了 DHCP 服务程序，通过这些设备也可为内网中的计算机进行动态 IP 地址分配。

5.3.3 DHCP 的工作原理

DHCP 是一个基于广播的协议，它的操作可归结为 IP 租约请求、IP 租约提供、IP 租约选择、IP 租约确认 4 个阶段，每一个阶段的具体工作流程如图 5-1 所示。

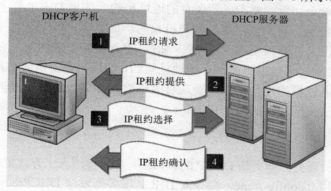

图 5-1 工作流程示意图

（1）IP 租约请求：当 DHCP 客户机第一次登录网络的时候，也就是客户机上没有任何 IP 数据设定时，它会向网络发出一个 DHCPdiscover 封包。因为客户机还不知道自己属于哪一个网络，所以封包的来源地址为 0.0.0.0，而目的地址则为 255.255.255.255，然后再附上 DHCPdiscover 的信息，消息包含客户计算机的媒体访问控制（MAC）地址（网卡上内建的硬件地址）以及它的 NetBIOS 名字，向网络进行广播。

（2）IP 租约提供：当 DHCP 服务器接收到一个来自客户的 DHCPdiscover 广播后，它会根据自己的作用域地址池为该客户保留一个 IP 地址，并且通过在网络上广播一个消息来实现，该消息包含客户的 MAC 地址、服务器所能提供的 IP 地址、子网掩码、租用期限，以及提供该租用的 DHCP 服务器本身的 IP 地址回应给客户机一个 DHCPoffer 封包。

（3）IP 租约选择：如果子网还存在其他 DHCP 服务器，那么客户机在接受了某个 DHCP 服务器的 DHCPoffer 消息后，它会广播一条包含提供租用的服务器的 IP 地址的 DHCPrequest 消息，在该子网中通告所有其他 DHCP 服务器它已经接受了一个地址的提供，其他 DHCP 服务器在接收到这条消息后就会撤销为该客户提供的租用。然后把为该客户分配的租用地址返回到地址池中，该地址将可以重新作为一个有效地址提供给其他计算机使用。

（4）IP 租约确认：DHCP 服务器接收到来自客户的 DHCPrequest 消息，它就开始配置过程的最后一个阶段，这个确认阶段由 DHCP 服务器发送一个 DHCPack 包给客户，该包包括一个租用期限和客户所请求的所有其他配置信息，至此，完成 TCP/IP 配置。

> **提示**
>
> DHCP 客户机启动时和租约期限过半时，DHCP 客户机都会自动向 DHCP 服务器发送更新租约的信息。

5.3.4 IP 租约更新

客户机从 DHCP 服务器获取的 TCP/IP 配置信息的默认租期为 8 天（可以调整）。为了延长使用期，DHCP 客户机需要更新租约，更新方法有两种。

1. 自动更新

当客户机重新启动或租期达 50%时，就需要重新更新租约，客户机直接向提供租约的服务器发送 DHCPrequest 包，要求更新现有的地址租约。如果 DHCP 服务器收到请求，它将发送 DHCP 确认信息给客户机，更新客户机租约。如果客户机无法与提供租约的服务器取得联系，则客户机一直等到租期到达 87.5%时，进入重新申请状态，它向网络上所有的服务器广播 DHCPdiscover 包以更新现有的地址租约。如果服务器响应客户机的请求，那么客户机使用该服务器提供的地址信息更新现有的租约。如果租约终止或无法与其他服务器通信，客户机将无法使用现有的地址租约。

2. 手动更新

如果网络管理员需要立即更新 DHCP 配置信息，可以使用人工方式更新 IP 租约。此时，只要在客户机上使用 ipconfig /renew 命令向 DHCP 服务器发送 DHCPrequest 包，达到接收更新选项和租约时间。如果 DHCP 服务器没有响应，客户机将继续使用当前的 DHCP 配置选项。

如果需要释放租约，可以使用 ipconfig /release 命令释放租约。

5.3.5 DHCP 常用术语

DHCP 的常用术语较多，掌握这些术语对配置与管理 DHCP 服务器具有很大的帮助。常用术语如表 5-1 所示。

表 5-1　DHCP 常用术语

术语	描述
DHCP 服务器	为用户提供可用的 IP 地址等配置信息的计算机
DHCP 客户机	通过 DHCP 动态申请 IP 地址的计算机
作用域	一个网络中的所有可分配的 IP 地址的连续范围。作用域主要用来定义网络中单一的物理子网的 IP 地址范围。作用域是服务器用来管理分配给客户机的 IP 地址的主要手段
超级作用域	一组作用域的集合，用来实现在同一个物理子网中包含多个逻辑 IP 子网。超级作用域中只包含一个成员作用域或子作用域的列表
地址池	在用户定义了 DHCP 范围及排除范围后，剩余的地址构成了一个地址池，地址池中的地址可以动态分配给网络中的客户机使用

续表

术语	描述
租约	租约是 DHCP 服务器指定的时间长度，在这个时间范围内客户机可以使用所获得的 IP 地址。当客户机获得 IP 地址时，租约被激活，在租约到期前客户机需要更新 IP 地址的租约，当租约过期或从服务器上删除则租约停止
保留地址	用户可以利用保留地址创建一个永久的地址租约。保留地址保证子网中的指定硬件设备始终使用同一个 IP 地址
排除范围	不用于分配的 IP 地址序列。它保证在这个序列中的 IP 地址不会被 DHCP 服务器分配给客户机
DHCP 中继	用户跨网段申请 IP 地址时，实现 DHCP 报文的中继转发功能

5.4　任务实施

5.4.1　规划 DHCP 服务器的安装环境

在局域网中搭建一台 DHCP 服务器，须提前做好规划，具体包括以下几点。

（1）在服务器中需要安装好 Windows Server 2012 R2，并保证服务器的 IP 地址必须是静态 IP，如 192.168.2.110。

（2）事先规划好可提供给 DHCP 客户机使用的 IP 地址范围，也就是所建立的 IP 作用域，如 192.168.2.10～192.168.2.250。

（3）在局域网中是否需要保留地址，保留地址须事先规划好，如保留 192.168.2.100～192.168.2.111 给网络中的服务器。

（4）如果局域网中建立了域环境，则安装 DHCP 服务的计算机必须是域控制器或成员服务器，否则 DHCP 服务不能启用。

5.4.2　添加 DHCP 服务器角色

默认情况下 Windows Server 2012 R2 网络操作系统中没有安装 DHCP 服务组件，如果需要某服务器提供 DHCP 服务，首先就得为这台服务器安装 DHCP 服务组件。

任务案例

新天教育培训集团需要架设一台 DHCP 服务器，以便让集团所有的计算机都能够通过该 DHCP 服务器获得 TCP/IP 地址，请先添加 DHCP 服务器角色。

安装 DHCP 服务组件

【操作步骤】

STEP 01　配置 DHCP 服务器的 IP 地址

选择"开始"→"控制面板"→"网络和共享中心"命令，打开"网络和共享中心"窗口，单击"Ethernet0"链接，打开"Ethernet0 状态"对话框，单击"属性"按钮，打开"Ethernet0 属性"对话框，选择"Internet 协议版本 4（TCP/IPv4）"选项，单击"属性"按钮，打开"Internet 协议版本 4（TCP/IPv4）属性"对话框，设置 DHCP 服务器的 IP 地址、子网掩码、默认网关和 DNS 服务器地址，如图 5-2 所示，设置完成后单击"确定"按钮，再单击"关闭"按钮关闭窗口。

STEP 02　打开"服务器管理器"窗口

（1）选择"开始"→"管理工具"→"服务器管理器"命令，或单击任务栏上的"服务器管理器"图标，打开"服务器管理器"窗口，如图 5-3 所示。

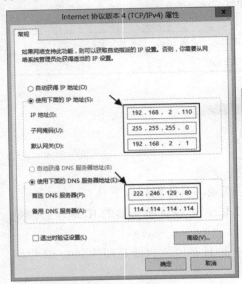

图 5-2　配置 TCP/IP

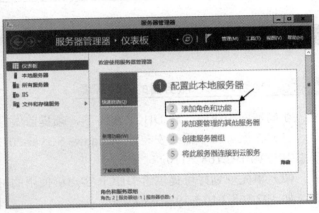

图 5-3　"服务器管理器"窗口

（2）单击"2-添加角色和功能"链接，出现"开始之前"窗口，单击"下一步"按钮。

（3）进入"选择安装类型"窗口，保持默认的"基于角色或基于功能的安装"，单击"下一步"按钮。

（4）进入"选择目标服务器"窗口，此页显示了正在运行 Windows Server 2012 R2 的服务器以及那些已经在服务器中使用"添加服务器"命令所添加的服务器。在此保持默认的"从服务器池中选择服务器"，在服务器池中选择服务器，然后单击"下一步"按钮。

STEP 03　打开"选择服务器角色"窗口

打开"选择服务器角色"窗口，在该窗口中可以选择要安装在此服务器上的一个或多个角色，在此选中"DHCP 服务器"复选框，弹出"添加 DHCP 服务器 所需的功能？"的提示窗口，如图 5-4 所示。单击"添加功能"按钮返回"选择服务器角色"窗口，单击"下一步"按钮。

STEP 04　打开"功能"窗口

打开"功能"窗口，选择要安装在所选服务器上的一个或多个功能，保持默认，单击"下一步"按钮。

STEP 05　打开"DHCP 服务器"的简介及注意事项窗口

打开"DHCP 服务器"的简介及注意事项窗口，如图 5-5 所示，直接单击"下一步"按钮。

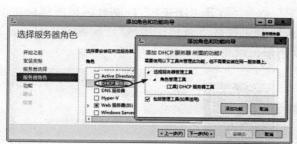

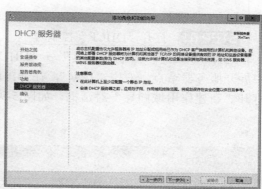

图 5-4　"选择服务器角色"窗口　　　　　　　图 5-5　"DHCP 服务器"的简介及注意事项窗口

STEP 06　打开"确认安装所选内容"窗口

打开"确认安装所选内容"窗口，如图 5-6 所示。若要在所选服务器上安装列出的角色、角色服务或功能，单击"安装"按钮，即可开始安装所选择的 DHCP 服务。

STEP 07　打开"安装进度"窗口

安装完成后，出现安装成功提示，如图 5-7 所示，单击"关闭"按钮返回"服务器管理器"窗口，关闭"服务器管理器"窗口即可。

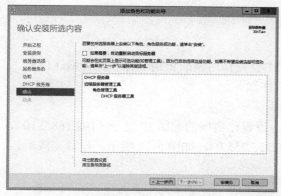

图 5-6　"确认安装所选内容"窗口　　　　　　　　图 5-7　安装成功提示

5.4.3　配置 DHCP 作用域

作用域是为了便于管理而对子网上使用 DHCP 服务的计算机 IP 地址进行的分组。网络管理员首先为每个物理子网创建一个作用域，然后使用此作用域定义客户机所用的参数。

1. 新建作用域

任务案例　5-2

DHCP 角色安装完成后，需要创建并激活作用域。请根据规划好的地址池（192.168.2.10～192.168.2.250）和排除地址（192.168.2.100～192.168.2.111）创建并激活作用域。

【操作步骤】

STEP 01 打开"DHCP"控制台

选择"开始"→"管理工具"→"DHCP"命令,打开"DHCP"控制台,在控制台树中展开服务器节点,右击"IPv4",在弹出的菜单中选择"新建作用域",如图 5-8 所示。打开"新建作用域向导"对话框,如图 5-9 所示,单击"下一步"按钮。

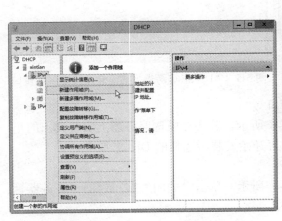

图 5-8 "DHCP"控制台   图 5-9 "新建作用域向导"对话框

STEP 02 打开"作用域名称"对话框

打开"作用域名称"对话框,在该对话框中设置作用域的识别名称和相关描述信息,如图 5-10 所示,设置完成后,单击"下一步"按钮。

STEP 03 打开"IP 地址范围"对话框

打开"IP 地址范围"对话框,在该对话框中设置作用域的起始 IP 地址(192.168.2.10)、结束 IP 地址(192.168.2.250)、子网掩码(255.255.255.0),如图 5-11 所示。设置完成后,单击"下一步"按钮。

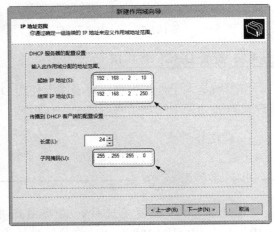

图 5-10 "作用域名称"对话框   图 5-11 "IP 地址范围"对话框

STEP 04 打开"添加排除和延迟"对话框

打开"添加排除和延迟"对话框,如图 5-12 所示。在该对话框中设置作用域的排除 IP

地址或者 IP 地址范围，这里设置起始 IP 地址为：192.168.2.100，结束 IP 地址为：192.168.2.111，设置完成后，单击"添加"按钮，被排除的地址就会显示在"排除的地址范围"列表中，单击"下一步"按钮。

STEP 05 打开"租用期限"对话框

打开"租用期限"对话框，如图 5-13 所示。在该对话框中指定一个客户机从此作用域获取到的 IP 地址的使用时间。对于移动网络、笔记本计算机或拨号客户机，一般设置较短的租用期限，如果是位置固定的网络，则设置相对较长的租用期限。在此设置租用期限为：7 天，单击"下一步"按钮。

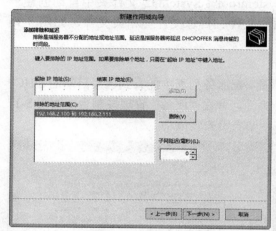

图 5-12　"添加排除和延迟"对话框　　　　图 5-13　"租用期限"对话框

STEP 06 打开"配置 DHCP 选项"对话框

打开"配置 DHCP 选项"对话框，如图 5-14 所示。在该对话框中要求选择是否现在就配置 DHCP 选项，DHCP 选项包括路由器（默认网关）的 IP 地址、DNS 服务器地址、WINS 服务器等选项。在此选中"否，我想稍后配置这些选项"单选按钮，单击"下一步"按钮。

STEP 07 打开"正在完成新建作用域向导"对话框

打开"正在完成新建作用域向导"对话框，如图 5-15 所示。出现该对话框表示完成了作用域的创建，单击"完成"按钮即可。

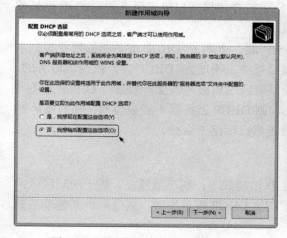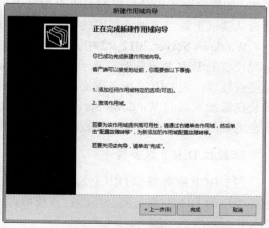

图 5-14　"配置 DHCP 选项"对话框　　　　图 5-15　"正在完成新建作用域向导"对话框

2. 验证 DHCP 服务是否成功安装

任务案例

唐宇完成了安装 DHCP 服务组件，现在需要验证 DHCP 服务安装是否成功。

【操作步骤】

STEP 01 查看文件

如果 DHCP 服务组件安装成功将会在%systemroot%\System32 文件夹中自动创建一个名为 dhcp 的文件夹，其中包含 DHCP 数据库文件、日志文件等相关文件，如图 5-16 所示。

STEP 02 查看服务

DHCP 服务如果安装成功，会自动启动。因此，在服务列表中能看到已经启动的 DHCP 服务。选择"开始"→"管理工具"→"服务"命令，弹出"服务"管理控制台，如图 5-17 所示，在其中如果能看到已启动的 DHCP 服务，则表示安装成功。

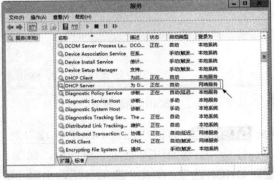

图 5-16　dhcp 文件夹显示窗口　　　　　　图 5-17　"服务"管理控制台

5.4.4 配置 DHCP 服务器

DHCP 服务器如果配置错误或未经授权就为网络中用户分配 IP 地址，可能会产生问题。例如，如果启动了未经授权的 DHCP 服务器，它可能会使得客户机租用不正确的 IP 地址或者否认尝试更新当前地址租用的 DHCP 客户机。

Windows Server 2012 R2 中为避免出现这些问题，引入了 DHCP 服务器的授权机制，未经授权的 DHCP 服务器在基于活动目录的域环境中是不能为 DHCP 客户机提供服务的。若要被授权，则 DHCP 服务器必须安装在域控制器或成员服务器上，如果将 DHCP 服务器安装在未加入域的 Windows Server 2012 R2 上，则 DHCP 服务器不能被授权。授权是一种安全的预防措施，要避免未经授权的 DHCP 服务器在网络中运行。

1. 授权 DHCP 服务器

若 DHCP 服务器和 DHCP 客户机工作在工作组模式下，则不用授权。基于活动目录的域环境中的 DHCP 服务器必须经过授权后，才能使 DHCP 服务生效，从而阻止其他非法的 DHCP 服务器提供服务。

任务案例 *5-1*

在域环境中，有一台 DHCP 服务器，已经安装了 DHCP 服务组件，接下来请为这台服务器进行授权。

授权 DHCP 服务器

【操作步骤】

STEP 01　打开 DHCP 控制台

DHCP 服务组件安装完成之后，选择"开始"→"管理工具"→"DHCP"命令，打开 DHCP 控制台，右击 DHCP，在弹出的菜单中选择"管理授权的服务器"，如图 5-18 所示。

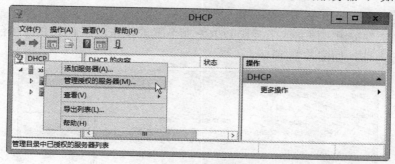

图 5-18　DHCP 控制台

STEP 02　打开"管理授权的服务器"对话框

打开"管理授权的服务器"对话框，如图 5-19 所示，单击"授权"按钮。

STEP 03　打开"授权 DHCP 服务器"对话框

打开"授权 DHCP 服务器"对话框，如图 5-20 所示。在"名称或 IP 地址"文本框中输入要授权的 DHCP 服务器的名称或 IP 地址，也可在此输入授权 DHCP 服务器的 IP 地址，如 192.168.2.110，单击"确定"按钮。

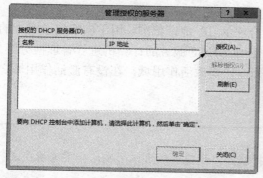
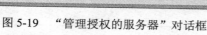
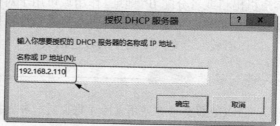

图 5-19　"管理授权的服务器"对话框　　图 5-20　"授权 DHCP 服务器"对话框

STEP 04　打开"确认授权"对话框

打开"确认授权"对话框，检查 DHCP 服务器的名称和 IP 地址输入是否正确，确认无误后单击"确定"按钮，如图 5-21 所示。

STEP 05　工作组模式下授权的提示页面

若 DHCP 服务器和 DHCP 客户机工作在工作组模式下，则不用授权，会弹出如图 5-22

所示的"DHCP 服务无法访问 Windows Active Directory。"提示页面，单击"确定"按钮即可。

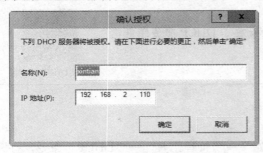

图 5-21　"确认授权"对话框

图 5-22　工作组模式下授权的提示页面

STEP 06　完成 DHCP 服务器授权

单击"确定"按钮，便完成了授权 DHCP 服务器的操作，在 DHCP 控制台中列有授权了的 DHCP 服务器，如图 5-23 所示。

图 5-23　授权 DHCP 服务器

2. 激活作用域

在安装 DHCP 服务后，用户必须首先添加一个授权的 DHCP 服务器，在服务器中添加作用域，并设置相应的 IP 地址范围及选项类型，以便 DHCP 客户机在登录到网络时，能够获得 IP 地址租约和相关选项的设置参数。

一个 DHCP 作用域（DHCP Scope）是一个合法的 IP 地址范围，用于向特定子网上的客户机出租或者分配 IP 地址。作用域可用于对使用 DHCP 服务的计算机进行管理性分组。DHCP 服务器在使用前除了需要对服务器授权外，还要激活作用域，在没有激活作用域之前，"作用域"上有一个向下的红色箭头。

―― 任务案例　*5-5*

　　DHCP 服务器在使用前除了需要对服务器授权外，还需要激活作用域，接下来请完成激活作用域的相关操作。

【操作步骤】

STEP 01　选择"激活"命令

在图 5-23 所示的 DHCP 控制台中，右击"作用域[192.168.2.0]xintian"，在弹出的快捷菜单中选择"激活"命令，如图 5-24 所示。

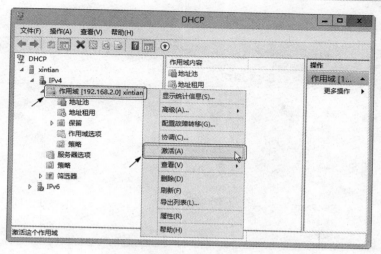

图 5-24　"激活"命令

STEP 02　"激活"作用域

执行"激活"命令后作用域被激活，如图 5-25 所示。激活后作用域前面的向下红色箭头消失。

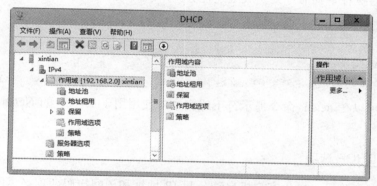

图 5-25　激活后的作用域

3. 启动与停止 DHCP 服务

任务案例　5-6

DHCP 服务器在使用过程中，时常会碰到需要进行停止与重启的情况，请分别采用窗口方式和命令方式完成 DHCP 服务器的启动、停止和重启等相关操作。

【操作步骤】

STEP 01　打开 DHCP 控制台对话框

DHCP 服务组件安装完成之后，选择"开始"→"管理工具"→"DHCP"命令，打开 DHCP 控制台对话框。

STEP 02　停止 DHCP 服务

右击控制台树中相应的 DHCP 服务器节点，在弹出的菜单中选择"所有任务"中的相应功能项来完成启动、暂停和重新启动等服务，如图 5-26 所示，选择"停止"命令即可停止 DHCP 服务。

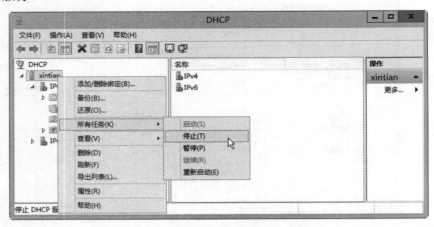

图 5-26 DHCP 服务器 "所有任务" 菜单

STEP 03 在命令提示符下完成 DHCP 服务器的启动、停止和重启

选择 "开始" → "运行" 命令，在打开的 "运行" 对话框中输入 cmd，打开命令提示符对话框，然后执行下列命令来完成上述任务。

```
net start dhcpserver
net stop dhcpserver
net pause dhcpserver
net continue dhcpserver
```

此外，还可以在 netsh>命令提示符下或脚本中使用用于 DHCP 的 Netsh 命令执行上述任务。

5.4.5 配置 DHCP 选项

DHCP 服务器除了可以为客户机自动分配 IP 地址和子网掩码两项必需的 TCP/IP 参数之外，还可以分配很多可选的参数信息，这些信息称为 DHCP 选项。Windows Server 2012 R2 的 DHCP 服务对这些 DHCP 选项都做了预定义，可以根据需要配置和使用。由于目前大多数 DHCP 客户机不能支持全部的 DHCP 选项，因此在实际应用中，通常只需对一些常用的 DHCP 选项进行配置，这些常用的 DHCP 选项如表 5-2 所示。

表 5-2　常用的 DHCP 选项

选项代码	选项名称	说明
003	路由器	DHCP 客户机所在 IP 子网的默认网关的 IP 地址
006	DNS 服务器	DHCP 客户机解析 FQDN 时需要使用的首选和备用 DNS 服务器的 IP 地址
015	DNS 域名	指定 DHCP 客户机在解析只包含主机但不包含域名的不完整 FQDN 时应使用的默认域名

在 Windows Server 2012 R2 的 DHCP 服务器中，可以根据不同的应用范围配置不同级别的 DHCP 选项，按应用范围由大到小可分为 4 个级别：服务器级，作用域级，保留客户机级和类级，如图 5-27 所示。

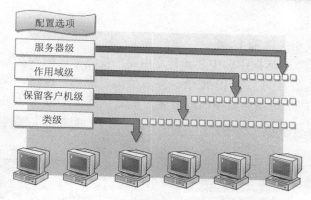

图 5-27 配置不同级别 DHCP 选项示意图

1. 配置服务器选项

接下来是配置 DHCP 选项，DHCP 选项是指客户机获得一个 IP 地址之后，除了包含 IP 地址和子网掩码必须项之外，还有一些可选项，如常用的路由器的（默认网关）IP 地址、DNS 服务器的 IP 地址等，设置内容要根据情况而定。因为前面【任务案例 5-2】中配置 DHCP 作用域的 STEP 06 选择了"否，我想稍后配置这些选项"单选选项，接下来把前面未完成的任务在此予以完成。

── 任务案例 *5-7*

DHCP 服务器在使用过程中，时常会碰到需要修改或重新配置选项的情况，接下来请完成 DHCP 服务器选项的配置。

【操作步骤】

STEP 01 打开 DHCP 控制台对话框

DHCP 服务组件安装完成之后，选择"开始"→"管理工具"→"DHCP"命令，打开 DHCP 控制台对话框。

STEP 02 右击"服务器选项"

展开 IPv4 节点，在展开的树中右击"服务器选项"，如图 5-28 所示。

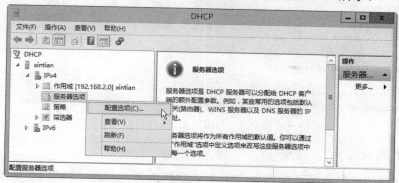

图 5-28 "服务器选项"菜单

STEP 03 打开"服务器选项"对话框

在弹出的快捷菜单中选择"配置选项"命令，打开"服务器选项"对话框"常规"选项卡，如图 5-29 所示。

STEP 04 配置相关选项 1

在"服务器选项"对话框中选中"003 路由器"复选框，在"数据项"选项区域的"IP 地址"文本框中输入默认网关的 IP 地址，然后单击"添加"按钮，如图 5-30 所示。单击"确定"按钮，即完成了对服务器中的所有客户机默认网关的 IP 地址的动态分配。

图 5-29　"常规"选项卡　　　　　　　　　图 5-30　选中"003 路由器"复选框

STEP 05 配置相关选项 2

采用相同的方法依次配置"006 DNS 服务器"等其他服务选项，配置完成后单击"确定"按钮返回 DHCP 管理控制台，即可看到上述配置的所有选项，如图 5-31 所示。

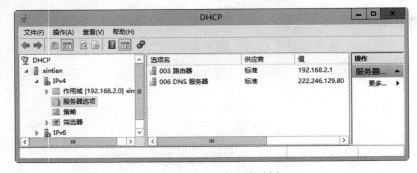

图 5-31　DHCP 管理控制台

2. 配置作用域选项

作用域选项的应用范围是从当前 DHCP 服务器的特定作用域获得 IP 地址租约的所有 DHCP 客户机。如果在保留选项或类别选项中配置了相同的 DHCP 选项，则作用域选项所指定的值将被覆盖。作用域选项默认继承服务器选项，但其优先级高于服务器选项，如果在作用域选项中配置了相同的 DHCP 选项，则其选项值会覆盖服务器选项中相同的选项值。

任务案例 *5-8*

DHCP 服务器在使用过程中，有时也需要对作用域选项进行配置，下面练习相关配置。

【操作步骤】

STEP 01 打开 DHCP 控制台

DHCP 服务组件安装完成之后，选择"开始"→"管理工具"→"DHCP"命令，打开 DHCP 控制台。依次展开"xintian"→"IPv4"→"作用域"，展开之后单击"作用域选项"，在右侧窗格中可以看到作用域选项默认会继承服务器选项，如图 5-32 所示。

图 5-32 选择"作用域选项"

STEP 02 打开"作用域选项"对话框

右击"作用域选项"，在弹出的快捷菜单中选择"配置选项"命令，弹出"作用域选项"对话框，如图 5-33 所示。

STEP 03 配置"003 路由器"选项

选择"003 路由器"，在"数据项"选项区域的"IP 地址"文本框中输入默认网关的 IP 地址（192.168.2.1），然后单击"添加"按钮。

STEP 04 配置"015 DNS 域名"选项

采用相同的方法配置"015 DNS 域名"，如图 5-34 所示。配置完成后单击"确定"按钮。

图 5-33 "作用域选项"对话框

图 5-34 配置"015 DNS 域名"

STEP 05 返回 DHCP 控制台

返回 DHCP 控制台，能够看到上述配置的选项，如图 5-35 所示。其中，"006 DNS 服务器"是默认继承的服务器选项。

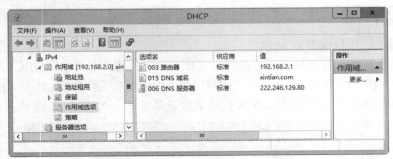

图 5-35　DHCP 控制台

STEP 06 进入 DHCP 客户机配置 TCP/IP 参数

（1）在 Windows 7 的客户机中右击桌面状态栏托盘区域中的网络连接""图标按钮，选择"打开网络和共享中心"命令，打开"网络和共享中心"窗口，该窗口显示了网络的连接状态。

（2）在"查看活动网络"列表中单击"本地连接"链接，打开"本地连接 状态"对话框。

（3）单击"属性"按钮，打开"本地连接 属性"对话框，在该对话框中，可以配置 TCP/IPv4、TCP/IPv6 等协议。

（4）由于目前绝大多数计算机使用 TCP/IPv4，因此，这里选择"Internet 协议版本 4（TCP/IPv4）"选项，单击"属性"按钮，打开"Internet 协议版本 4（TCP/IPv4）属性"对话框，保持默认的"自动获得 IP 地址"和"自动获得 DNS 服务器地址"，如图 5-36 所示，然后单击"确定"按钮。

STEP 07 在客户机中测试是否获取到 TCP/IP 的相关参数

在 Windows 7 的客户机中打开命令提示符对话框，使用 ipconfig /release 及 ipconfig /renew 命令手动更新 DHCP 租约，自动获得上述配置的 DHCP 选项，运行 ipconfig /all 进行检验，如图 5-37 所示。

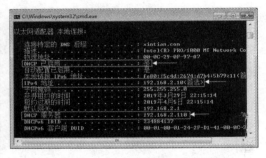

图 5-36　"Internet 协议版本 4（TCP/IPv4）属性"对话框

图 5-37　运行 ipconfig /all 进行检验

STEP 08 在服务器中查看客户机获取的 IP 地址情况

在安装 Windows Server 2012 R2 的 DHCP 服务器中，进入 DHCP 控制台，如图 5-38 所示，展开 DHCP 下级的有关节点，选择"地址租用"，在右侧窗格中可以看到客户机租用的情况。

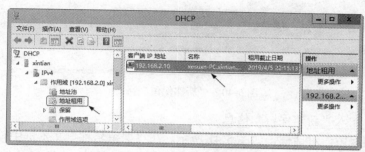

图 5-38 查看客户机租用情况

3. 保留特定的 IP 地址

有时需要给某一台或几台 DHCP 客户机指定固定的 IP 地址，可以通过 DHCP 服务器提供的"保留"功能来实现。DHCP 服务器的保留功能，可以将特定的 IP 地址给特定的 DHCP 客户机使用，也就是说，当这个 DHCP 客户机每次向 DHCP 服务器请求获得 IP 地址或更新 IP 地址的租期时，DHCP 服务器都会给该 DHCP 客户机分配一个相同的 IP 地址。

任务案例 5-9

新天教育培训集团的两位经理的计算机每次开机均需获取固定的 IP 地址，以便与部门内其他员工进行交流，请采用 MAC 地址与 IP 地址绑定的方式完成这项任务。

【操作步骤】

STEP 01 记录客户机的 MAC 地址

分别进入总经理和副总经理的计算机，进入命令提示符对话框，输入 ipconfig /all 命令查看 MAC 地址，在物理地址行中可以看到网卡的 MAC 地址，如 00-0C-29-0F-97-A7。记下它，下面会用到，如图 5-39 所示。

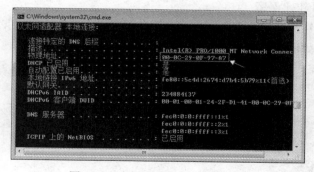

图 5-39 查看客户机的 MAC 地址

STEP 02 打开 DHCP 服务器的"新建保留"命令

在 DHCP 服务器的 DHCP 控制台中，展开作用域，右击"保留"项，在弹出的菜单中选择"新建保留"命令，如图 5-40 所示。

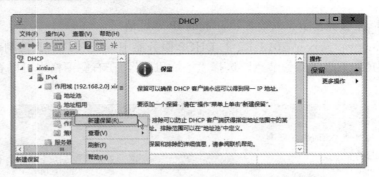

图 5-40　"新建保留"命令

STEP 03　输入"新建保留"信息

打开"新建保留"对话框，如图 5-41 所示。在"保留名称"文本框中输入标识客户机的名称（如 boss1）；在"IP 地址"文本框中输入要保留给总经理计算机的 IP 地址（192.168.2.158）；在"MAC 地址"文本框中输入总经理计算机中网卡的 MAC 地址；在"描述"文本框中输入描述客户的说明文字，单击"添加"按钮。用相同的方法再为副总经理计算机保留 IP，如图 5-42 所示。

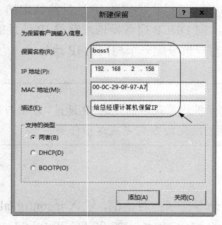

图 5-41　"新建保留"1 对话框

图 5-42　"新建保留"2 对话框

STEP 04　查看新建保留

单击"关闭"按钮，返回 DHCP 控制台，在左侧窗格中单击"保留"，在右侧可以看到已经存在的保留选项，如图 5-43 所示。

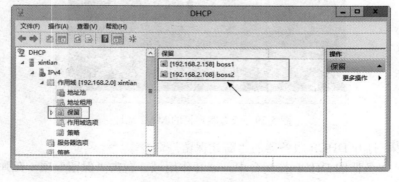

图 5-43　查看新建保留

STEP 05 在总经理计算机上查看获取 IP 地址情况

登录总经理的计算机，将 TCP/IP 属性设置为"自动获取 IP 地址"和"自动获取 DNS 地址"，完成后单击"确定"按钮。在命令提示符对话框中输入 ipconfig /all 可以看到总经理的计算机获取的 IP 地址（192.168.2.158）、网关和 DNS 等相关参数，如图 5-44 所示。

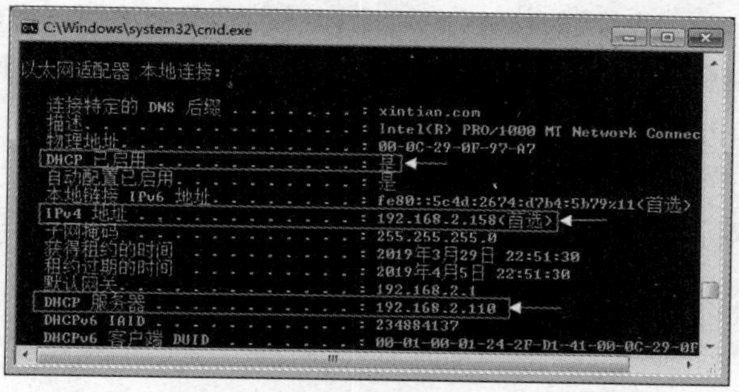

图 5-44 总经理计算机动态获取的 TCP/IP 参数

5.4.6 配置 DHCP 客户机

在 Windows 7、Windows Server 2008 和 Windows Server 2012 R2 中配置 DHCP 客户机的方法基本相同，本节主要以配置 Windows 7 的 DHCP 客户机为例，介绍在 Windows 7 操作系统中配置 DHCP 客户机的具体步骤（Windows 7 的用户请参考【任务案例 5-8】的 STEP 05～STEP 06）。

— 任务案例 *5-10* —————————————————————

在 Windows 7 操作系统的客户机，设置本地连接属性，让其"自动获得 IP 地址""自动获得 DNS 服务器地址"，设置完成后测试客户机获取 IP 地址的情况。

【操作步骤】

STEP 01 进入"本地连接 状态"窗口

在 Windows 7 客户机中，右击任务栏中的"网络"图标，在弹出的菜单中选择"打开网络和共享中心"命令，打开"网络和共享中心"窗口，如图 5-45 所示。该窗口显示了网络的连接状态，单击"本地连接"链接，打开"本地连接 状态"对话框。

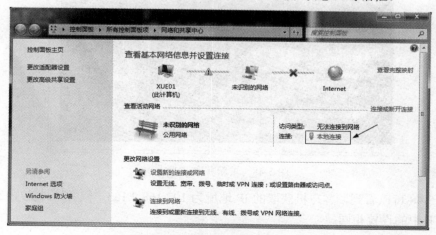

图 5-45 "网络和共享中心"窗口

STEP 02 打开"本地连接 属性"对话框

单击"属性"按钮，打开"本地连接 属性"对话框，如图 5-46 所示。

STEP 03 设置自动获取参数

在图 5-46 中选中"Internet 协议版本 4（TCP/IPv4）"，单击"属性"按钮，打开"Internet 协议版本 4（TCP/IPv4）属性"对话框，在此对话框中分别选中"自动获得 IP 地址"和"自动获得 DNS 服务器地址"单选按钮，单击"确定"按钮，完成 DHCP 客户机的配置。

STEP 04 释放 IP 地址

在客户机选择"开始"→"运行"命令，在"打开"对话框中输入"cmd"进入命令提示符对话框，在此对话框中输入 ipconfig /release 命令释放 IP 地址，如图 5-47 所示。

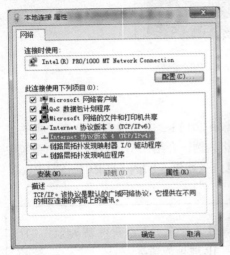

图 5-46　"本地连接 属性"对话框　　　　　图 5-47　释放 IP 地址

STEP 05 重新获取 IP 地址

命令提示符对话框中输入 ipconfig /renew 重新获取 IP 地址，再使用 ipconfig /all 查看客户机获取 IP 地址等相关参数情况，如图 5-48 所示。

图 5-48　重新获取 IP 地址

由图 5-48 可以看到，客户机获取的 IP 地址为 192.168.2.133，网关地址为 192.168.0.1，与在 DHCP 中的设置相同。

5.5   拓展训练

5.5.1   课堂训练

课堂任务

　　新天教育培训集团初中培训部的培训教室有 50 台计算机需要从 DHCP 服务器上获取 IP 地址，而且要求能够上网，教师机的 IP 地址为 192.168.1.88，DNS 服务器的地址为 192.168.1.18，网关为 192.168.1.254。

【训练步骤】

STEP 01　配置服务器 TCP/IP 协议

此步可参考【任务案例 5-1】的 STEP 01 进行配置。

STEP 02　安装 DHCP 服务组件

此步可参考【任务案例 5-1】或【任务案例 5-2】。

STEP 03　修改配置文件

给 DHCP 服务器授权，此步可参考【任务案例 5-4】。

STEP 04　激活作用域

此步可参考【任务案例 5-5】。

STEP 05　保留特定 IP 地址

绑定教师机的 IP 地址，此步可参考【任务案例 5-9】。

STEP 06　在客户机进行测试

具体测试方法可参考【任务案例 5-7】。

课堂任务

　　为新天教育培训集团配置 DHCP 服务器。

【训练步骤】

STEP 01　IP 规划

选择一个 IP 地址区段作为本 DHCP 服务器的地址池，请填写表 5-3：（表 5-3 中的内容只是示例，请根据情况进行修改，其中默认网关和 DNS 服务器地址都是假设的值。）

表 5-3   IP 地址区段

配置项	配置值	备注
本机 IP 地址	172.15.10.10/16	
分配的 IP 地址范围和子网掩码	IP 地址范围 172.15.10.1～172.15.10.255 子网掩码 255.255.0.0	
排除的 IP 地址范围	172.15.10.10～172.15.10.50	
租约期限	2 天	

续表

配置项	配置值	备注
默认网关	172.15.0.1	
DNS 服务器地址	172.15.10.10	

STEP 02 安装 DHCP 服务器

先为本机配置一个固定的 IP 地址，然后安装 DHCP 服务器组件。

STEP 03 配置 DHCP 服务器

在 DHCP 服务器中创建一个作用域，作用域的各项参数按照规划的信息进行设置。

STEP 04 测试 DHCP 服务器

选择网络中的一台计算机作为客户机，把它的 IP 地址设置为"自动获得 IP 地址"。在命令提示符对话框中输入 ipconfig /all 命令，查看客户机能否从 DHCP 服务器上获得 IP 地址。

STEP 05 配置保留

在 DHCP 服务器上为该客户机配置保留，使客户机能从 DHCP 服务器上获取固定的 IP 地址。用 ipconfig /all 命令查看客户机的 MAC 地址。

STEP 06 配置超级作用域

再选择一个地址区段创建一个作用域；将两个作用域组成一个超级作用域。

STEP 07 配置服务器选项

当一个服务器中有多个作用域时，如果它们的选项值相同，可以用服务器选项代替多个作用域选项。

5.5.2 课外拓展

一、知识拓展

【拓展 5-1】填空题。

1. DHCP 是_____的缩写，是一个简化主机 IP 地址分配管理的_____标准协议。

2. DHCP 的工作过程分为 4 个阶段：IP 地址租约的发现、_____、_____、_____服务器向客户机发送确认信息。

3. DHCP 服务的作用是_____。

4. 设置 DHCP 中保留 IP 地址时必须知道客户机的_____地址和准备保留的 IP 地址。

5. DHCP 提供_____、_____和动态分配 3 种地址分配机制。

6. 如果 DHCP 客户机和服务器在不同的子网内，客户机要向服务器申请 IP 地址，这就要用到_____。

7. 一个网络中的所有可分配的 IP 地址的连续范围叫_____。

8. 有时需要给某一台或几台 DHCP 客户机分配固定的 IP 地址，可以通过 DHCP 服务器提供的_____功能来实现。

二、技能拓展

【拓展 5-2】STOM 公司要求在局域网中配置 DHCP 服务器，为子网 A 内的客户机提供 DHCP 服务，具体参数如下。

1. IP 地址段：192.168.7.100～192.168.7.199。

2. 为总经理计算机保留 IP 地址：192.168.7.188。

3. 子网掩码：255.255.255.0。

4. 网关地址：192.168.7.254。

5. 域名服务器：192.168.12.10。

6. 子网所属域的名称：xintian.com。

7. 默认租约有效期：1 天。

8. 最大租约有效期：7 天。

【拓展 5-3】配置 DHCP 服务器和中继代理，使子网 A 内的 DHCP 服务器能够同时为子网 A 和子网 B 提供 DHCP 服务。为子网 A 内的客户机分配的网络参数同上，为子网 B 内的主机分配的网络参数如下。

1. IP 地址段：192.168.11.10～192.168.11.240。

2. 子网掩码：255.255.255.0。

3. 网关地址：192.168.11.254。

4. 域名服务器：192.168.12.10。

5. 子网所属域的名称：networklab.com。

6. 默认租约有效期：1 天。

7. 最大租约有效期：3 天。

5.6　总结提高

本项目首先介绍了 DHCP 服务的工作原理，工作流程和 DHCP 服务组件的安装方法，通过典型案例着重训练了 DHCP 服务器的授权、激活、启动等配置技能，然后介绍了如何配置服务器选项、作用域选项和保留特定 IP 等方法，最后训练了在客户机进行测试和解决故障的能力等。

DHCP 是 TCP/IP 协议簇中的一种，主要用来给网络客户机分配动态 IP 地址。完成本项目后，认真填写学习情况考核登记表（表 5-4），并及时予以反馈。

表 5-4　学习情况考核登记表

序号	知识与技能	重要性	自我评价					小组评价					老师评价				
			A	B	C	D	E	A	B	C	D	E	A	B	C	D	E
1	会安装 DHCP 组件	★★★															
2	会使用启动、停止 DHCP 服务	★★★☆															
3	能对 DHCP 服务器进行授权	★★★★☆															
4	会激活作用域	★★★★															
5	会配置 DHCP 选项	★★★★★															
6	会设置客户机的 IP 地址	★★★★☆															
7	会测试 DHCP 服务	★★★★															
8	能完成课堂训练	★★★☆															

说明：评价等级分为 A、B、C、D、E 五等，其中，对知识与技能掌握很好，能够熟练地完成 DHCP 服务器的配置与管理为 A 等；掌握了 75%以上的内容，能较为顺利地完成任务为 B 等；掌握 60%以上的内容为 C 等；基本掌握为 D 等；大部分内容不够清楚为 E 等。

项目 6

配置与管理 DNS 服务器

教学目标 ☞

知识目标
熟悉 DNS 的功能与作用
了解 DNS 服务组件的构成
掌握 DNS 服务器配置中的主要参数及其作用
掌握 DNS 服务器的安装、配置和管理过程
掌握使用工具软件测试 DNS 服务的方法

技能目标
学会安装 DNS 服务组件
熟悉 DNS 服务器配置中主要资源记录及其作用
能安装、配置和管理 DNS 服务器
熟练解决 DNS 配置中出现的问题
能测试 DNS 服务器的配置情况

态度目标 ☞

培养认真细致的工作态度和工作作风
养成刻苦、勤奋、好问、独立思考和细心检查的学习习惯
能与组员精诚合作，正确面对他人的成功或失败
具有一定的自学能力，分析、解决问题能力和创新能力

建议课时 ☞

教学课时：理论 2 课时+教学示范 2 课时
拓展训练课时：课堂模拟 2 课时+课堂训练 2 课时

在网络中，计算机之间都是通过 IP 地址进行定位并通信的，但是纯数字的 IP 地址非常难记，而且易出错，因此，需要使用 DNS（domain name system，域名服务系统）来负责整个网络中用户计算机的名称解析工作，使用户访问主机时不必使用 IP 地址，而是使用域名（可通过 DNS 服务器自动解析成 IP 地址）访问服务器，因此，DNS 服务器工作的好坏将直接影响到整个网络的运行。

本项目详细介绍 DNS 服务的基本概念、工作原理、虚拟主机、资源记录，以及与 DNS 服务器有关的知识。在此基础上，以中、小型网络为例，通过任务案例训练读者安装 DNS 服务、添加正向查找区域、添加 DNS 域、添加 DNS 记录、添加反向查找区域、设置转发器、添加辅助 DNS 服务器、客户机的配置、测试配置结果等技能，在此基础上进一步训练读者判断和处理 DNS 服务器故障的能力。

6.1　情境描述

让 DNS 帮用户实现域名与 IP 地址之间的转换

新天教育培训集团的信息化进程推进很快，集团开发了网站，也架设了 WWW 服务器、FTP 服务器和邮件服务器，集团的大部分管理工作已可以在局域网中实现，这样给集团带来了极大的便利，集团领导十分满意。

一天，唐宇到集团了解系统使用情况，他获悉集团销售部开发了自己的 Web 网站，但是只能用 IP 地址进行访问，使用过程中经常有人将 IP 地址记错或不记得服务器 IP，给内部员工带来了很多不便，同时也给网络管理增加了很多工作。如果能把这些枯燥的 IP 地址转化为有意义的符号（域名），则会给用户带来极大的方便。如网易（www.163.com）、百度（www.baidu.com）等，大家都非常熟悉，但对访问的是哪个 IP 地址却并没有印象。怎样才能实现呢？

唐宇经过分析，认为需要配置 DNS 服务器来解决此问题，首先根据网络拓扑和网络规模规划网络 DNS 服务器的 IP 地址和销售部的域名，并安装 DNS 服务组件，然后根据客户需要配置并测试 DNS 服务器，从而实现域名解析。

6.2 任务分析

1. DNS 及使用 DNS 的原因

DNS 是一种组织成域层次结构的计算机和网络服务命名系统。DNS 命名用于 TCP/IP 网络，如企业以太局域网和 Internet 等，用来通过用户友好的名称定位计算机和服务。当用户在应用程序中输入 DNS 名称时，DNS 服务器可以将此名称解析为与此名称相关的其他信息，如 IP 地址、默认网关等。

域名虽然便于人们记忆，但机器之间只能互认 IP 地址，它们之间的转换工作称为域名解析，域名解析需要由专门的域名解析服务器来完成，DNS 服务器就是进行域名到 IP 地址解析的服务器。

2. 实现主机名和 IP 地址之间转换的技术

网络中为了区别各个主机，必须为每台主机分配一个唯一的地址，这个地址即 IP 地址。但这些数字难以记忆，所以就采用"域名"的方式来取代这些数字了。不过最终还是必须要将域名转换为对应的 IP 地址才能访问主机，因此需要一种将主机名转换为 IP 地址的机制。在常见的计算机系统中，可以使用 3 种技术来实现主机名和 IP 地址之间的转换：Host 表、网络信息服务系统（NIS）和域名服务（DNS）。

3. DNS 服务器安装前需要做好的规划

在安装与配置 DNS 服务器前，首先应登录比较权威的域名注册机构注册二级域名。可注册域名的机构有：中国万网（www.net.cn）、中国频道（www.china-channel.com）、新网（www.paycenter.com.cn）、商务中国（www.bizcn.com）等。

其次，为企业的 DNS 服务器申请一个注册的 IP 地址，该 IP 地址一般由 ISP（互联网服务提供商）提供。

再次，根据实际的网络环境和应用需求对 DNS 服务器进行各种属性规划，只有这样才能部署一个层次分明、结构严谨的 DNS 域树，满足企业实际的网络应用需求，包括名称空间规划、DNS 区域规划和 DNS 服务器规划等。

（1）DNS 名称空间规划。在网络上开始使用 DNS 之前，应先确定 DNS 名称空间规划。提出名称空间规划包括决定要如何使用 DNS 命名，以及通过使用 DNS 要达到什么目的。

（2）DNS 区域规划。尽管 DNS 在设计上有利于减少本地子网之间的广播通信，但它在服务器和客户机之间产生了一些应检查的通信量。在 DNS 用于路由网络的情况下，尤其会出现这种情况。要检查 DNS 通信，可以使用系统监视器提供的 DNS 服务器统计信息或 DNS 性能计数器。除路由通信外，还需要考虑以下 DNS 相关通信的公用类型的影响，尤其是在广域网上通过慢速链路操作时。

（3）DNS 服务器规划。对 DNS 服务器进行规划时，以下几个方面的考虑非常重要。

① 进行容量规划，并检查服务器的硬件要求。

② 确定网络中需要的 DNS 服务器的数量和它们的作用。

③ 确定要使用的 DNS 服务器的数量时，需要决定哪些服务器将存放区域的主要副本和辅助副本。另外，如果要使用 AD，请确定服务器计算机是否将作为域控制器或该域的成员服务器运行。

④ 根据通信负载、复制和容错问题，确定在网络上放置 DNS 服务器的位置。

⑤ 确定是对所有 DNS 服务器仅使用运行 Windows Server 2012 R2 的 DNS 服务器，还是混合运行 Windows 和其他 DNS 服务器系统。

4. DNS 服务器搭建流程

（1）配置静态 IP 地址，并测试网络环境。

（2）安装 DNS 服务组件。

（3）在服务器中配置 DNS 服务。

（4）在客户机进行验证，保证客户机能成功实现域名解析。

5. 本项目的具体任务

本项目主要完成以下任务：安装 DNS 服务组件、构建 DNS 服务器、添加主机头或建立虚拟主机、添加反向解析指针、在客户机对配置情况进行测试。

6.3 知识储备

6.3.1 DNS 概述

DNS 是一种新的主机名称和 IP 地址转换机制，它使用一种分层的分布式数据库来处理 Internet 上众多的主机和 IP 地址转换。也就是说，网络中没有存放全部 Internet 主机信息的中心数据库，这些信息分布在一个层次结构中的若干台域名服务器上。DNS 是基于客户机/服务器模型设计的。本质上，整个域名系统以一个大的分布式数据库方式工作。具有 Internet 连接的企业网络都可以有一个域名服务器，每个域名服务器包含有指向其他域名服务器的信息，结果是这些服务器形成了一个大的协调工作的域名数据库。

6.3.2 DNS 组成

每当一个应用需要将域名翻译成为 IP 地址时，这个应用便成为域名系统的一个客户。这个客户将待翻译的域名放在一个 DNS 请求信息中，并将这个请求发给域名空间中的 DNS 服务器。服务器从请求中取出域名，将它翻译为对应的 IP 地址，然后在一个回答信息中将结果返回给应用。如果接到请求的 DNS 服务器不能把域名翻译为 IP 地址，将向其他 DNS 服务器查询，整个 DNS 域名系统由以下 3 个部分组成。

1. DNS 域名空间

图 6-1 所示的是一个树形 DNS 域名空间结构示例，整个 DNS 域名空间呈树状结构分布，称为"域树"。树的每个等级都可代表树的一个分支或叶。分支是多个名称被用于标识

一组命名资源的等级；叶代表在该等级中仅使用一次来指明特定资源的单独名称。其实这与现实生活中的树、枝、叶三者的关系类似。

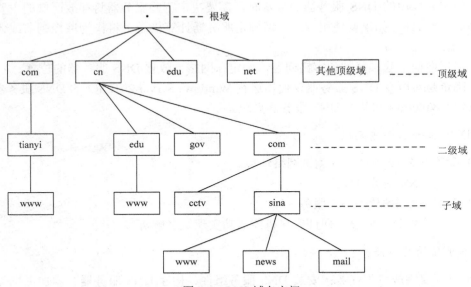

图 6-1　DNS 域名空间

　　DNS 域名空间树的最上面是一个无名的根（root）域，用点（.）表示。这个域只用于定位，并不包含任何信息。在根 DNS 域的下面是顶级域，目前有 3 种顶级域。

　　（1）组织域（organizational domain）：这种域是根据 DNS 域中组织的主要职能或行为的编码来进行命名的。有些组织域是全局使用的，而有些仅由美国内部组织使用。美国的大多数组织隶属于这些组织域中的某一个。常见的组织域是.com、.net、.edu 和.org。其他顶级组织域包括.aero、.biz、.info、.name 和.pro。

　　（2）地理域（geographical domain）：这些域根据国际标准化组织（ISO）3166 规定的国家和区域双字符码来命名（例如，英国为.uk，意大利为.it）。这些域一般由美国以外的组织使用，但这并不是硬性规定。

　　（3）反解域（reverse domain）：这是一种称为 in-addr.arpa 的特殊域，用于从 IP 地址到名称的解析（也被称为逆向查询）。

　　每个顶级域又可以进一步划分为不同的二级域，二级域再划分出子域，子域下面可以是主机也可以是再划分的子域，直到最后的主机。所有的顶级域名都由 InterNIC（Internet network information center）负责管理，域名的服务则由 DNS 来实现。

　　美国的顶级域名由代表机构性质的英文单词的三个缩写字母组成，常用的顶级域名见表 6-1。

　　除美国以外的国家或地区都采用代表国家或地区的顶级域名，它们一般是相应国家或地区的英文名的两个缩写字母，部分国家或地区的顶级域名见表 6-2。

　　在 DNS 域名空间树中，每一个节点都用一个简单的字符串（不带点）标识。这样，在DNS 域名空间的任何一台计算机都可以用从叶节点到根节点的标识，中间用点"."相连接的字符串来标识：

　　　　　　　　叶节点名 . 三级域名 . 二级域名 . 顶级域名

表 6-1   美国常见的顶级域名

域名	含义	域名	含义
com	通信组织	mil	军事组织
edu	教育机构	net	网间连接组织
gov	政府	org	非营利性组织
int	国际组织		

表 6-2   部分国家或地区的顶级域名

域名	含义	域名	含义
ca	加拿大	cn	中国
de	德国	tw	中国台湾
fr	法国	hk	中国香港
it	意大利	in	印度
jp	日本	kr	韩国

域名使用的字符包括字母、数字和连字符，而且必须以字母或数字开头和结尾。级别最低的写在最左边，级别最高的顶级域名写在最右边，高一级域包含低一级域，整个域名总长度不得超过 255 个字符。在实际使用中，每个域名的长度一般小于 8 个字符，域名的级数通常不多于 5 个。

2. DNS 服务器

DNS 服务器用于保持和维护域名空间中的数据。由于域名服务是分布式的，每一个 DNS 服务器含有一个域名空间的完整信息，其控制范围称为区（zone）。对于本区内的请求由负责本区的 DNS 服务器解释，对于其他区的请求由本区的 DNS 服务器与负责该区的相应服务器联系，为了完成 DNS 客户机提出的查询请求，DNS 服务器必须具有以下基本功能。

（1）具有保存了主机（网络上的计算机）对应 IP 地址的数据库，即管理一个或多个区的数据。

（2）可以接受 DNS 客户机提出的主机名称对应 IP 地址的查询请求。

（3）查询所请求的数据，若不在本服务器中，能够自动向其他 DNS 服务器查询。

（4）向 DNS 客户机提供其主机名称对应的 IP 地址的查询结果。

3. 解析器

解析器是简单的程序或子程序，它从服务器中提取信息以响应对域名空间中主机的查询，用于 DNS 客户机。

6.3.3 查询的工作原理

用 DNS 将计算机名解析成对应的 IP 地址或将 IP 地址解析成对应的计算机名称的过程是通过正向查询或反向查询过程来完成的。DNS 客户机需要查询所使用的名称时，它会查询 DNS 服务器来解析该名称。客户机发送的查询消息包括以下 3 条信息。

（1）指定的 DNS 域名，必须为完全合格的域名（FQDN）。

（2）指定的查询类型，可根据类型指定资源记录，或者指定为查询操作的专门类型。

（3）DNS 域名的指定类别。

当客户机程序要通过一个主机名称来访问网络中的一台主机时，它首先要得到这个主机名称所对应的 IP 地址，因为 IP 数据报中允许放置的是目标主机的 IP 地址，而不是主机名称。可以从本机的 hosts 文件中得到主机名称所对应的 IP 地址，但如果 hosts 文件不能解析该主机名称时，只能通过向客户机设定 DNS 服务器进行查询。查询时可以以本地解析、直接解析、递归查询或迭代查询的方式对 DNS 查询进行解析。

1. 本地解析

本地解析的过程如图 6-2 所示。客户机平时得到的 DNS 查询记录都保留在 DNS 缓存中，客户机操作系统上都运行着一个 DNS 客户机程序。当其他程序提出 DNS 查询请求时，该查询请求将传送至 DNS 客户机程序。DNS 客户机程序首先使用本地缓存信息进行解析，如果可以解析就直接应答该查询，而不需要向 DNS 服务器查询，该 DNS 查询处理过程也就结束了。

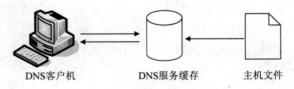

DNS客户机　　　DNS服务缓存　　　主机文件

图 6-2　本地解析的过程

2. 直接解析

如果 DNS 客户机程序不能从本地 DNS 缓存回答客户机的 DNS 查询，它就向客户机所设定的局部 DNS 服务器发一个查询请求，要求本地 DNS 服务器进行解析。如图 6-3 所示，本地 DNS 服务器得到这个查询请求，首先查看所要求查询的域名是不是自己能回答的，如果能回答，则直接给予回答，如是不能回答，再查看自己的 DNS 缓存，如果可以从缓存中解析，也直接给予回应。

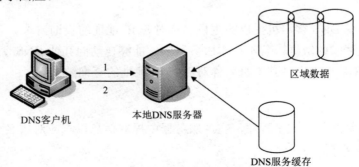

DNS客户机　　　本地DNS服务器　　　区域数据

DNS服务缓存

图 6-3　本地 DNS 服务器解析

3. 递归查询

当本地 DNS 服务器不能回答客户机的 DNS 查询时，它就需要向其他 DNS 服务器进行查询。此时有两种方式，如图 6-4 所示的是递归方式。如要递归查询 certer.tianyi.com 的地址，首先 DNS 服务器通过分析完全合格的域名，向顶层域 com 查询，而 com 的 DNS 服务器与 tianyi.com 服务器联系，以获得更进一步的地址。这样循环查询直到获得所需要的结果，并一级级向上返回查询结果，最终完成查询工作。

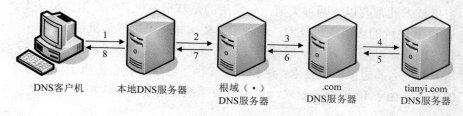

图 6-4　DNS 的递归查询方式

4. 迭代查询

当局部 DNS 服务器不能回答客户机的 DNS 查询时，也可以通过迭代查询的方式进行解析，如图 6-5 所示。如要迭代查询 user.certer.tianyi.com 的地址，首先 DNS 服务器在本地查询不到客户机请求的信息时，就会以 DNS 客户机的身份向其他配置的 DNS 服务器继续进行查询，以便解析该名称。在大多数情况下，可能会将搜索一直扩展到 Internet 上的根域服务器，但根域服务器并不会对该请求进行完整的应答，它只会返回 tianyi.com 服务器的 IP 地址，这时 DNS 服务就根据该信息向 tianyi.com 服务器查询，由 tianyi.com 服务器完成对 user.certer.tianyi.com 域名的解析后，再将结果返回 DNS 服务器。

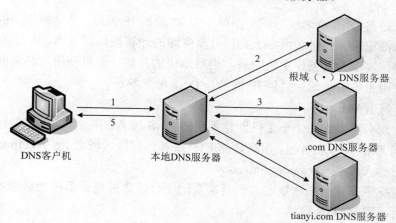

图 6-5　DNS 的迭代查询方式

6.3.4　虚拟主机技术

虚拟主机技术是 Internet/Intranet 上常用的一种技术方法，它可以解决 IP 地址的紧缺问题。

1. 虚拟主机

目前使用的虚拟主机技术大多是通过使用同一个 IP 地址对应多个主机域名或主机名。一台服务器只分配一个 IP 地址，但在网络中，需要安装的 WWW 服务器可能有多个；另外，还需要安装 FTP 服务器和邮件服务器等多种服务器。这些具有不同主机名而使用同一 IP 地址的计算机主机就被称为虚拟主机（virtual host）。

2. 虚拟主机的技术类型

虚拟主机技术通常有以下两种类型，最常用的是基于主机名的虚拟主机技术。

（1）基于 IP 地址的虚拟主机技术：这种形式要求每一个虚拟主机都具有一个 IP 地址，实现起来较为困难。早期的 WWW 服务器使用的就是基于这种技术的虚拟主机技术。

（2）基于主机名的虚拟主机技术：这种方法提供了一种在一台主机上运行多个（无数）虚拟主机的技术。由于 IP 地址的紧缺，目前多数系统使用了基于主机名的虚拟主机技术。

3. 虚拟主机的实现

不同系统配置多个虚拟主机的方法有所不同，但是都不复杂。目前，常用的是基于主机名称的虚拟主机技术。这是一种通过 DNS 服务器实现的、为不同主机名称配置同一 IP 地址的技术。

6.3.5　常见的资源记录

每个 DNS 数据库都由资源记录构成，一般来说，资源记录包含与特定主机有关的信息，如 IP 地址、主机的所有者或者提供服务的类型。当进行 DNS 解析时，DNS 服务器取出的是与该域名相关的资源记录，常见的资源记录类型如下。

1）主机（A）

主机记录是将 DNS 域名映射到一个单一的 32 位的 IP 地址。并非网络上的所有计算机都需要主机资源记录，但是在网络上提供共享资源的计算机如服务器、其他 DNS 服务器、邮件服务器等，需要为其创建主机记录。当网络中的其他计算机使用域名访问网络上的服务器时，可使用主机资源记录提供 IP 地址与 DNS 域名解析。

2）别名（CNAME）

利用新建别名可以为同一个主机创建不同的 DNS 域名。例如，在同一台计算机上同时运行 FTP 服务器和 Web 服务器。用户访问 FTP 服务器时输入域名 ftp.poet.fjnu.edu，而访问 Web 服务器时输入域名 www.poet.fjnu.edu。

在两种情况下需使用新建别名：一是需要同一台计算机提供多种网络服务，二是因为种种需要使用不同的 DNS 域名。

3）邮件交换器（MX）

邮件交换器记录用于将 DNS 域名映射为交换或转发邮件的计算机的名称。邮件交换器资源记录由电子邮件服务器程序使用，用来根据在目标地址中使用的 DNS 域名为电子邮件客户机定位邮件服务器。

4）指针（PTR）

指针用来指向域名称空间的另一个部分。例如，在一个反向查找区域中，指针记录包含 IP 地址到 DNS 域名的映射。

5）服务位置（SRV）

服务位置用来标识哪个服务器容纳了特定的服务。例如，如果客户机需要找到一个 AD 域控制器来验证登录请求，客户机可以向 DNS 服务器发送一个查询来获取域控制器及它们所关联的 IP 地址的列表。

除了上述资源记录类型外，Windows Server 2012 R2 的 DNS 服务器还提供了其他很多类型的资源记录，用于适应目前网络上的各种服务的域名解析需要。

6.4 任务实施

6.4.1 安装 DNS 服务

在安装之前，首先应确认网络上是否安装了 DNS 服务。如果是域控制器，因为已经自动生成和安装了 DNS 服务，不必进行本节的操作；如果是工作组网络，系统中没有安装 DNS 服务，此时需要手动安装 DNS 服务。DNS 服务既可以使用传统方法进行安装，也可以通过"服务器管理器"来安装。另外，DNS 服务器需要配置固定的、可被 Internet 访问的 IP 地址。

任务案例 6-1

新天教育培训集团准备在 Windows Server 2012 R2 中安装 DNS 服务，请完成 IP 地址（192.168.2.110）等相关参数的设置及 DNS 服务组件的安装。

安装 DNS 服务组件

【操作步骤】

STEP 01 配置 DNS 服务器的 IP 地址

选择"开始"→"控制面板"→"网络和共享中心"命令，打开"网络和共享中心"窗口，单击 Ethernet0 链接，打开"Ethernet0 状态"对话框，单击"属性"按钮，打开"Ethernet0 属性"对话框，选中"Internet 协议版本 4（TCP/IPv4）"，单击"属性"按钮，打开"Internet 协议版本 4（TCP/IPv4）属性"对话框，设置 DNS 服务器的 IP 地址、子网掩码、默认网关和 DNS 服务器地址，如图 6-6 所示，配置完成后单击"确定"按钮，再单击"关闭"按钮关闭窗口。

STEP 02 打开"服务器管理器"窗口

（1）选择"开始"→"管理工具"→"服务器管理器"命令，或者单击任务栏上的"服务器管理器"图标，打开"服务器管理器"窗口，如图 6-7 所示。

（2）在右侧单击"2-添加角色和功能"链接，进入"开始之前"页面，单击"下一步"按钮。

（3）进入"安装类型"页面，保持默认的"基于角色或基于功能的安装"，单击"下一步"按钮。

（4）进入"选择目标服务器"页面，此页显示了正在运行 Windows Server 2012 R2 的服务器以及已经在服务器中使用"添加服务器"命令添加的服务器。在此保持默认的"从服务器池中选择服务器""在服务器池中选择本服务器"，然后单击"下一步"按钮。

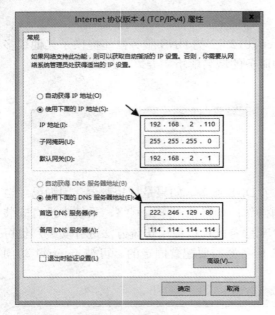

图 6-6　配置 TCP/IP　　　　　　　　　图 6-7　"服务器管理器"窗口

STEP 03 打开"选择服务器角色"页面

打开"选择服务器角色"页面，在该页面中可以选择要安装在此服务器上的一个或多个角色，在此选中"DNS 服务器"，弹出"添加 DNS 服务器 所需的功能？"的提示对话框，如图 6-8 所示。单击"添加功能"按钮返回"选择服务器角色"页面，单击"下一步"按钮。

STEP 04 打开"选择功能"页面

打开"选择功能"页面，选择要安装在所选服务器上的一个或多个功能，保持默认，单击"下一步"按钮。

STEP 05 打开"DNS 服务器"的简介及注意事项页面

打开"DNS 服务器"的简介及注意事项页面，如图 6-9 所示，直接单击"下一步"按钮。

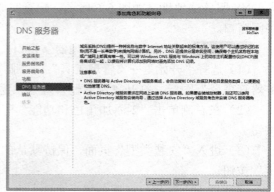

图 6-8　"选择服务器角色"页面　　　　图 6-9　"DNS 服务器"的简介及注意事项页面

STEP 06 打开"确认安装所选内容"页面

打开"确认安装所选内容"页面，如图 6-10 所示，若要在所选服务器上安装列出的角色、角色服务或功能，单击"安装"按钮，即可开始安装所选择的 DNS 服务角色。

STEP 07 打开"安装进度"页面

等待一会儿安装完成，出现安装成功提示，如图 6-11 所示，单击"关闭"按钮返回"服务器管理器"窗口，关闭"服务器管理器"窗口即可。

图 6-10　"确认安装所选内容"页面　　　　图 6-11　安装成功提示

6.4.2　配置 DNS 服务器

DNS 服务器安装之后，还无法提供域名解析服务，还需要配置一些记录，设置一些信息，才能实现具体的管理目标。例如，当某个企业只有一个 IP 地址，却又需要使用多个主机域名时，就要使用虚拟主机技术。而虚拟主机技术正是通过 DNS 服务器主机记录的配置来实现的。

1. 创建 DNS 正向查找区域

区域分正向查找区域和反向查找区域，用户并不一定必须使用反向查找功能，但当需要利用反向查找功能来加强系统安全管理时，则需要配置反向查找区域。如通过 IIS 发布网站，需利用主机名称来限制 DNS 客户机登录所发布网站时，就需要使用反向查找功能。DNS 服务组件安装好之后，必须先配置正向查找区域，然后再配置反向查找区域。

任务案例

请在安装好 DNS 服务组件的服务器（IP 192.168.2.110）上为新天教育培训集团架设一台 DNS 服务器，负责 xintian.edu 域的域名解析。

创建 DNS 正向搜索区域

【操作步骤】

STEP 01 打开"DNS 管理器"窗口

选择"开始"→"管理工具"→"DNS"，打开"DNS 管理器"窗口，如图 6-12 所示。展开 DNS 服务器主机，右击"正向查找区域"，在弹出的快捷菜单中选择"新建区域"命令。

STEP 02 打开"新建区域向导"对话框

打开"新建区域向导"对话框，单击"下一步"按钮，打开"区域类型"页面，保持选中默认的"主要区域"，如图 6-13 所示，单击"下一步"按钮。

（1）主要区域：该区域存放区域内所有主机数据的正本，其区域文件采用标准 DNS 规格的一般文本文件。当在 DNS 服务器内创建一个主要区域与区域文件后，这个 DNS 服务器就是这个区域的主要名称服务器。

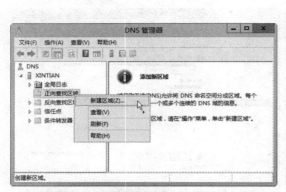

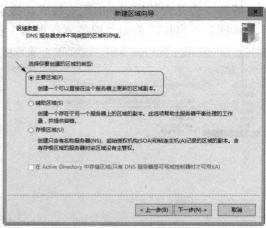

图 6-12　"DNS 管理器"窗口　　　　图 6-13　"区域类型"页面

（2）辅助区域：该区域存放区域内所有主机数据的副本，这份数据从其"主要区域"利用区域传送的方式复制过来，区域文件采用标准 DNS 规格的一般文本文件，只读不可以修改。创建辅助区域的 DNS 服务器为辅助名称服务器。

（3）存根区域：该区域是一个区域副本，只包含标识该区域的权威域名系统（DNS）服务器所需的资源记录。存根区域用于使父区域的 DNS 服务器知道其子区域的权威 DNS 服务器，从而保持 DNS 名称解析效率。存根区域由起始授权机构（SOA）资源记录、名称服务器（NS）资源记录和黏附 A 资源记录组成。

STEP 03 打开"区域名称"页面

打开"区域名称"页面，如图 6-14 所示，在"区域名称"文本框中输入在域名服务机构申请的正式域名，如 xintian.edu，区域名称用于指定 DNS 名称空间部分，可以是域名或者子域名（oa. xintian.edu），单击"下一步"按钮。

STEP 04 打开"区域文件"页面

弹出"区域文件"页面，如图 6-15 所示，系统会自动创建一个名为 xintian.edu.dns 的文件，在该页面中不需要进行更改，直接单击"下一步"按钮。

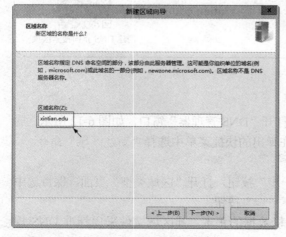

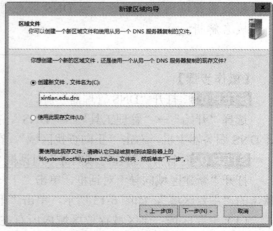

图 6-14　"区域名称"页面　　　　图 6-15　"区域文件"页面

STEP 05 打开"动态更新"页面

打开"动态更新"页面，如图 6-16 所示，选中"不允许动态更新"，单击"下一步"按钮。

（1）只允许安全的动态更新（适合 AD 使用）：只有在安装了 AD 集成的区域才能使用该项，所以该选项目前是灰色状态，不可选取。

（2）允许非安全和安全动态更新：如果要使用任何客户机都可接受资源记录的动态更新，可选择该项，但由于可以接受来自非信任源的更新，所以使用此项时可能会不安全。

（3）不允许动态更新：可使此区域不接受资源记录的动态更新，使用此项比较安全。

STEP 06 完成 DNS 正向查找创建

打开"正在完成新建区域向导"页面，如图 6-17 所示。

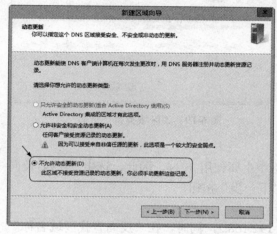
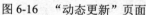
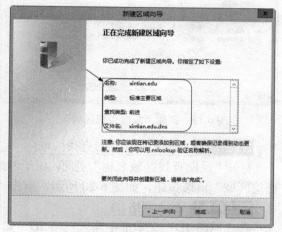

图 6-16 "动态更新"页面　　　　　图 6-17 完成 DNS 正向查找创建

提示

重复上述操作过程，可以添加多个 DNS 区域，分别指定不同的域名称，从而为多个 DNS 域名提供解析。

---

2. 创建 DNS 反向查找区域

在网络中大部分 DNS 查找都是正向查找，但为了实现客户机对服务器的访问，不仅需要将一个域名解析成 IP 地址，还需要将 IP 地址解析成域名，这就需要使用反向查找功能。在 DNS 服务器中，通过主机名查询其 IP 地址的过程称为正向查询，而通过 IP 地址查询其主机名的过程叫作反向解析，下面以标准主要区域和标准辅助区域为例说明。

任务案例 6-3

请在配置好 DNS 服务器正向查找区域（xintian.edu）的服务器中，建立标准主要反向解析区域。

【操作步骤】

STEP 01 打开"DNS 管理器"窗口

选择"开始"→"管理工具"→"DNS"，打开"DNS 管理器"窗口。展开 DNS 服务器主机，右击"反向查找区域"，在弹出的快捷菜单中选择"新建区域"命令，如图 6-18 所示。

STEP 02　打开"区域类型"页面

打开"新建区域向导"对话框，单击"下一步"按钮，打开"区域类型"页面，选中"主要区域"，如图 6-19 所示，单击"下一步"按钮。

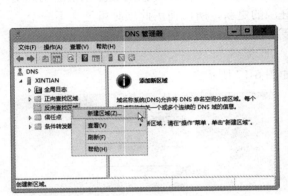

图 6-18　新建"反向查找区域"

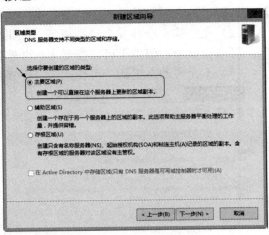

图 6-19　"区域类型"页面

STEP 03　选择 IPv4 反向查找区域

打开"反向查找区域名称"页面，由于网络中主要使用 IPv4，因此，选中"IPv4 反向查找区域"单选按钮，如图 6-20 所示，单击"下一步"按钮。

STEP 04　输入网络 ID

在"网络 ID"文本框中输入网络 ID，如 192.168.2，同时，在"反向查找区域名称"文本框中将显示 2.168.192.in-addr.arpa，如图 6-21 所示，单击"下一步"按钮。

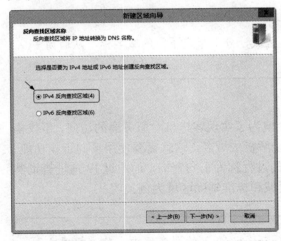

图 6-20　选择 IPv4 反向查找区域

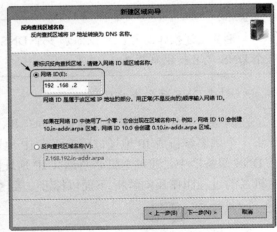

图 6-21　输入网络 ID

STEP 05　打开"区域文件"页面

由于是反向解析，区域文件的命名默认与网络 ID 的顺序相反，以 dns 为扩展名，如 2.168. 192.in-addr.arpa.dns，如图 6-22 所示。如果选择现存文件，则必须先把文件复制到运行 DNS 服务的服务器的 SystemRoot\System32\dns 目录中。

STEP 06 打开"动态更新"页面

单击"下一步"按钮，打开"动态更新"页面，选择是否要指定这个区域接受安全、不安全或非动态的更新。为了维护 DNS 服务器的安全性，建议选中"不允许动态更新"单选按钮，以减少来自网络的攻击，如图 6-23 所示。

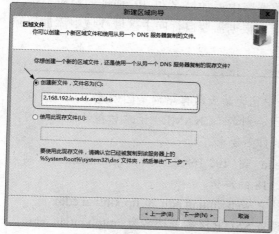

图 6-22 "区域文件"页面

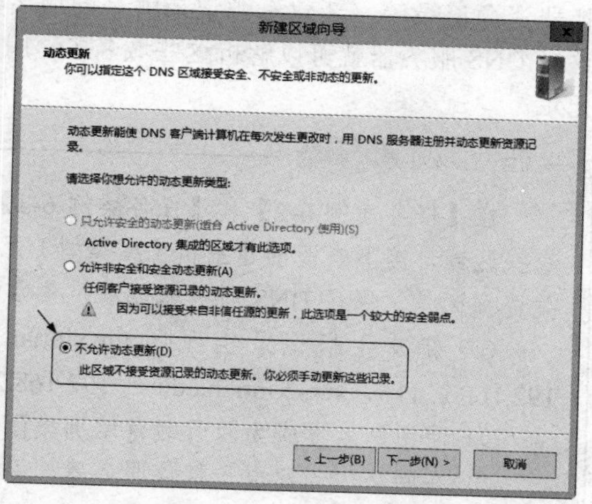

图 6-23 "动态更新"页面

STEP 07 完成 DNS 反向查找创建

单击"下一步"按钮，打开"正在完成新建区域向导"，如图 6-24 所示，单击"完成"按钮，标准主要反向查找区域就创建好了，如图 6-25 所示。

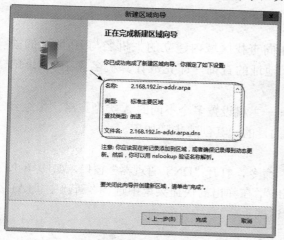

图 6-24 "正在完成新建区域向导"页面

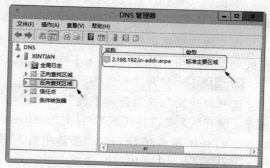

图 6-25 成功创建反向查找区域

提示

大部分的 DNS 查找一般执行正向解析。在已知 IP 地址查找域名时，反向解析并不是必须设置的，因为正向解析也能完成。但是如果要使用 nslookup 等故障排除工具或当 IIS 的日志文件中记录的是名字而不是 IP 地址时，就必须使用反向解析。

3. 创建资源记录

创建新的主区域后，"域服务管理器"会自动创建起始机构授权、名称服务器等记录。除此之外，DNS 数据库还需要新建其他的资源记录，如主机地址、指针、别名、邮件交换器资源记录等，新建资源记录就是向域名数据库中添加域名和 IP 地址的对应记录，这样 DNS 服务器就可以解析这些域名了，用户可根据需要自行向主区域或域中添加资源记录。

任务案例

在【任务案例 6-2】和【任务案例 6-3】中已为新天教育培训集团创建了正、反向查找区域，接下来请创建主机（A 类型）记录、别名（CNAME）记录和指针记录等相关资源记录，保证 DNS 服务器能满足集团的如下要求。

① 新建主机记录实现 www.xintian.edu 到 192.168.2.110、xtjs.xintian.edu 到 192.168.2.116、xtxs.xintian.edu 到 192.168.2.118 的解析。

② 使用别名方式为新天教育培训集团建立 web.xintian.edu 和 ftp.xintian.edu。

③ 在网络中创建电子邮件服务器，并设置 SMTP 服务器域名为 smtp.xintian.edu，POP3 服务器的域名为 pop3.xintian.edu。在邮件客户机上设置了电子邮件信箱名 xsx@mail.xintian.edu 和电子邮件服务器的域名。

④ 在 DNS 服务器中能够实现反向解析服务。

【操作步骤】

1）创建主机（A 类型）记录

主机记录在 DNS 区域中，用于记录在正向查找区域内建立的主机名与 IP 地址的关系，以供从 DNS 的主机域名、主机名到 IP 地址的查询，即完成计算机名到 IP 地址的映射。

在实现虚拟主机技术时，管理员通过为同一主机设置多个不同的 A 类型记录，来达到使同一 IP 地址的主机对应多个不同主机域名的目的，其创建步骤如下。

STEP 01 打开"新建主机"对话框

选择"开始"→"管理工具"→"DNS"命令，打开"DNS 管理器"窗口，如图 6-12 所示。展开"正向查找区域"，右击"xintian.edu"，在弹出的快捷菜单中选择"新建主机(A)"命令，打开如图 6-26 所示的"新建主机"对话框。

STEP 02 添加 WWW 主机

在"名称"文本框中输入主机名称 WWW，在"IP 地址"文本框中输入 192.168.2.110。单击"添加主机"按钮，在随后出现的 DNS"成功地创建了主机记录 www.xintian.edu"的提示对话框中，单击"确定"按钮，如图 6-27 所示。完成主机记录的创建任务。

STEP 03 添加其他主机

重复 STEP 01 和 STEP 02，在 xintian.edu 区域添加 xtjs（192.168.2.116）、xtxs（192.168.2.118）。

图 6-26 "新建主机"对话框

图 6-27 向区域添加新主机记录

> **提示**
>
> 假设 www.xintian.edu 对应的服务器主机 IP 地址为 192.168.2.110,若要使 xintian.edu 域名也对应该 IP 地址,则需要在区域中新建一条名称为空白的主机记录即可。

2)创建别名(CNAME)记录

CNAME 记录用于为一台主机创建不同的域全名。通过建立主机的别名记录,可以实现将多个完整的域名映射到一台计算机。别名记录通常用于标识主机的不同用途。

例如,一台 Web 服务器的域名为 xintian.xintian.edu(A 记录),若需要让该主机同时提供 WWW 和 FTP 服务,则可以为该主机建立两个别名。所建立的别名 www.xintian.edu 和 ftp.xintian.edu 实际上都指向了同一主机 xintian.xintian.edu。为 xintian.xintian.edu 建立别名的步骤如下。

STEP 01 打开"新建资源记录"对话框

在"DNS 管理器"窗口展开"正向查找区域",右击 xintian.edu,在弹出的快捷菜单中选择"新建别名(CNAME)" 命令,打开如图 6-28 所示的"新建资源记录"对话框。

STEP 02 输入相关信息

在"别名"文本框中先输入别名,如 ftp,在"完全限定的域名(FQDN)"中会自动出现 ftp.xintian.edu.,在"目标主机的完全合格的域名(FQDN)"栏中输入别名对应的主机的全称域名,如 www.xintian.edu,如图 6-28 所示。

> **提示**
>
> 也可以通过鼠标来定位相应的主机记录。步骤:单击"浏览"按钮,打开如图 6-29 所示的"浏览"对话框,选择 xintian,单击"确定"按钮,选择"正向查询区域",单击"确定"按钮,选择 xintian.edu,单击"确定"按钮,再选择 www,单击"确定"按钮即可完成。

单击"确定"按钮,返回"新建资源记录"对话框。此时,主机原名和别名代表的两个域名分别显示在不同的区域。单击"确定"按钮，返回"DNS 管理器"窗口完成别名创建。

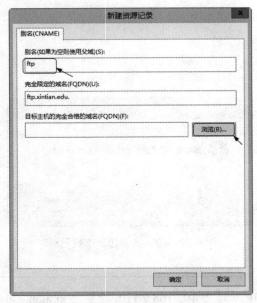

图 6-28　"新建资源记录"对话框

图 6-29　向区域添加新主机记录

3）创建邮件交换记录

邮件交换器记录（mail exchanger，MX）用于记录邮件服务器，或者用于传递邮件的主机，以便为邮件交换主机提供邮件路由，最终将邮件发送给记录中指定域名的主机。

当邮件客户机发出对该账户的收发邮件请求时，DNS 客户机将把邮件域名的解析请求发送到 DNS 服务器。在 DNS 服务器上建立邮件交换器记录，指明对 mail.xintian.edu 的邮件域名进行处理的邮件服务器为 smtp.xintian.edu 主机。在 DNS 服务器上已经建立一条主机记录，指明 smtp.xintian.edu 主机的 IP 地址为 192.168.2.110。因此，以 mail.xintian.edu 为邮件域名的电子邮件最后都被送到 IP 地址为 192.168.2.110 的计算机上进行处理。在 IP 地址为 192.168.2.110 的计算机上安装有电子邮件服务器软件。

STEP 01　打开"新建资源记录"对话框

在"DNS 管理器"窗口展开"正向查找区域"，右击 xintian.edu，在弹出的快捷菜单中选择"新建邮件交换器（MX）"命令，打开如图 6-30 所示的"新建资源记录"对话框的"邮件交换器"选项卡。

STEP 02　输入相关信息

在"主机或子域"文本框中输入 mail，在"完全限定的域名"文本框中自动出现邮件账户的邮件域名 mail. xintian.edu，该项不可编辑。在"邮件服务器的完全限定的域名"文本框中输入使用的邮件服务器的主机记录 smtp. xintian.edu。在"邮件服务器优先级"文本框中输入标识优先级的数字，默认为 10，可以从 0～65 535 中进行选择，值越小，优先级越高，也就是邮件先送到优先级低的邮件服务器进行处理。

STEP 03　查看各类资源记录

设置完成后单击"确定"按钮，即可完成创建邮件交换器资源记录。在"DNS 管理器"窗口右侧可以看到新建的各类资源记录，如图 6-31 所示。

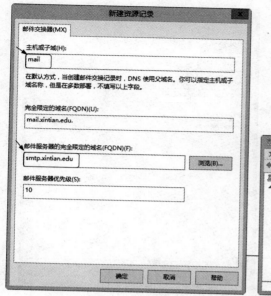

图 6-30　"邮件交换器"选项卡

图 6-31　添加完相关资源后的"DNS 管理器"

> **提示**
>
> 　　第一，如果如图 6-30 所示对话框的"主机或子域"文本框保持为空时，得到的用户邮箱格式为 user@xintian.edu；为 mail 时，得到的用户邮箱格式则为 user@mail.xintian.edu。
>
> 　　第二，当区域内有多个邮件服务器的 MX 记录时，用户的邮件会先传送到优先级高的"邮件服务器"中；只有优先级高的失败后，才会传送到优先级低的"邮件服务器"中；当两个 MX 的优先级一样时，则随机选择其中的一台邮件服务器先行传送。

4）创建指针记录

指针记录用于将 IP 地址转换为 DNS 域名。如将 IP 地址 192.168.2.110 转换成域名www.xintian.edu。

STEP 01　打开 DNS 服务控制台

选择"开始"→"管理工具"→"DNS"命令，打开"DNS 管理器"窗口，展开"反向查找区域"，右击 2.168.192.in-addr.arpa，在弹出的快捷菜单中选择"新建指针（PTR）"命令，如图 6-32 所示。

STEP 02　打开"新建资源记录"对话框

打开如图 6-33 所示的"新建资源记录"对话框的"指针（PTR）"选项卡，在"主机 IP 地址"文本框中输入主机的 IP 地址，如 192.168.2.110，在"主机名"文本框中输入指针指向的域名，如 www.xintian.edu，也可以单击"浏览"按钮查找。

STEP 03　查看指针记录

单击"确定"按钮，即可在"DNS 管理器"窗口的"反向查询区域"中看到新增加的指针记录，如图 6-34 所示。

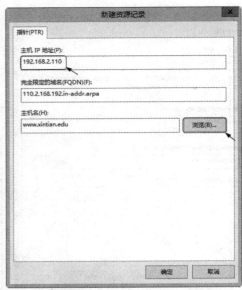

图 6-32　新建指针　　　　　　　　　图 6-33　"指针（PTR）"选项卡

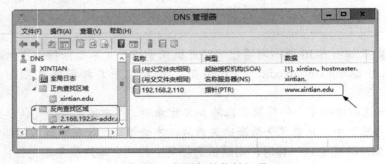

图 6-34　新增加的指针记录

4. 实现 DNS 转发

当网络内的用户需要访问 Internet 的资源时，还需要配置转发服务器。这样，当网内各个 DNS 服务器中没有客户所查询的数据时，就可以通过 DNS 的转发器向 Internet 或其他的 DNS 服务器进行查询。

任务案例　6-5

　　在新天教育培训集团内部有很多计算机需要访问 Internet，为解决当内部 DNS 服务器无法解析外部域名，需配置转发服务时，将无法解析的域名转到下一个 DNS 服务器（如 114.114.114.114）。

【操作步骤】

STEP 01　选择"转发器"选项卡

选择"开始"→"管理工具"→"DNS"命令，打开"DNS 管理器"窗口，如图 6-12 所示。选中需要配置的 DNS 服务器，如 xintian，右击，在弹出的快捷菜单中选择"属性"命令，打开"xintian 属性"对话框，选择"转发器"选项卡，如图 6-35 所示，在"转发器"

选项卡中单击"编辑"按钮。

STEP 02 设置 DNS 转发器的有关信息

打开"编辑转发器"对话框,如图 6-36 所示,需要加入新的转发器时,可以在文本框中输入转发器 IP 地址,系统自动检测转发器的 FQDN 并对转发器进行验证,验证成功后,单击"确定"按钮完成添加转发器的任务。

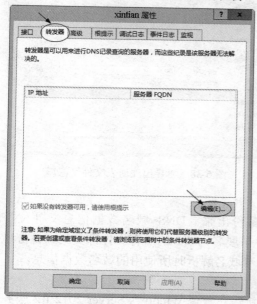

图 6-35 "xintian 属性"对话框

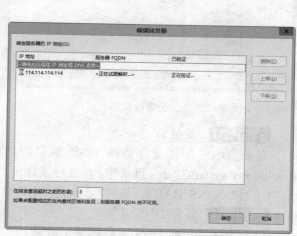

图 6-36 "编辑转发器"对话框

5. 备份与还原 DNS 服务

备份与还原 DNS 服务主要分两步进行,一是备份 DNS 注册表,二是备份 DNS 配置文件。

任务案例

请在配置好 DNS 服务的服务器上实现 DNS 服务的备份与还原。

【操作步骤】

STEP 01 备份 DNS 注册表信息

选择"开始"→"运行"命令,打开"运行"对话框,输入 regedit,打开"注册表编辑器"窗口,在左侧列表中展开"HKEY-LOCAL-MACHINE\System\CurrentControlset\Services\DNS",选择 DNS 项目,如图 6-37 所示。选择"文件"→"导出"命令,打开"导出注册表文件"窗口,如图 6-38 所示,指定 DNS 注册表备份文件名(如 DNS_REG_BAK)及其存放路径,单击"保存"按钮即可。

STEP 02 备份 DNS Server 服务信息

在注册表编辑器中展开"HKEY-LOCAL-MACHINE\Software\Microsoft\Windows NT\CurrentVersion\DNS Server",选择"DNS Server"项目,选择"文件"→"导出"命令,打开"导出注册表文件"对话框,指定 DNS Server 服务信息的备份文件名(如 dns-server_bak)及其存放路径,单击"保存"按钮即可。

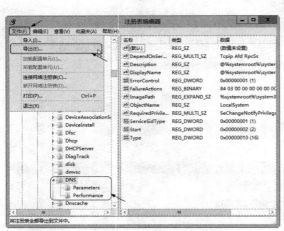

图 6-37 "注册表编辑器"窗口

图 6-38 "导出注册表文件"窗口

STEP 03 备份 DNS 配置文件

备份 DNS 配置文件是将 DNS 域名数据备份出来。DNS 域名数据信息文件位于 c:\windows\system32\dns 目录中，直接将该目录中扩展名为.dns 的所有文件都复制到备份目录中（如 D:\DNS_BAK）。这些*.dns 文件中存储着域名解析时所使用的域名数据信息。

STEP 04 还原 DNS 服务

（1）当区域里的 DNS 服务器发生故障，重新建立一台 Windows Server 2012 R2 服务器，并与所要替代的 DNS 服务器名字相同，设置相同的 DNS 扩展名和 IP 地址。

（2）在新系统中安装并启动 DNS 服务。

（3）把前面备份的*.dns 文件复制到新系统的\windows\system32\dns 文件夹中。

（4）停用 DNS 服务。

（5）把备份的 dns_reg_bak.reg 和 dns-server_bak.reg 导入注册表中。

（6）重新启动 DNS 服务。

6.4.3 配置 DNS 客户机

在 Windows XP、Windows 7/10、Windows Server 2003/2008/2012/2012 R2 中配置 DNS 客户机的方法基本相同，本节主要以配置 Windows 7 的 DNS 客户机为例，介绍在 Windows 系列操作系统下配置 DNS 客户机的具体方法。

任务案例 6-7

在 Windows 7 客户机指定 DNS 服务器，并运用 ipconfig、ping、nslookup 等命令测试 DNS 服务器是否正常工作。

【操作步骤】

STEP 01 进入 DNS 客户机配置 TCP/IP 参数

（1）在 Windows 7 的客户机中右击桌面状态栏托盘区域中的网络连接" "图标，选择快捷键菜单中的"打开网络和共享中心"命令，打开"网络和共享中心"窗口，在这个窗口中显示了网络的连接状态。

（2）在"查看活动网络"列表中单击"本地连接"链接，打开"本地连接 状态"对话框。

（3）单击"属性"按钮，打开的"本地连接 属性"对话框，如图 6-39 所示，在该对话框中，可以配置 TCP/IPv4、TCP/IPv6 等协议。

（4）由于目前绝大多数计算机使用 TCP/IPv4，因此，这里选择"Internet 协议版本 4（TCP/IPv4）"选项，单击"属性"按钮，打开"Internet 协议版本 4（TCP/IPv4）属性"对话框，选中"使用下面的 IP 地址"和"使用下面的 DNS 服务器地址"单选按钮，在"IP 地址"文本框中输入 192.168.2.200，在"首选 DNS 服务器"文本框中输入 192.168.2.110，如图 6-40 所示，单击"确定"按钮。

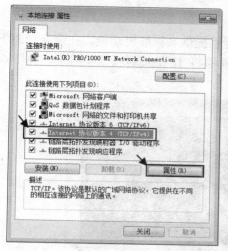
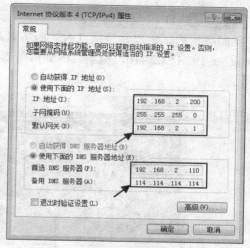

图 6-39 "本地连接 属性"对话框　　　图 6-40 "Internet 协议版本 4（TCP/IPv4）属性"
对话框

STEP 02 在客户机中测试是否获取到 TCP/IP 的相关参数

选择"开始"→"运行"命令，在"打开"文本框中输入 cmd 打开命令提示符窗口，输入 ipconfig /all，查看 DNS 服务器的配置情况，确认是否正确配置了 DNS 服务器（192.168.2.110），如图 6-41 所示。

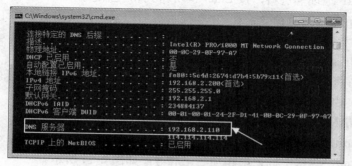

图 6-41 查看 DNS 服务器地址的设置

STEP 03 测试 DNS 的解析情况

利用 ping 命令解析 www.xintian.edu、mail.xintian.edu、ftp.xintian.edu 等主机域名的 IP 地址，如图 6-42 所示。

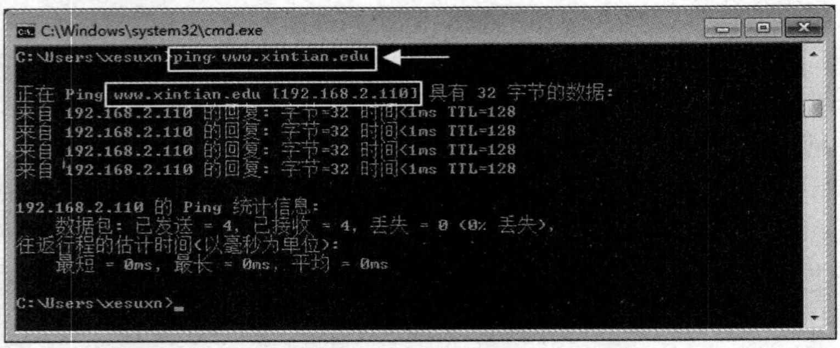

图 6-42　检查正向解析

STEP 04 DNS 反向解析测试

反向解析测试主要是测试 DNS 服务器是否能够提供名称解析功能。在命令状态下输入 ping -a 192.168.2.110，检测 DNS 服务器是否能够将 IP 地址解析成主机名，如图 6-43 所示。

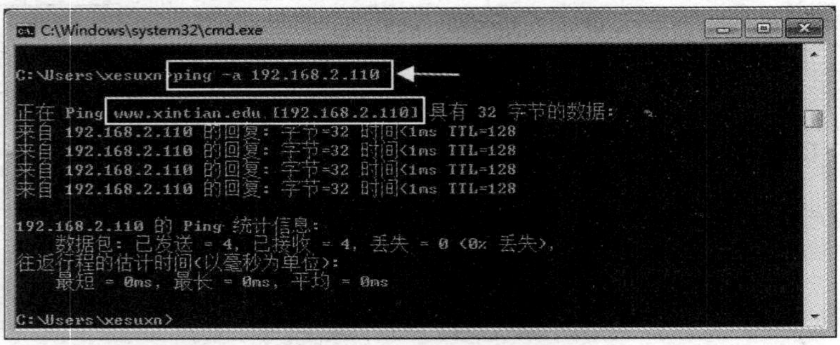

图 6-43　检查反向解析

STEP 05 使用 nslookup 命令测试 DNS 服务器

nslookup 是一个有用的实用程序，启动 nslookup 时，显示本地主机配置的 DNS 服务器主机名和 IP 地址。

（1）在命令提示符下，输入 nslookup，进入 nslookup 交互模式，出现 ">" 提示符，这时输入域名或 IP 地址等资料，按 Enter 键可得到相关信息。

（2）nslookup 中的所有命令需在 ">" 提示符后面输入，常用命令如下。

① help：显示有关帮助信息。

② exit：退出 nslookup 程序。

③ server IP：将默认的服务器更改到指定的 DNS 域。IP 为指定 DNS 服务器的 IP 地址。

④ set q=A：由域名查询 IP 地址，为默认设定值。

⑤ set q=CNAME：查询别名的规范名称。

（3）nslookup 使用举例。假设 DNS 服务器为 192.168.1.218，域为 xintian.edu，在客户机启动 nslookup，测试主机记录和别名记录等，如图 6-44 所示。

STEP 06 查看主机的域名高速缓存区

为了提高主机的解析效率，主机常常采用高速缓冲区来存储检索过的域名与其 IP 地址的映射关系。UNIX、Linux、Windows Server 2012 R2 等操作系统都提供命令，允许用户查看域名高速缓冲区中的内容。在 Windows Server 2012 R2 中，ipconfig /displaydns 命令可以将高速缓冲区中的域名与其 IP 地址映射关系显示在屏幕上，包括域名、类型、TTL、IP 地址等，如图 6-45 所示。如果需要清除主机高速缓冲区中的内容，可以使用 ipconfig /flushdns 命令。

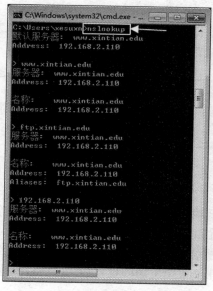

图 6-44 nslookup 使用举例

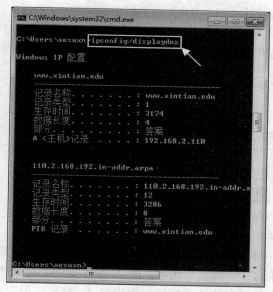

图 6-45 查看主机的域名高速缓存区

6.5 拓展训练

6.5.1 课堂训练

课堂任务

新天教育培训集团现有 3 台 Web 服务器，1 台 FTP 服务器。Web 服务器的 IP 地址分别为 192.168.0.1、192.168.0.2、192.168.0.3，域名分别为 www1.butterfly.com、www2.butterfly.com、www3.butterfly.com。FTP 服务器的 IP 地址为 192.168.0.4，域名为 ftp.butterfly.com。

【训练要求】

（1）为各服务器在 DNS 服务器添加主机地址资源，为了均衡 3 个 Web 服务器负荷，使用 www.butterfly.com 实现对 Web 服务器的循环编址。

（2）删除与 www3.butterfly.com 有关的资源记录。

（3）将 www2.butterfly.com 的 IP 地址修改为 172.16.12.13。

【训练提示】

（1）在 DNS 服务器的正向查找区域 butterfly.com 中增加 4 条主机地址记录 www1.butterfly.com（192.168.0.1）、www2.butterfly.com（192.168.0.2）、www3.butterfly.com（192.168.0.3）和 ftp.butterfly.com（192.168.0.4），并在创建主机地址记录时创建相关的指针记录。

（2）在 DNS 服务器的正向查找区域 butterfly.com 中增加 3 条主机地址记录 www.

butterfly.com（192.168.0.1）、www.butterfly.com（192.168.0.2）、www.butterfly.com（192.168.0.3），并在创建主机地址记录时创建相关的指针记录。

（3）删除与 www3.butterfly.com 有关的资源记录，包括主机资源记录、指针记录以及 IP 地址为 192.168.0.3 的主机资源记录。

（4）将 www2.butterfly.com 的 IP 地址修改为 172.16.12.13，同时将 IP 地址为 192.168.0.2、主机名为 www.butterfly.com 的主机资源记录的 IP 地址改为 172.16.12.13。

课堂任务 6-2

对已经配置好的 DNS 服务器，进行动态更新、指定根域服务器、启用日志记录功能和配置多宿主 DNS 服务器等相关维护。

【训练步骤】

STEP 01 设置 DNS 服务器的动态更新

在 Windows Server 2012 R2 中，当 DNS 主机 IP 地址发生变化时，会在 DNS 服务器中自动更新，这样可以减轻管理员的负荷。具体设置如下。

（1）首先用户需要对 DNS 服务器的属性进行设置，右击"DNS 服务器"，在弹出的菜单中选择"属性"选项，单击 DNS 标签，在其中选中"根据下面的设置启用 DNS 动态更新"和"在租约被删除时丢弃 A 和 PTR 记录"选项。

（2）在"DNS 管理器"窗口中展开正向查找区域，选择区域 xintian.edu，选择"操作"→"属性"命令，在"常规"标签的"动态更新"下拉列表中选择"非安全"选项，单击"确定"按钮。

（3）展开反向查找区域，选择"反向区域"选项，单击"属性"选项，在"常规"标签的"动态更新"下拉列表中选择"非安全"选项。

这样当客户信息改变时，其在 DNS 服务器中的信息也会自动更新。

STEP 02 指定根域服务器（root 服务器）

当 DNS 服务器要向外界的 DNS 服务器查询所需的数据时，在没有指定转发器的情况下，它先向位于根域的服务器进行查询。DNS 服务器通过缓存文件知道根域的服务器。缓存文件在安装 DNS 服务器时就已经存放在\winnt\system32\dns 文件夹内，其文件名为 cache.dns。cache.dns 是一个文本文件，可以用文本编辑器进行编辑。

如果一个局域网没有接入 Internet，内部的 DNS 服务器就不需要向外界查询主机的数据，这时需要将局域网根域的 DNS 服务器数据修改为局域网内部最上层的 DNS 服务器的数据。如果在根域内新建或删除 DNS 服务器，则缓存文件的数据就需要进行修改。修改时建议不要直接用编辑器进行修改，而采用如下的方法进行修改。

选择"开始"→"管理工具"→"DNS"命令，右击 DNS 服务器名称，如 xintian，在弹出的菜单中选择"属性"命令，再单击"根提示"标签，弹出"DNS 根目录 属性"对话框。在该对话框的列表中列出了根域中已有的 DNS 服务器及其 IP 地址，用户可以单击"添加"按钮添加新的 DNS 服务器。

STEP 03 启用日志记录功能

打开"调试日志"选项卡，选中"为调试记录数据包"复选框。这时下面有很多的调试日志记录选项变为可选。用户可以根据需要对"数据包方向""数据包内容""其他选项"等进行选择，还可以在"日志文件"中确定日志文件路径和名称。单击"应用"或"确定"按钮即可启用调试日志。此时，日志记录的数据包保存在 Windows\system32\dns 文件夹下，文件名为"dns.log"，可以用写字板打开它。如果需要查看该文件，必须先将 DNS 服务停止。

STEP 04 配置多宿主 DNS 服务器

所谓多宿主 DNS 服务器，是指安装 DNS 服务器的计算机拥有多个 IP 地址。在默认情况下，DNS 服务器侦听所在计算机上所有的 IP 地址，接受发送至其默认服务端口的所有客户机请求。管理员可以对特定的 IP 地址闲置 DNS 服务，使 DNS 服务仅侦听和应答发送至指定 IP 地址的 DNS 请求。单击"接口"标签，可弹出"接口属性"对话框。

6.5.2　课外拓展

一、知识拓展

【拓展 6-1】填空题。

1. DNS 服务器配置的检测方式为_____和_____。

2. DNS 是_____的简称，在 Internet 上访问 Web 站点是通过 IP 寻址方式解决的，而 IP 地址是一串数字，难以记忆，这就产生了_____与_____的映射关系。

3. 某 Internet 主页的 URL 地址为 http://www.test.com.cn/product/index.html，该地址的域名是_____。

4. 现在顶级域名有_____、_____、_____三大类。

5. 我国将二级域名划分为_____和_____两大类。

6. 域名服务器是整个域名系统的核心，因特网上的域名服务器有_____、_____、_____三种类型。

7. 反向查询是依据 DNS 客户机提供的_____来查询它的_____。

8. 为了提高解析速度，域名解析服务提供了_____和_____两方面的优化。

【拓展 6-2】选择题。

1. DNS 域名的顶级域有三部分：通用域、国家域和反向域，通用域中的 gov 一般表示（　　）。

　　A. 商业机构　　　B. 教育机构　　　C. 政府机构　　　D. 网络服务商

2. 以下对 DNS 区域的资源记录描述错误的是（　　）。（选择两项）

　　A. SOA：列出了哪些服务器正在提供特定的服务

　　B. MX：邮件交换器记录

　　C. CNAME：该区域的主服务器和辅助服务器

　　D. PTR：PTR 记录把 IP 地址映射到 FQDN

3. 下列选项中，（　　）表示别名的资源记录。

　　A. MX　　　　　B. SOA　　　　　C. CNAME　　　　D. PTR

4. 常用的 DNS 测试命令包括（　　）。

　　A. nslookup　　　B. hosts　　　　C. debug　　　　D. trace

5. 要清除本地 DNS 缓存，使用的命令是（　　）。

　　A. ipconfig /displaydns　　　　　B. ipconfig /renew

　　C. ipconfig /flushdns　　　　　　D. ipconfig /release

6. 如果父域的名字是 acme.com，子域的名字是 daffy，那么子域的 DNS 全名是（   ）。

    A. acme.com   B. daffy   C. daffy.acme.com   D. daffy.com

7. 域名空间中的反向查找域记录的是（   ）。

    A. 域名对 IP 的映射   B. 有关域名的信息

    C. 有关 IP 的信息   D. IP 对域名的映射

二、技能拓展

【拓展 6-3】 技术部所在域为 tech.org，部门内有 3 台主机，主机名分别是 client1.tech.org、client2.tech.org、client3.tech.org。现要求建立 DNS 服务器 dns.tech.org，完成 3 台主机名和 IP 地址的解析。

【拓展 6-4】 在 PC-A 计算机上设置 DNS 服务器，建立标准的正向查找区域（lianxi.com）和反向查找区域（192.168.1），并在正向区域添加 Web 服务器（www，A 记录，192.168.1.100）、FTP 服务器（ftp，A 记录，192.168.1.110）和 Mail 服务器（mail，A 和 MX 记录，192.168.1.111）。

在 PC-B（安装 Windows 7 系统）上进行客户机验证，包括使用 ping、nslookup 等。

6.6 总结提高

DNS 是 Internet 上必不可少的一种网络服务，它提供把域名解析为 IP 地址的服务，是每一台上网的计算机都必须要使用的服务之一。

本项目首先介绍了 DNS 的工作原理、DNS 协议，然后介绍了 DNS 服务组件的安装方法，重点讲解了正、反向查找区域的创建，以及添加 WWW 主机、新建别名记录、新建邮件交换记录和实现 DNS 转发等，然后通过典型案例着重训练了 DNS 服务器的配置技能，最后训练在客户机进行测试和解决故障的能力等。

完成本项目后，认真填写学习情况考核登记表（表 6-3），并及时予以反馈。

表 6-3　学习情况考核登记表

序号	知识与技能	重要性	自我评价					小组评价					老师评价				
			A	B	C	D	E	A	B	C	D	E	A	B	C	D	E
1	会安装 DNS 服务组件	★★★															
2	会启动、停止 DNS 服务	★★★☆															
3	能创建 DNS 正向查找区域	★★★★★															
4	能创建 DNS 反向查找区域	★★★★★															
5	会创建相关资源记录	★★★★★															
6	会配置 DNS 转发	★★★★☆															
7	会设置 DNS 客户机	★★★☆															
8	会测试 DNS 服务器	★★★★															
9	能完成课堂训练	★★★☆															

说明：评价等级分为 A、B、C、D、E 五等，其中，对知识与技能掌握很好，能够熟练地完成 DNS 服务器的配置与管理为 A 等；掌握了 75% 以上的内容，能较为顺利地完成任务为 B 等；掌握 60% 以上的内容为 C 等；基本掌握为 D 等；大部分内容不够清楚为 E 等。

配置与管理 Web 服务器

教学目标 ☞

知识目标

了解 Web 的基本概念及工作原理

掌握 IIS 组件的配置和管理方法

掌握虚拟主机的配置方法

掌握虚拟目录的配置方法

掌握客户机测试 Web 网站的操作方法

技能目标

会安装 IIS 组件

会配置与管理默认网站

能新建 Web 网站并进行相关设置

能配置与管理虚拟主机

能配置与管理虚拟目录

能配置与管理网站的安全

能解决 Web 服务器配置中出现的问题

态度目标 ☞

培养认真细致的工作态度和工作作风

养成刻苦、勤奋、好问、独立思考和细心检查的学习习惯

能与组员精诚合作，正确面对他人的成功或失败

具有一定的自学能力，分析、解决问题能力和创新能力

建议课时 ☞

教学课时：理论 2 课时+教学示范 2 课时

拓展训练课时：课堂模拟 2 课时+课堂训练 2 课时

大多数的网络服务器最广泛的功能就是开通 Web 服务，由于 Web 服务是实现信息发布、资料查询、数据处理等诸多应用的基本平台，目前绝大多数的网络交互程序，如企业网站、门户网站、商贸网站、交互网站、论坛和社区等都是基于 Web 建立的。因此，配置与管理 Web 服务器是企业信息化必不可少的一项工作。

本项目详细介绍 Web 服务的基本概念、工作原理、运用 IIS 的安装及配置 Web 服务器的具体方法。通过任务案例引导读者安装 IIS 组件；具体训练读者对 Web 服务器配置与管理，以及虚拟主机和虚拟目录的配置，客户机的配置，Web 服务器的简单故障的判断和处理的能力。

■7.1　情境描述

使用 Web 实现信息的传递

在新天教育培训集团的网络改造项目中，唐宇负责技术开发和服务器的配置与管理，已经初步完成了网络操作系统的安装、用户与组的建立和 DNS 服务器的配置等，接下来的工作是解决项目方案中的以下几个问题。

新天教育培训集团曾提出为实现企业信息化、数字化和现代化，需要将现行的许多管理实现无纸化、网络化，其中包括对外建立一个门户网站进行产品的宣传和有关的服务，内部管理和办公也需要采用网络平台进行交流，还有就是各部门也要有自己的主页，个别员工也想建立个人网站，而集团现在只有一个公网 IP，此时，唐宇在服务器中应该进行哪些配置才能解决上述问题呢？

唐宇凭借所学的知识马上想到了要满足以上要求，需要配置 Web 服务器。要配置 Web 服务器，首先应根据网络拓扑和网络规模合理规划服务器，并采取合适的服务器配置与管理流程。其次，根据各部门都需要建立自己的宣传网站的要求，还要配置虚拟主机。

7.2　任务分析

1. Web 服务及使用 IIS 的原因

Web 是全球信息广播的意思，又称为 WWW（world wide web），中文名字为"万维网"或"环球信息网"。Web 是在 Internet 上以超文本为基础形成的信息网，它解决了远程信息服务中的文字显示、数据连接以及图像传递等问题，使信息的获取变得非常迅速和便捷。用户通过浏览器可以访问 Web 服务器上的信息资源，目前在 Windows Server 2012 R2 操作系统中提供了 IIS8.5。

IIS（Internet information server，Internet 信息服务器）是微软公司主推的服务器。它是 Windows Server 2012 R2 的一个非常重要的 Web 服务器组件，包括 Web 服务器、FTP 服务器、NNTP 服务器和 SMTP 服务器，分别用于网页浏览、文件传输、新闻服务和邮件发送等方面，它使得在网络（包括互联网和局域网）上发布信息成为一件很容易的事。

2. WWW 服务的特点

WWW 服务的功能很强大，可以将文字、图像、声音等多种类型的信息传递到用户眼前，WWW 服务器成为 Internet 上最大的计算机群，Web 文档之多、链接的网络之广令人难以想象。WWW 服务主要有以下几个特点。

（1）以超文本的方式组织网络多媒体信息。

（2）可以在世界范围内任意查找、检索、浏览和添加信息。

（3）提供直观、统一、使用方便的图形用户界面。

（4）站点之间可以互相连接，可以提供信息查找和漫游的透明访问。

（5）可以访问图像、声音、视频与文本信息。

WWW 就像一张巨大的"蜘蛛网"，通过 Internet 将位于世界各地的相关信息资源有机地编织在一起。

3. 把企业的信息发布到网上的原因

在信息飞速发展的今天，互联网已经成为人们生活中不可缺少的一部分，随着互联网的发展，各式各样的网站应运而生。现在企业甚至个人都拥有自己的网站，然而还有许多企业老板不知道做网站有什么作用，它能为公司带来什么样的帮助。

互联网作为唯一一种全天候 24 小时不间断更新的媒体平台是其他传统媒体可望而不可即的。对企业而言，在做网站的时候，最显而易见的意义就是向互联网受众展示自己的企业风采，让更多的人了解自己的企业，使企业能够在公众中有一定的知名度。

随着全球化进程的推进，企业越来越多地要和外界发生行业内外的信息沟通，在时机成熟时，这种信息沟通就会成为潜在的交易，因此行业内经常举办一些交易会、展览会。而在互联网上，信息的沟通非常方便，而且非常廉价，甚至比起传统方式（如电话、传真）还要更加丰富。企业再也不用将大量的产品介绍、产品信息邮寄给远方那些仅仅对此有意向的客户，而是可以将产品陈列在自己的网站上供人们浏览选择，因此对于企业而言，做网站不仅仅是企业宣传的好途径，也是企业拓展业务的优质渠道。

4. Web 服务器搭建的流程

构建 Web 服务器的流程与构建其他服务器的流程类似，具体过程如下。

（1）构建 Web 网络环境，初始配置时服务器和客户机最好处于同一局域网，便于调试。

（2）设置服务器的静态 IP 地址，检查网络地址配置信息是否生效。

（3）关闭防火墙或在防火墙中信任 WWW 服务。

（4）添加 Internet 信息服务角色。

（5）在 Windows Server 2012 R2 中创建 Web 服务的工作目录，IIS 网站的网页最好保存在 NTFS 分区内，以便通过设置 NTFS 权限来增加网页的安全性。

（6）重新加载配置文件或重启服务，使配置生效。

（7）在客户机进行测试，保证客户机能成功浏览网页。

5. 本项目的具体任务

本项目的具体任务包括安装 IIS 组件、构建 Web 服务器、配置与管理 Web 服务器等几个方面，具体任务如下。

（1）安装 IIS 组件：包括分析 WWW 工作原理、安装 IIS 组件。

（2）构建 Web 服务器：使用虚拟主机技术建立 Web 网站、配置网站虚拟目录、在客户机对配置情况进行测试。

（3）配置与管理 IIS 网站：包括设置网站标识、设置网站 HTTP 连接参数、设置网站主目录、设置网站默认文档、测试 Web 服务。

■ 7.3　知识储备 ■

7.3.1　WWW 概述

WWW 为用户提供了一个基于浏览器/服务器模型和多媒体技术的友好的图形化信息查询界面。

WWW 采用客户机/服务器（client/server）模式进行工作，客户机运行 WWW 客户程序——浏览器，它提供良好、统一的用户界面。浏览器的作用是解释和显示 Web 页面，响应用户的输入请求，并通过 HTTP 协议将用户请求传递给 Web 服务器。Web 服务器运行服务器程序，侦听和响应客户机的 HTTP 请求，向客户机发出请求处理结果信息。常用的 Web 服务器有 Apache Web 服务器、网景公司的企业服务器和微软公司的 Internet 信息服务器三个。

7.3.2　WWW 服务中的常用概念

1. 超链接和 HTML

WWW 中的信息资源主要由一篇篇的 Web 文档，或称 Web 页的基本元素构成。这些 Web 页采用超文本（hyper text）的格式，即可以含有指向其他 Web 页或其本身内部特定位置的超链接。可以将超链接理解为指向其他 Web 页的"指针"。超链接使得 Web 页交织为网状，这样，如果 Internet 上的 Web 页和超链接非常多，就构成了一个巨大的信息网。

HTML（hype text markup language，超文本标记语言）对 Web 页的内容、格式及 Web

页中的超链接进行描述，而 Web 浏览器的作用就是读取 Web 网点上的 HTML 文档，再根据此类文档中的描述组织并显示相应的 Web 页面。

HTML 文档本身是文本格式的，用任何一种文本编辑器都可以对它进行编辑。HTML 语言有一套相当复杂的语法，专门提供给专业人员用来创建 Web 文档。在 UNIX 和 Linux 系统中，HTML 文档的后缀为 ".html"，而在 DOS/Windows 系统中则为 ".htm"。

2. 网页和主页

在 Internet 上有无数的 Web 站点，每个站点包含着各种文档，这些文档称为 Web 页，也叫网页。每个网页对应唯一的网页地址，网页中包含各种信息，并设置了许多超链接，用户单击这些超链接就可以浏览到相应的网页。

主页也称为首页，是 Web 站点中最重要的网页，是用户访问这个站点时最先看到的网页。通过主页，用户可大致了解该站点的主要内容，并可以通过主页上的超链接访问该站点的其他网页。

3. URL 与资源定位

每个网页对应的唯一地址就是该网页的 URL（universal resource locator，统一资源定位器），也称 Web 地址，俗称"网址"。URL 的完整格式由以下基本部分组成：

> 协议+"://"+服务器主机地址+":"端口号+目录路径+文件名

服务器主机地址可以是 IP 地址，也可以是域名，而传输协议大多为 HTTP 协议和 FTP 协议；服务器提供端口号表示客户访问不同资源类型；目录路径指明服务器上存放被请求信息的路径；文件名是客户访问页面的名称。例如，index.htm，页面名称与设计时网页的源代码名称并不要求相同，由服务器完成两者之间的映射。

下面分析新浪网主页的 URL：http://www.sina.com.cn/index.html。其中 http 表示使用超文本传输协议，www 代表一个 Web 服务器，sina.com.cn 是服务器的域名，index.html 是一个 HTML 的主页文件，端口号 80 被省略了。

4. Web 浏览器

Web 浏览器（Browser）是 WWW 的客户机程序，用户使用它来浏览 Internet 的各种 Web 页。Web 浏览器采用 HTTP 协议与 Internet 上的 Web 服务器相连，而 Web 页则按照 HTML 格式进行制作，只要遵循 HTML 标准和 HTTP 协议，任何一个 Web 浏览器都可以浏览 Internet 上任何一个 Web 服务器上存放的 Web 页。

1993 年初，Marc Andreessen 成功开发出了世界上第一个 Web 浏览器软件 Mosaic，目前比较流行的 Web 浏览器软件是 Netscape 公司的 Netscape Navigator 和 Microsoft 公司的 Internet Explorer（IE）。后来，随着网上 QQ 的广泛应用，与之相关的国产软件腾讯浏览器（Tencent Explorer）等也得到了普及。当前的 Web 浏览器的功能已经非常强大，不仅可以浏览各种 Web 页，而且可以访问 Internet 上几乎所有类型的信息。

5. 虚拟主机

所谓虚拟主机，就是把一台运行在互联网上的服务器划分成多个"虚拟"的服务器，每一个虚拟主机都具有独立的域名和完整的 Internet 服务器（支持 WWW、FTP、E-mail 等）

功能。一台服务器上的不同虚拟主机是各自独立的，并由用户自行管理，在外界看来，每一台虚拟主机和一台独立的主机完全一样。但一台服务器主机只能够支持一定数量的虚拟主机，当超过这个数量时，用户将会感到性能急剧下降。

所以，通俗地说，虚拟主机技术是将一台（或者一组）服务器的资源（系统资源、网络带宽、存储空间等）按照一定的比例分割成若干台相对独立的"小主机"的技术。每一台这样的"小主机"在功能上都可以实现 WWW、FTP、E-mail 等基本的 Internet 服务，就像使用独立的主机一样。

采用虚拟主机建立网站，可以为企业节省大量的设备、人员、技术、资金、时间等各项投入，为即将建立 Internet 网站的企业提供了一种"物美价廉"的解决方案。目前，全球有 80%的企业网站在使用虚拟主机。

7.3.3 Web 服务的工作原理

WWW 的目的就是使信息更易于获取，而不管它们的地理位置。当使用超文本作为 WWW 文档的标准格式后，人们开发了可以快速获取这些超文本文档的协议——HTTP 协议，即超文本传输协议。

HTTP 是应用级的协议，主要用于分布式、协作的信息系统。HTTP 协议是通用的、无状态的，其系统的建设和传输与数据无关。HTTP 也是面向对象的协议，可以用于各种任务，包括名字服务、分布式对象管理、请求方法的扩展、命令等。它的具体通信过程如图 7-1 所示。

（1）客户在 Web 浏览器中使用 HTTP 命令将一个 Web 页面请求发送给 HTTP 服务器。

（2）若该服务器在特定端口（通常是 TCP 80 端口）处侦听到 Web 页面请求后，就发送一个应答，并在客户和服务器之间建立连接。

（3）Web 服务器查找客户所需文档，若 Web 服务器查找到所请求的文档，就会将所请求的文档传送给 Web 浏览器。若该文档不存在，则服务器会发送一个相应的错误提示文档给客户。

（4）Web 浏览器收到服务器传来的文档后，就将它显示出来。

（5）当客户浏览完成后，就断开与服务器的连接。

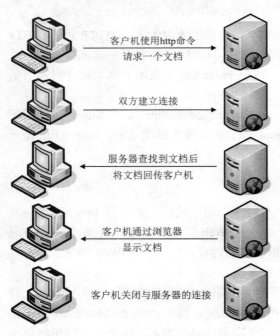

图 7-1　Web 服务的通信过程

7.3.4 Web 服务器软件介绍

Web 服务器就是用来搭建基于 HTTP 的 WWW 网页的计算机，通常这些计算机都采用 Windows Server 版本或者 UNIX/Linux 系统，以确保服务器具有良好的运行效率和稳定的运行状态。如今互联网的 Web 平台种类繁多，各种软硬件组合的 Web 系统更是数不胜数，主流的 Web 服务器软件有以下几种。

（1）免费 Web 服务器软件。如 IIS、NCSA、CERN、Apache 和 Sambar 等。Internet 信息服务器除了可用来建立 Web 网站之外，还可用来建立 FTP 网站、SMTP 服务器和 NNTP 新闻服务器。Apache 是目前最为流行的 Web 服务器，源代码完全开放，完全胜任每天有数百万人次访问的大型网站，支持 UNIX、Windows 和 Mactonish 等多种操作系统平台，不过最好是在 Linux 平台上架设 Apache 服务器。Sambar 则是一种综合性的 Internet 服务器软件，支持动态 HTML、HTTP、SMTP、POP3、IMAP4 和 FTP 服务器，支持多线程，运行效率高，扩展性好，提供可编程的 API 接口。

（2）商业 Web 服务器软件。IBM WebSphere 是一组专门为商务网站设计的套件。Netscape IPlanet WebServer（Netscape Enterprise Setwer）是跨平台、高性能的 Web 服务器软件。

（3）门户软件。如 PHP-Nuke、XOOPS，可直接用来在 PHP+MySQL 平台中快速实现具有综合功能（如用户登录、文章管理、资源下载、在线讨论等）、方便定制的专业网站。此类软件大都开放源码，具有较强的自动建站功能，一般称全站程序或整站程序。

（4）网站架设套件。此类套件提供一揽子解决方案，将 Web 服务器与 Web 应用程序、数据库服务器进行集成，以支持各种 Web 应用。AppServ 是 PHP 网页架站工具组合包，包含 Apache、Apache Monitor、PHP、MySQL、PHP-Nuke 和 phpMyAdmin 软件，便于快捷完成网站架设。

7.3.5　Internet 信息服务器

IIS 是微软公司随网络操作系统提供的信息服务软件，IIS 与 Windows 系统紧密集成在一起，它提供了可用于 Intranet、Internet 或 Extranet 上的集成 Web 服务器能力，这种服务器具有高可靠性、可伸缩性、安全性以及可管理性的特点。

在 Windows Server 2012 R2 中使用的是 IIS8.5，它加入了更多的安全方面的设计，用户可以通过微软的.net 语言来运行服务器端的应用程序。除此之外，通过 IIS8.5 新的特性来创建模块将会减少代码在系统中的运行次数，将遭受黑客脚本攻击的可能性降至最低。任何规模的组织都可以使用 IIS 主持和管理 Internet 或 Intranet 上的网页及 FTP 站点，并使用网络新闻传输协议（NNTP）和简单邮件传输协议（SMTP）路由新闻或邮件，IIS8.5 提供了 Web、FTP、SMTP 和 NNTP 等主要服务。

（1）Web 服务。Web 服务即万维网发布服务，它是 IIS 的一个重要组件之一，也是 Internet 和 Intranet 中最流行的技术。作为客户的计算机安装有 Web 客户机程序，即 Web 浏览器，客户机通过 Web 浏览器将 HTTP 请求连接到 Web 服务器上，Web 服务器提供客户机所需要的信息。

（2）FTP 服务。FTP 服务即文件传输协议服务，通过此服务 IIS 提供对管理和处理文件的完全支持。该服务使用传输控制协议（TCP），这就确保了文件传输的完成和数据传输的准确。该版本的 FTP 支持在站点级别上隔离用户，以帮助管理员保护 Internet 站点的安全，并使之商业化。

（3）SMTP 服务。SMTP 服务即简单邮件传输协议服务，通过此服务，IIS 能够发送和接收电子邮件。例如，为确认用户提交表格成功，可以对服务器进行编程以自动发送邮件来响应事件，也可以使用 SMTP 服务以接收来自网站客户反馈的消息。SMTP 不支持完整的电子邮件服务，要提供完整的电子邮件服务，可使用 Microsoft Exchange Server。

（4）NNTP 服务。NNTP 服务即网络新闻传输协议，可以使用此服务主控单个计算机上的 NNTP 本地讨论组。因为该功能完全符合 NNTP 协议，所以用户可以使用任何新闻阅读客户机程序，加入新闻组进行讨论。通过 inetsrv 文件夹中的 Rfeed 脚本，IIS NNTP 服务现在支持新闻流。NNTP 服务不支持复制，要利用新闻流或在多个计算机间复制新闻组，可使用 Microsoft Exchange Server。

（5）IIS 管理服务。IIS 管理服务管理 IIS 配置数据库，并为 WWW 服务、FTP 服务、SMTP 服务和 NNTP 服务更新 Microsoft Windows 操作系统注册表，配置数据库用来保存 IIS 的各种配置参数。IIS 管理服务对其他应用程序公开配置数据库，这些应用程序包括 IIS 核心组件、在 IIS 上建立的应用程序，以及独立于 IIS 的第三方应用程序（如管理或监视工具）。

7.3.6　虚拟目录与虚拟主机技术

1. 虚拟目录

Web 中的目录分为两种类型：物理目录和虚拟目录。

（1）物理目录是位于计算机物理文件系统中的目录，包含文件及其他目录。

（2）虚拟目录是在网站主目录下建立的一个友好的名称，它是 IIS 中指定并映射到本地或远程服务器上的物理目录的目录名称。虚拟目录可以在不改变别名的情况下，任意改变其对应的物理文件夹。虚拟目录只是一个文件夹，并不真正位于 IIS 宿主文件夹内（%SystemDrive%\Inetpub\wwwroot），但在访问 Web 站点的用户看来，则如同位于 IIS 服务的宿主文件夹一样。

2. 虚拟主机技术

使用 IIS8.5 可以很方便地架设 Web 网站。虽然在安装 IIS 时系统已经建立了一个默认 Web 网站，直接将网站内容放到其主目录或虚拟目录中即可直接使用，但最好还是重新设置，以保证网站的安全。如果需要，还可以在一台服务器上建立多个虚拟主机，来实现多个 Web 网站，这样可以节约硬件资源、节省空间，降低能源成本。

虚拟主机的概念对于 ISP 来讲非常有用，因为虽然一个组织可以将自己的网页挂在具备其他域名的服务器上的下级网址上，但使用独立的域名和根网址更为正式，易为众人接受。传统上，必须自己设立一台服务器才能达到单独域名的目的，然而这需要维护一个单独的服务器，很多小单位缺乏足够的维护能力，所以更为合适的方式是租用别人维护的服务器。ISP 也没有必要为每一个机构提供一个单独的服务器，完全可以使用虚拟主机，使服务器为多个域名提供 Web 服务，而且不同的服务互不干扰，对外就表现为多个不同的服务器。

使用 IIS8.5 的虚拟主机技术，通过分配 TCP 端口、IP 地址和主机头名，可以在一台服务器上建立多个虚拟 Web 网站，每个网站都具有唯一的由端口号、IP 地址和主机头名三部分组成的网站标识，用来接收来自客户机的请求，不同的 Web 网站可以提供不同的 Web 服务，而且每一个虚拟主机和一台独立的主机完全一样。

虚拟技术将一个物理主机分割成多个逻辑上的虚拟主机使用，显然能够节省经费，对于访问量较小的网站来说比较经济实用，但由于这些虚拟主机共享这台服务器的硬件资源和带宽，在访问量较大时就容易出现资源不够用的情况。

7.4 任务实施

7.4.1 添加 IIS 服务角色

IIS 提供了一个图形界面的管理工具，称为 Internet 服务管理器，可用于监视配置和控制 Internet 服务。在 Windows Server 2012 R2 中默认情况下并没有安装 IIS 组件，这样做是为了更好地预防恶意用户和攻击者的攻击。

任务案例 7-1

新天教育培训集团需要用 Web 服务构建公司门户网站，请完成 Web 服务器（IIS）角色的安装。

安装 IIS 组件

【操作步骤】

STEP 01 配置 Web 服务器的 IP 地址

选择"开始"→"控制面板"→"网络和共享中心"命令，打开"网络和共享中心"窗口，单击 Ethernet0 链接，打开"Ethernet0 状态"对话框，单击"属性"按钮，打开"Ethernet0 属性"对话框，选中"Internet 协议版本 4（TCP/IPv4）"，单击"属性"按钮，打开"Internet 协议版本 4（TCP/IPv4）属性"对话框，设置 Web 服务器的 IP 地址（192.168.1.218）、子网掩码、默认网关（192.168.1.1）和 DNS 服务器地址（192.168.1.218），如图 7-2 所示，配置完成后单击"确定"按钮，再单击"关闭"按钮关闭窗口。

STEP 02 打开"服务器管理器"窗口

（1）选择"开始"→"管理工具"→"服务器管理器"命令，或者单击任务栏上的"服务器管理器"图标，打开"服务器管理器"窗口。

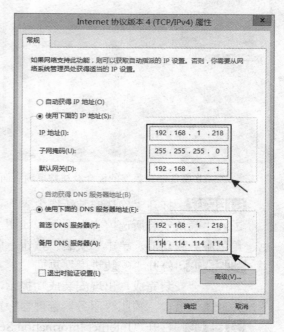
图 7-2 配置 TCP/IP

（2）在右侧单击"2-添加角色和功能"链接，进入"开始之前"页面，单击"下一步"按钮。

（3）进入"安装类型"页面，保持默认的"基于角色或基于功能的安装"，单击"下一步"按钮。

（4）进入"选择目标服务器"页面，此页显示了正在运行 Windows Server 2012 R2 的服务器以及已经在服务器中使用"添加服务器"命令添加的服务器。在此保持默认的"从服务器池中选择服务器""在服务器池中选择本服务器",然后单击"下一步"按钮。

STEP 03 打开"选择服务器角色"页面

打开"选择服务器角色"页面,在该页面中可以选择要安装在此服务器上的一个或多个角色,在此选中"Web 服务器",弹出"添加 Web 服务器 所需的功能?"的提示对话框。单击"添加功能"按钮返回"选择服务器角色"页面,单击"下一步"按钮。

STEP 04 打开"选择功能"页面

打开"选择功能"页面,选择要安装在所选服务器上的一个或多个功能,这里选中".NET Framework 3.5 功能"".NET Framework 4.5 功能"中的全部组件,单击"下一步"按钮。

STEP 05 打开"Web 服务器角色"的简介及注意事项页面

打开"Web 服务器角色(IIS)"的简介及注意事项页面,如图 7-3 所示,直接单击"下一步"按钮。

STEP 06 打开"选择角色服务"页面

打开"选择角色服务"页面,如图 7-4 所示。在此必须将所有的 IIS 组件全部选中,一定要检查每个可展开的下级选项框是否也全部选中,选择完成后,单击"下一步"按钮。

图 7-3 "Web 服务器角色"的简介及注意事项页面　　　　图 7-4 "选择角色服务"页面

STEP 07 打开"确认安装所选内容"页面

进入"确认安装所选内容"页面,如图 7-5 所示,若要在所选服务器上安装列出的角色、角色服务或功能,单击"安装"按钮,即可开始安装所选择的 Web 服务角色。

STEP 08 打开"安装进度"页面

等待一会安装完成,出现安装成功提示,如图 7-6 所示,单击"关闭"按钮返回"服务器管理器"窗口,关闭"服务器管理器"窗口即可。

STEP 09 打开"Internet Information Services(IIS)管理器"窗口

完成上述操作之后,选择"开始"→"管理工具"→"Internet Information Services(IIS)管理器"命令,打开"Internet Information Services(IIS)管理器"窗口,可以发现 IIS8.5 的界面和以前版本有了很大的区别,在起始页中显示的是 IIS 服务的连接任务,如图 7-7 所示。

STEP 10 测试 IIS 8.5 安装是否成功

安装完 IIS 8.5 后还要测试是否安装正常,若 IIS8.5 安装成功,在 IE 浏览器中输入服务器的 IP 地址即可出现如图 7-8 所示的 Web 测试页面,建议使用以下四种测试方法来进行测试。

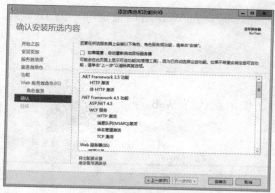

图 7-5 "确认安装所选内容"页面   图 7-6 安装成功提示

图 7-7 "Internet Information Services(IIS)管理器"窗口   图 7-8 Web 测试页面

（1）利用本地回送地址：在本地浏览器中输入"http://127.0.0.1"或"http://localhost"来测试链接网站。

（2）利用本地计算机名称：假设该服务器的计算机名称为 xintian，在本地浏览器中输入"http://xintian"来测试链接网站。

（3）利用 IP 地址：作为 Web 服务器的 IP 地址最好是静态的，假设该服务器的 IP 地址为 192.168.1.218，则可以通过"http://192.168.1.218"来测试链接网站。如果该 IP 是局域网内的，则位于局域网内的所有计算机都可以通过这种方法来访问这台 Web 服务器；如果是公网上的 IP，则 Internet 上的所有用户都可以访问。

（4）利用 DNS 域名：如果这台计算机上安装了 DNS 服务，网址为 www.xintian.edu，并将 DNS 域名与 IP 地址注册到 DNS 服务内，可通过 DNS 网址"http:// www.xintian.edu"来测试链接网站。

Web 服务器测试成功后，用户只要将已做好的网页文件放在 C:\Inetpub\wwwroot 文件夹中，并且将首页命名为 index.htm 或 index.html 即可，网络中的用户就可以访问该 Web 网站。

7.4.2 使用默认 Web 站点发布网站

在安装了 IIS8.5 的服务器上，系统会自动创建一个默认的名字为 Default Web Site 的 Web 站点。默认情况下，Web 站点会自动绑定计算机中的所有 IP 地址，端口默认为 80。如果一个计算机有多个 IP，那么客户机通过任何一个 IP 地址都可以访问该站点，但是一般情况下，一个站点只能对应一个 IP 地址，因此，需要为 Web 站点指定唯一的 IP 地址和端口。

任务案例　7-2

为新天教育培训集团准备 Web 页面文件，使用默认的 Web 站点为其指定唯一的 IP 地址和端口发布网站。

使用默认 Web 站点发布网站

【操作步骤】

STEP 01　为新天教育培训集团准备 Web 页面文件

将新天教育培训集团的 Web 页面文件复制到 "C:\Inetpub\wwwroot" 文件夹中，将主页文件的名称改为 default.htm。IIS 默认要打开的主页文件是 default.htm 或 default.asp，而不是一般常用的 index.htm，如图 7-9 所示。

STEP 02　打开 "Internet Information Services（IIS）管理器" 窗口

选择 "开始" → "管理工具" → "Internet Information Services（IIS）管理器" 命令，打开 "Internet Information Services（IIS）管理器" 窗口，依次展开服务器和 XINTIAN 节点，再展开 "网站" 节点，可以看到默认网站 Default Web Site，如图 7-10 所示。在右侧的 "操作" 栏中，可以对 Web 站点进行相关的操作。

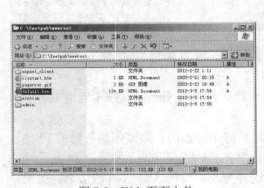

图 7-9　Web 页面文件

图 7-10　默认网站

STEP 03　配置 IP 地址和端口

单击 "操作" 栏中的 "绑定" 链接，打开如图 7-11 所示 "网站绑定" 对话框。可以看到 IP 地址下有一个 "*" 号，说明现在的 Web 站点绑定了本机所有的 IP 地址。单击 "添加" 按钮，打开 "添加网站绑定" 对话框，如图 7-12 所示。单击 "IP 地址" 下拉箭头，选择要绑定的 IP 地址（如 192.168.1.218）。这样，就可以通过这个 IP 地址访问 Web 网站。

STEP 04　配置网站主目录

主目录即网站的根目录，用来保存 Web 网站的相关资源，默认的 Web 主目录为 "%SystemDriver%:\Inetpub\wwwroot"，如果 Windows Server 2012 R2 安装在 C 盘，则路径为 "C:\Inetpub\wwwroot"。如果不想使用默认路径，可以更改网站的主目录。单击右侧 "操作" 栏中的 "基本设置" 链接，打开 "编辑网站" 对话框，如图 7-13 所示，单击右侧按钮即可更改网站的根目录，这里先保持默认目录。

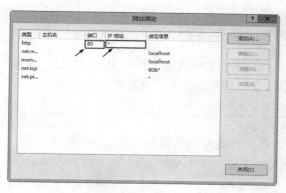

图 7-11 "网站绑定"对话框

图 7-12 "添加网站绑定"对话框

提示

一般情况下，为了减少黑客的攻击以及保证系统的稳定性和可靠性，建议选择其他文件夹存放 Web 网站。

STEP 05 配置默认主页文档

在"Internet Information Services（IIS）管理器"窗口中，拖动 Default Web Site 主页窗口中的滚动条，找到 IIS 区域，双击"默认文档"图标，打开"默认文档"页面，如图 7-14 所示。在此，选择门户网站的首页文档，将其移至第一行，如果找不到所需主页文档，单击右侧"添加"链接进行添加。

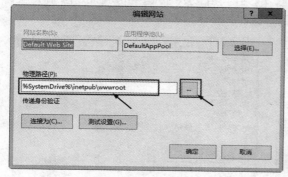

图 7-13 "编辑网站"对话框

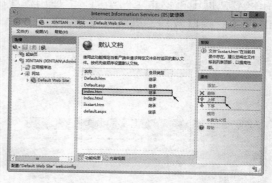

图 7-14 配置默认主页文档

每个网站都有主页，当在 Web 浏览器中输入该 Web 网站的地址时，将首先显示主页，默认调用网页文件依次为 default.htm、default.asp、index.htm、iisstart.asp、default.aspx 等，即为 Web 网站的主页。当然也可以有用户自定义默认网页文件。

STEP 06 在客户机进行测试

在本机或局域网中的任一台客户机上打开 IE 浏览器，在地址栏中输入 http://192.168.1.218 或 http://www.xintian.edu 后按 Enter 键，就可以访问默认网站了，如图 7-15 所示。

图 7-15 访问默认网站

7.4.3 建立一个新 Web 网站

前面介绍了直接利用 IIS8.5 自动建立的默认网站来作为新天教育培训集团的网站，这需要将网站内容放到其主目录或虚拟目录中。但为了保证网站的安全，最好重新建立一个网站。

任务案例 7-5

新天教育培训集团为了实现无纸化办公，需要构建一个新的办公网，办公网服务器的 IP 地址为 192.168.1.218，将事先准备好的网站主页文件 xintian.html 保存到 d:\xintain-www。

【操作步骤】

STEP 01 打开"Internet Information Services（IIS）管理器"窗口

选择"开始"→"管理工具"→"Internet Information Services（IIS）管理器"命令，打开"Internet Information Services（IIS）管理器"窗口，展开 xintian 节点，右击 Default Web Site 节点，在弹出的快捷菜单中选择"管理网站"→"停止"命令，将默认网站停止运行，如图 7-16 所示。

STEP 02 打开"添加网站"对话框

在"Internet Information Services（IIS）管理器"窗口中展开服务器节点，右击"网站"，在弹出的快捷菜单中选择"添加网站"命令，打开"添加网站"对话框，如图 7-17 所示。在该对话框中可以指定网站名称、应用程序池、网站内容目录、传递身份验证、网站类型、IP 地址、端口号、主机名以及是否启动网站等参数。

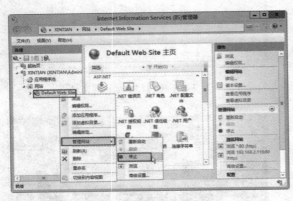

图 7-16 停止默认网站

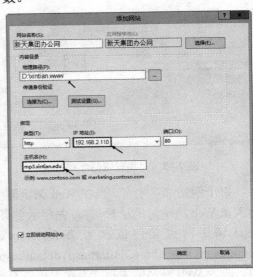

图 7-17 "添加网站"对话框

（1）在"网站名称"文本框中可以输入任何具有个性特色的网站描述名称，如新天集团办公网。

（2）在"物理路径"文本框中设置网站的存储文件夹，如 D:\xintain-www。

（3）在"类型"下拉列表框中选择 http；在"IP 地址"下拉列表框中选择服务器的 IP 地址，如 192.168.1.218；在"端口"文本框中输入 Web 服务器的默认端口 80。

（4）在"主机名"文本框中输入 DNS 的解析域名，如 www.xintian.edu。

以上所有信息输入完成后，单击"确定"按钮完成网站的创建。

STEP 03 打开"新天集团办公网 主页"窗口

选择新建的"新天集团办公网"，拖动"新天集团办公网 主页"右侧滚动条，在 IIS 选项中找到"默认文档"图标，如图 7-18 所示。

STEP 04 设置默认主页文档

双击"默认文档"图标，打开"默认文档"提示框，在右侧单击"添加"按钮，打开"添加默认文档"对话框，如图 7-19 所示。在"名称"文本框中输入主页文件名（xintian.html），单击"确定"按钮完成默认主页文档的设置。

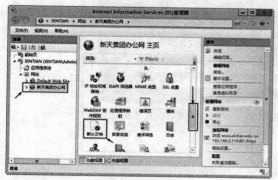 

图 7-18　"新天集团办公网 主页"窗口　　　　图 7-19　"添加默认文档"对话框

STEP 05 启用目录浏览功能

如果用户在"添加网站"对话框中更改了网页文件的存储路径，很可能会出现"HTTP 错误 403.14-Forbidden"，主要原因是 Web 服务器被配置为不列出此目录的内容，解决办法是在 IIS 配置时启用目录浏览功能。

打开"Internet Information Services（IIS）管理器"窗口，展开主机节点，在"功能视图"下，单击"目录浏览"链接，如图 7-20 所示。在右侧出现操作提示，单击"打开功能"，出现"目录浏览"页面，如图 7-21 所示。在右侧单击"启用"链接完成目录浏览功能的设置。

图 7-20　"目录浏览"链接　　　　图 7-21　"目录浏览"页面

STEP 06 测试新建网站"新天集团办公网"

将"新天集团办公网"所有文件保存到 D:\xintain-www，将主页文件改为 xintian.html，在局域网中的任一台计算机上打开 IE 浏览器，在地址栏中输入 http://192.168.1.218 或

http://www.xintian.edu 后按 Enter 键，就可以访问新建的网站了，如图 7-22 所示。

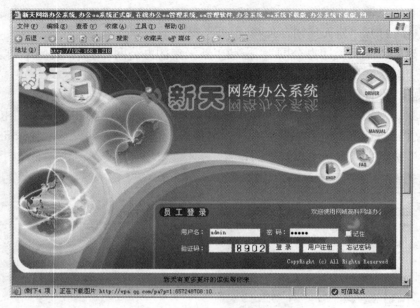

图 7-22　新天集团办公网

7.4.4　架设多个虚拟 Web 网站

1. 使用多个 IP 地址创建多个 Web 站点

Windows Server 2012 R2 系统支持在一台服务器上安装多块网卡，并且一块网卡还可以绑定多个 IP 地址。将这些 IP 地址分配给不同的虚拟网站，就可以达到一台服务器多个 IP 地址架设多个 Web 网站的目的。

—— 任务案例　7-1 ——

新天教育培训集团需要在同一台服务器中架设两个网站：www.xintian1.edu 和 www.xintian2.edu，对应的 IP 地址分别为 192.168.1.18 和 192.168.1.19，其主目录分别为 D:\xintian1 和 D:\xintian2，主页文件均是 index.asp。

【操作步骤】

STEP 01　打开"Internet 协议版本 4（TCP/IPv4）属性"对话框

选择"开始"→"控制面板"→"网络和共享中心"命令，打开"网络和共享中心"窗口，单击"Ethernet0"链接，弹出"Ethernet0 状态"对话框，单击"属性"按钮，弹出"Ethernet0 属性"对话框，选中"Internet 协议版本 4（TCP/IPv4）"，单击"属性"按钮，打开"Internet 协议版本 4（TCP/IPv4）属性"对话框，如图 7-23 所示。

STEP 02　在服务器网卡中添加两个 IP 地址

单击"高级"按钮，打开"高级 TCP/IP 设置"对话框，单击"添加"按钮。分别将 192.168.1.18 和 192.168.1.19 这两个 IP 地址添加到"IP 地址"列表框中，如图 7-24 所示。

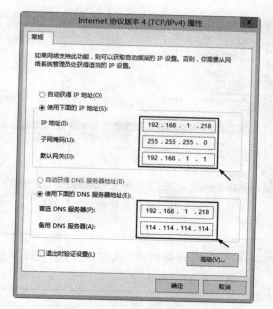

图 7-23　"Internet 协议版本 4（TCP/IPv4）属性"对话框

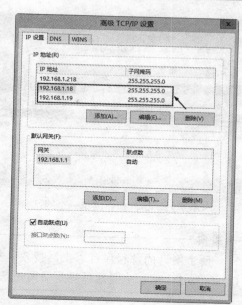

图 7-24　添加两个 IP 地址

STEP 03　在 DNS 控制台中新建两个域

参照【任务案例 6-2】和【任务案例 6-3】，新建两个域，域名称分别为 www.xintian1.edu 和 www.xintian2.edu，再参照【任务案例 6-4】创建相应主机记录和反向指针，对应的 IP 地址分别为 192.168.1.18 和 192.168.1.19，使不同 DNS 域名与相应的 IP 地址对应起来，如图 7-25 所示。这样，用户才能够使用不同的域名来访问不同的网站。

STEP 04　新建两个网站

参照【任务案例 7-3】新建两个网站。当出现的"IP 地址和端口设置"界面中的"网站 IP 地址"下拉列表时，分别为网站指定 IP 地址，如图 7-26 所示。

当这两个网站创建完成以后，再分别为不同的网站进行配置，如指定主目录、设定要发布的内容等。

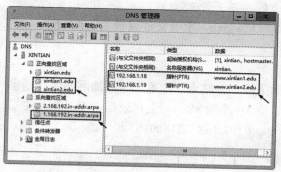

图 7-25　添加两个 DNS 域名

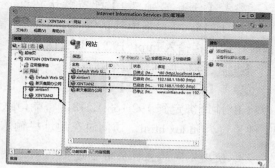

图 7-26　配置两个网站

STEP 05　测试两个网站

在本机或局域网中的任一台计算机上打开 IE 浏览器，在地址栏中输入 http://192.168.1.18 或 http://www.xintian1.edu 后按 Enter 键访问新建的第一个网站，如图 7-27 所示。再在地址栏中输入 http://192.168.1.19 或 http://www.xintian2.edu 后按 Enter 键访问新建的第二个网站，如图 7-28 所示。

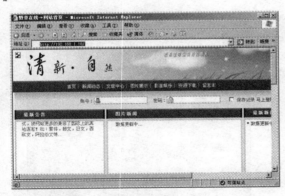
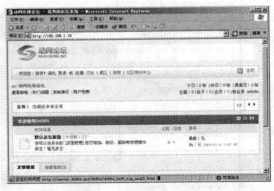

图 7-27 访问新建的第一个网站 　　　　图 7-28 访问新建的第二个网站

说明

　　两个网站的源程序可以上网搜索，第一个网站源程序是野草网站系统，把它解压到 D:\xintian1；第二个网站源码是动网论坛，把它解压到 D:\xintian2。

　　2. 使用同一个 IP 创建多个站点

　　当计算机只有一个 IP 地址时，可以使用不同的端口号来创建多个网站。Web 服务器默认的标准 TCP 端口为 80，用户访问是不需要输入的。如果使用非标准 TCP 端口号来标识网站，则在输入网址时必须加上端口号。

—— 任务案例 *7-5*

　　新天教育培训集团网络培训部想在只有一个 IP 地址 192.168.1.218 的服务器中架设两个 Web 网站，其主目录分别为 D:\wlpxb 和 D:\bbs，主页文件均是 index.html。

【操作步骤】

STEP 01 配置第一个站点

　　参考【任务案例 7-2】配置默认站点，也就是第一个站点。注意将 IP 地址绑定到 192.168.1.218，端口采用默认值 80，主目录指向 D:\wlpxb，主页文件设置为 index.html，访问时在地址栏输入 http://192.168.1.218 即可。

STEP 02 配置第二个站点

　　参考【任务案例 7-3】新建一个站点，也就是第二个站点。注意在"添加网站"对话框中将 IP 地址绑定到 192.168.1.218，将端口默认值 80 改为 8080，主目录指向 D:\bbs，主页文件设置为 index.html，访问时在地址栏输入 http://192.168.1.218:8080 即可。

　　3. 使用不同的主机头名创建多个 Web 网站

　　主机头（又称为域名或主机名）允许在 Web 服务器上将多个站点分配给一个 IP 地址。在为 IP 地址配置一个或多个主机头后，必须在适当的名称解析系统中进行注册。如果计算机在 Intranet 中，请在 Intranet 的名称解析系统中注册主机头名称；如果计算机在 Internet 中，请向 InterNic 管理的域名系统（DNS）注册主机头名称。

任务案例 7-6

新天教育培训集团的 Web 服务器只有一个 IP 地址 192.168.1.218，现在使用主机头建立两个 Web 网站，分别是 mp3.xintian.edu 和 news.xintian.edu。

【操作步骤】

STEP 01 在 DNS 服务器中新建 MP3 和 news 两个主机

为了让用户能够通过 Intranet 找到 mp3.xintian.edu 和 news.xintian.edu 网站的 IP 地址，需将其 IP 地址注册到 DNS 服务器。选择"开始"→"管理工具"→"DNS"命令，打开"DNS 管理器"窗口，在 xintian.edu 域中新建两个主机，分别为 MP3 和 news，IP 地址均为 192.168.1.218，如图 7-29 所示。

STEP 02 在 WWW 服务器中设置 mp3.xintian.edu

选择"开始"→"管理工具"→"Internet Information Services（IIS）管理器"命令，打开"Internet Information Services（IIS）管理器"窗口，在"连接"窗格中选择"网站"节点，在"操作"窗格中单击"添加网站"链接，打开"添加网站"对话框，在"网站名称"文本框中输入"新天 MP3"，"物理路径"文本框中选择 D:\xintian\MP3，"IP 地址"下拉列表中选择"192.168.1.218"，"主机名"文本框输入 mp3.xintian.edu，如图 7-30 所示。

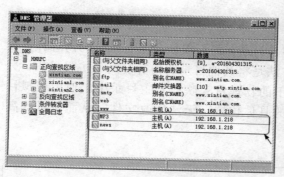

图 7-29 新建 MP3 和 news 主机

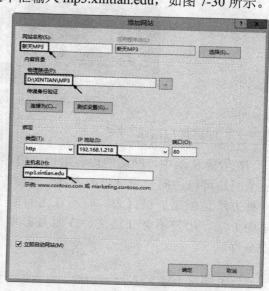

图 7-30 设置 mp3.xintian.edu

STEP 03 在 WWW 服务器中设置 news.xintian.edu

重复步骤 STEP 02，打开"添加网站"对话框，在"网站名称"文本框中输入"新天 news"，"物理路径"文本框中选择 D:\xintian\news，"IP 地址"下拉列表中选择 192.168.1.218，"主机名"文本框输入 news.xintian.edu。

STEP 04 在 IE 浏览器中进行测试

通过上述方法，就可以实现一个 IP 地址对应两个网站，在 IE 浏览器地址栏中分别输入 mp3.xintian.edu 和 news.xintian.edu，可以访问在同一个服务器上的两个不同的网站，如图 7-31 和图 7-32 所示。

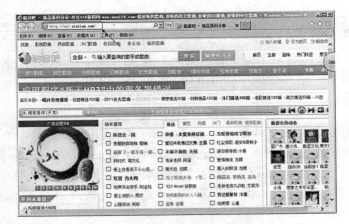

图 7-31　mp3.xintian.edu 主页

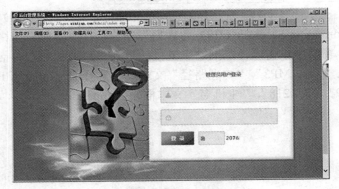

图 7-32　news.xintian.edu 管理页面

7.4.5　创建虚拟目录

在实际使用中，网站的内容可能来自多个目录，而不仅仅是主目录中的内容。要让一个网站可以访问多个目录的内容，一种方法是将其他目录的内容复制到主目录中，另一种方法是创建虚拟目录，将不在主目录下的物理目录映射到主目录中。使用虚拟目录的方法，用户不会知道文件在服务器中的具体位置，无法修改文件，从而可以提高安全性。

─ 任务案例　7-7 ─

新天教育培训集团想在 IP 地址 192.168.1.18 的 Web 服务器上架设虚拟目录 XTXN，保证用户可以访问 D:\xintian_www 目录。

【操作步骤】

STEP 01　选择"添加虚拟目录"命令

选择"开始"→"管理工具"→"Internet Information Services（IIS）管理器"命令，打开"Internet Information Services（IIS）管理器"窗口，展开网站节点，选择要添加虚拟目录的 Web 站点（如新天集团办公网），右击该站点名称，在弹出的快捷菜单中选择"添加虚拟目录"命令，如图 7-33 所示。

STEP 02　打开"添加虚拟目录"对话框

　　打开"添加虚拟目录"对话框，在"别名"文本框中输入别名（如 XTXN ），别名用于浏览者访问，尽量简单明了。在"物理路径"文本框中输入真实的物理路径（如 D:\xintian_www，也可以是网络中其他计算机的物理路径），或使用"浏览"按钮进行选择，如图 7-34 所示。

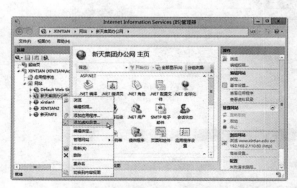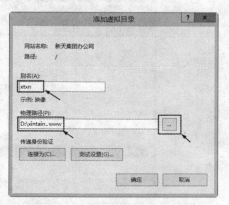

图 7-33　"添加虚拟目录"命令　　　　　　　　图 7-34　"添加虚拟目录"对话框

STEP 03　查看新建虚拟目录 XTXN

　　单击"确定"按钮，返回"Internet Information Services（IIS）管理器"窗口，在"连接"窗格中，可以看到"新天集团办公网"站点下新建立的虚拟目录 XTXN 的主页，如图 7-35 所示。

> **提 示**
>
> 　　虚拟目录和主网站一样，可以在管理主页中进行各种管理和配置，可以和主网站一样配置主目录、默认文档、MIME 类型及身份验证等。并且操作方法和主网站的操作完全一样。唯一不同的是，不能为虚拟目录指定 IP 地址、端口和 ISAPI 筛选。

STEP 04　打开"高级设置"对话框

　　在"操作"窗格中，单击"管理虚拟目录"下的"高级设置"链接，打开"高级设置"对话框，可以对虚拟目录的相关设置进行修改，如图 7-36 所示。

图 7-35　新建虚拟目录 XTXN　　　　　　　　图 7-36　"高级设置"对话框

STEP 05 测试虚拟目录

通过上述方法，就可以实现一个网站访问多个目录的目的，保证真实目录的安全性。在 IE 浏览器中地址栏分别输入 http://192.168.1.18/XTXN 就可以打开另一目录中的网页，如图 7-37 所示。

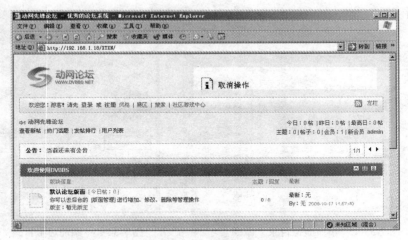

图 7-37　测试虚拟目录

7.4.6　Web 网站的安全管理

通过使用 IIS 建立好网站后，新天教育培训集团的 Web 服务器的架设任务基本完成，即能实现网站的基本浏览，但是为了避免网站面临的安全挑战，还要对网站的安全性进行相关设置，以此降低或消除来自怀有恶意的个人、意外获准访问限制信息、无意中更改重要文件的用户的安全威胁等。

任务案例 7-8

为保证新天教育培训集团的 Web 服务器能安全可靠地运行，请在网站中启用与停用动态属性、使用各种验证用户身份的方法、IP 地址和域名访问限制的方法。

【操作步骤】

STEP 01 启动和停用动态属性

安装完 IIS8.5 后，Web 服务器被配置成只支持静态内容（包括 HTML 和图像文件），可以自行启动 Active Server Pages、ASP.NET 等服务，以便让 IIS 支持动态网页。

（1）选择"开始"→"管理工具"→"Internet Information Services（IIS）管理器"命令，打开"Internet Information Services（IIS）管理器"窗口，选择 XINTIAN 主机节点，拖动"功能视图"右侧滚动条，找到"ISAPI 和 CGI 限制"图标，如图 7-38 所示。

（2）双击该图标可查看原有的设置，如图 7-39 所示。选中要启动或停止的动态属性服务，右击，在弹出的快捷菜单中选择"允许"或"拒绝"命令，也可以直接单击"允许"或"拒绝"按钮。

STEP 02 验证用户的身份

在许多网站中，大部分 WWW 访问都是匿名的，客户机请求时不需要使用用户名和密码，只有这样才可以使所有用户都能访问该网站。但对访问有特殊要求或者安全性要求较高的网站，则需要对用户进行身份验证。利用身份验证机制，可以确定哪些用户可以访问 Web 应用程序，从而为这些用户提供对 Web 网站的访问权限。一般的身份验证请求需要输入用户名和密码来完成验证，此外也可以使用诸如访问令牌等进行身份验证。

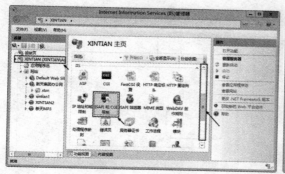
图 7-38 选择 "ISAPI 和 CGI 限制" 图标

图 7-39 启动或停止动态属性服务

IIS8.5 提供匿名身份验证、基本身份验证、摘要式身份验证、ASP.NET 模拟身份验证、Forms 身份验证、Windows 身份验证以及 AD 客户证书身份验证等多种身份验证方法。

（1）选择 "开始" → "管理工具" → "Internet Information Services（IIS）管理器" 命令，打开 "Internet Information Services（IIS）管理器" 窗口，选择 XINTIAN 主机节点，拖动 "功能视图" 右侧滚动条，找到 "身份验证" 图标，如图 7-40 所示。

（2）双击并查看其设置，如图 7-41 所示。选中要启用或禁用的身份验证方式，右击，在弹出的快捷菜单中选择 "启用" 或 "禁用" 命令，也可以直接单击 "启用" 或 "禁用" 按钮。

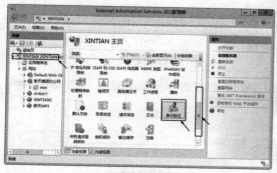
图 7-40 选择 "身份验证" 图标

图 7-41 设置身份验证

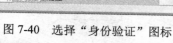
限制带宽使用和限制连接数

配置的 Web 服务器是要供用户访问的，因此，不管使用的网络带宽有多充裕，都有可能因为同时连接的计算机数量过多而使服务器死机。所以有时候需要对网站进行一定的限制。

（1）选择 "开始" → "管理工具" → "Internet Information Services（IIS）管理器" 命令，打开 "Internet Information Services（IIS）管理器" 窗口，展开网站节点，选中 "新天集团办公网" 站点，单击右侧 "操作" 栏中下方的 "限制" 超链接，如图 7-42 所示。

（2）打开"编辑网站限制"对话框，如图 7-43 所示。此时选中"限制带宽使用"复选框，在文本框中输入允许使用的最大带宽值。在控制 Web 服务器向用户开放的网络带宽值的同时，也可能降低服务器的响应速度。选中"限制连接数"复选框，在文本框中输入限制同时访问网站的最大连接数。

图 7-42 "新天集团办公网 主页"窗口

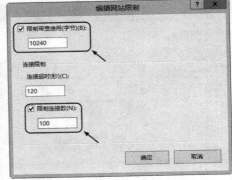

图 7-43 带宽限制和连接数限制

STEP 04 配置 IP 地址和域名访问限制

有些 Web 网站由于其使用范围的限制，或者其私密性的限制，可能需要只向特定用户公开，而不是向所有用户公开。此时就需要添加允许访问的 IP 地址（段），或者拒绝访问的 IP 地址（段）。需要注意的是，要使用"IP 地址限制"功能，必须安装 IIS 服务的"IP和域限制"组件。

（1）选择"开始"→"管理工具"→"服务器管理器"命令，打开"服务器管理器"窗口，在"仪表板"中找到 IIS，拖动右侧滚动条至下方，找到"角色和功能"，如图 7-44所示。

（2）选择"任务"列表框中的"添加角色和功能"命令，打开"添加角色和功能向导"，连续单击"下一步"按钮，直至打开"选择服务器角色"页面，选中"IP 和域限制角色"，如图 7-45 所示。单击"下一步"按钮，再单击"安装"按钮进行安装。

图 7-44 "服务器管理器"窗口

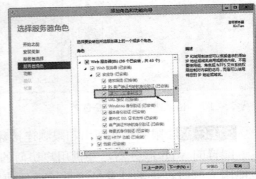

图 7-45 添加"IP 和域限制角色"

（3）安装完成后单击"关闭"按钮，返回"Internet Information Services（IIS）管理器"窗口，选择 Web 站点，双击"IP 地址和域限制"图标，打开"IP 地址和域限制"窗口。

（4）单击右侧"操作"栏中的"编辑功能设置"链接，打开如图 7-46 所示的"编辑 IP

和域限制设置"对话框。在下拉列表中选择"拒绝"选项，此时所有的 IP 地址都无法访问站点，如果访问，将会出现"403.6"的错误信息。

（5）设置允许访问的 IP 地址：在右侧"操作"栏中，单击"添加允许条目"链接，打开"添加允许限制规则"对话框。如果要添加允许某个 IP 地址访问，可选中"特定 IPv4 地址"单选按钮，输入允许访问的 IP 地址。这里选中"IP 地址范围"单选按钮，并输入 IP 地址及子网掩码或前缀，如图 7-47 所示。

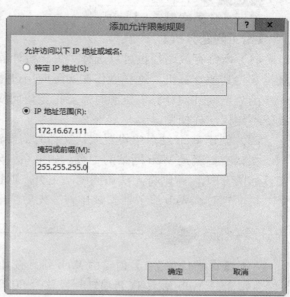

图 7-46　"编辑 IP 和域限制设置"对话框　　　　图 7-47　允许访问的 IP 地址范围

（6）设置拒绝访问的计算机："拒绝访问"和"允许访问"正好相反。"拒绝访问"将拒绝一个特定 IP 地址或者拒绝一个 IP 地址段访问 Web 站点。例如，Web 站点对于一般的 IP 地址都可以访问，只是针对某些 IP 地址或 IP 地址段不开放，就可以使用该功能。

7.5　拓展训练

7.5.1　课堂训练

新天教育培训集团需要在 Web 服务器（IP 地址为 192.168.0.8）上搭建一个论坛（可上网下载免费的动网论坛）来实现与广大用户的在线交流，请参照任务案例的步骤完成课堂任务。

课堂任务　7-1

要求 Web 服务器能满足 1000 人同时访问，且服务器中有一个重要目录/security，里面的内容只有 xintian.edu 这个域的成员可以访问，其他用户拒绝访问，主页文件为 index.php。

【训练步骤】

STEP 01 安装 IIS

参考【任务案例 7-1】完成。

STEP 02 配置与管理网站

参考【任务案例 7-3】完成。

STEP 03 设置网站安全

参考【任务案例 7-8】完成。

【常见问题分析】

（1）网络存放路径也可以选择"另一台计算机上的共享"或"重定向到 URL"将主目录指定为其他计算机，这样操作在实际应用过程中会有什么影响？

因为访问其他计算机资源时需要指定访问权限，从而导致 Web 访问的复杂性，一般情况下不建议这样使用。

（2）创建 Web 站点中设置默认文档时需要注意哪些问题？

默认文档就是 Web 网站的主页。如果系统未设置默认文档，访问网站时必须指定主页文件名的 URL，否则将无法访问网站主页。默认文档可以是一个，也可以是多个，当有多个默认文档时，Web 服务器安装排列按先后顺序依次调用文档。

课堂任务

对【课堂任务 7-1】创建的 Web 站点按如下要求进行配置，并在客户机进行测试。

（1）将 Web 站点 TCP 端口号修改为 8080。

（2）将最大连接数设置为 500。

（3）添加一个用户账户为 luckxie 的 Web 站点操作员。

（4）启用带宽限制，设置该 Web 站点的网络带宽限制为 1024kb/s。

（5）启用进程限制，最大为 CPU 使用程度为 15%。

（6）将主目录的路径修改为 E:\TEST。

（7）将站点的默认文档修改为 index.asp。

（8）将验证用户身份的方法设置为匿名访问和集成 Windows 验证。

（9）限制网络地址为 192.167.2.0、子网掩码为 255.255.255.0 的所有计算机访问站点。

【训练步骤】

请参考【任务案例 7-2】和【任务案例 7-8】进行操作。

课堂任务

在 Windows Server 2012 R2 的 Internet 信息服务管理中搭建 ASP 和 PHP 动态网站技术环境。

IIS8.5 默认安装只支持静态页面，对于动态网站，如基于 ASP 或 ASP.NET 的页面内容将不能正常显示。要支持动态网站，就需要在 IIS 中搭建动态网站环境。在 IIS 中可以配置多种动态网站技术环境，如 ASP、JSP、PHP 等。

【训练步骤】

STEP 01　搭建 ASP 环境

Active Server Pages（ASP）是微软提供的动态网站技术，可以用来创建和运行动态交互式网页。要搭建 ASP 运行环境，首先要确保安装了 ASP 组件。

（1）选择"开始"→"管理工具"→"服务器管理器"命令，打开"服务器管理器"窗口，在"仪表板"中找到 IIS，单击 IIS 节点，在右侧"任务"列表框中选择"添加角色和功能"命令，进入"添加角色和功能向导"对话框，连续单击"下一步"按钮，直至打开"选择服务器角色"页面，依次展开"Web 服务器（IIS）"→"Web 服务器"→"应用程序开发"，选中 ASP.NET 3.5、ASP.NET4.5 和 ASP 等复选框，如图 7-48 所示。单击"下一步"按钮完成安装。

（2）打开"Internet Information Services（IIS）管理器"窗口，选择 Web 站点，在主页窗口中双击 ASP 图标，打开如图 7-49 所示窗口，可以设置 ASP 属性，包括编译、服务和行为等设置。此处需要将"启用父路径"的属性设置为 True，单击"应用"按钮。

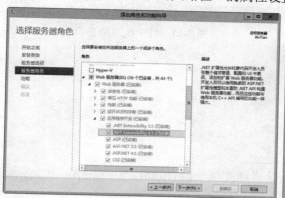

图 7-48　设置 ASP 和 ASP.NET

图 7-49　将"启用父路径"的属性设置为 True

需要说明的是，在 64 位的 Windows Server 2012 R2 系统中没有 Jet 4.0 驱动程序，而 IIS7 应用程序池默认没有启用 32 位程序，所以需要在 IIS7 中启用 32 位程序。

设置方法如下：在 IIS 管理器中，选中"应用程序池"，单击右侧操作栏的"设置应用程序池默认设置"，将"启用 32 位应用程序"设置为 True 即可。

STEP 02　搭建 PHP 环境

PHP 也是一种编程语言，可以方便快捷地编写出功能强大、运行速度快，并可以运行于 Windows、UNIX、Linux 操作系统的 Web 应用程序。PHP 编写的 Web 应用程序一般采用 Apache 服务器，IIS 安装相应的 PHP 程序后也可以支持 PHP。

（1）从官方网站（http://windows.php.net/download/）下载，下载完成后双击安装程序进行安装。安装过程中出现如图 7-50 所示的 Web Server Setup 页面时，选中 IISFastCGI 单选按钮，其他过程选择默认选项即可。

（2）安装完成后，打开 IIS，选择默认网站，双击"处理应用程序映射"图标，会看到一个名为 Php_via_FastCGI 的程序映射名称，该映射说明对于*.php 的应用程序，都将使用 FastCgiMoudle 处理程序来处理。至此，PHP 环境已经搭建完毕。

（3）在默认网站下添加一个 Index.php 的测试页面，键入内容为：

```
<?php phpinfo();?>
```
保存并退出。

在浏览器中输入 http://localhost/index.php，如果配置正确的话，将会出现如图 7-51 所示的 PHP 配置信息。否则，说明 PHP 配置不成功，需要检查并重新设置。

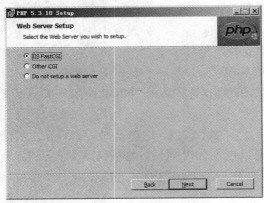

图 7-50 "Web Server Setup"页面   图 7-51 PHP 配置信息

7.5.2 课外拓展

一、知识拓展

【拓展 7-1】填空题。

1. IIS 的默认站点所对应的物理路径是_____。

2. 当启用 Web 服务扩展功能时，Web 默认启动文档一般有 htm、_____和_____三种文档格式。

3. IIS 是_____的缩写，是微软公司主推的服务器。它提供了可用于_____、_____或_____上的集成 Web 服务器能力，这种服务器具有可靠性、可伸缩性、安全性以及可管理性的特点。

4. 在默认情况下，所有计算机都将被_____访问 Web 站点。

5. URL 的完整格式由_____等几个基本部分组成的。

6. 在一台 Web 服务器上可以创建多个网站，各站点独立运行，互不干扰，这些 Web 站点就是所谓的_____。

【拓展 7-2】选择题。

1. 在 Windows Server 2012 R2 系统中利用 IIS 搭建了 Web 服务，在默认站点下创建了一个虚拟目录 Products，经测试可以成功访问其中的内容。由于业务需要，现在将虚拟目录中的内容移动到了另一个分区中，管理员通过（   ）能让用户继续用原来的方法访问其中的内容。

　　　　A. 对虚拟目录进行重新命名　　　　B. 修改虚拟目录的路径
　　　　C. 更改 TCP 端口号　　　　　　　　D. 无须任何操作

2. 某公司的一台 Windows Server 2012 R2 服务器只有一块网卡，并且设置为自动获得 IP 地址，管理员想在该服务器上运行多个 Web 站点，可以使用以下（   ）方式。（选择两项）

　　A. 相同 IP，不同端口　　　　　　　　B. 不同 IP 地址
　　C. 不同 IP，不同端口　　　　　　　　D. 相同 IP，相同端口，不同的主机头
　3. Windows Server 2012 R2 的 IIS 服务器中可以创建多个 Web 站点，为了让这些 Web 站点能够同时启动并且正常工作，在它们的参数配置中，（　　）一定不能相同。
　　A. 主目录路径　　　　　　　　　　　B. IP 地址
　　C. IP 地址+TCP 端 EI　　　　　　　D. IP 地址+TCP 端口+主机头
　4. 某公司的网络中有一台 IIS 服务器，公司利用该服务器同时向互联网发布了多个 Web 站点，不能通过（　　）方法区分同一台服务器上的不同站点。
　　A. 不同的站点使用不同的 IP 地址
　　B. 不同的站点使用相同的 IP 地址、不同的 TCP 端口
　　C. 不同的站点使用相同的 IP 地址、不同的 UDP 端口
　　D. 不同的站点使用相同的 IP 地址与 TCP 端口、不同的主机头名称
　5. 关于 Internet 中的 WWW 服务，以下说法错误的是（　　）。
　　A. WWW 服务器中存储的通常是符合 HTML 规范的结构化文档
　　B. WWW 服务器必须具有创建和编辑 Web 页面的功能
　　C. WWW 客户机程序也被称为 WWW 浏览器
　　D. WWW 服务器也被称为 Web 站点
　6. 创建虚拟目录的用途是（　　）。
　　A. 一个模拟主目录的假文件夹
　　B. 以一个假的目录来避免染毒
　　C. 以一个固定的别名来指向实际的路径，这样，当主目录变动时，相对用户而言是不变的
　　D. 以上皆非

二、技能拓展

【拓展 7-3】假如你是某学校的网络管理员，学校的域名为 www.king.com，学校计划为每位教师开通个人主页，为教师与学生之间建立沟通的平台。学校为每位教师开通个人主页服务后能实现如下功能。
　1. 网页文件上传完成后，立即自动发布，URL 为 http://www.king.com/~用户名。
　2. 在 Web 服务器中建立一个名为 private 的虚拟目录，对应的物理路径是/data/private。并配置 Web 服务器对该虚拟目录启用用户认证，只允许 kingma 用户访问。
　3. 在 Web 服务器中建立一个名为 test 的虚拟目录，其对应的物理路径是/dir1/test，并配置 Web 服务器仅允许来自网络 sample.com 域和 192.168.1.0/24 网段的客户机访问该虚拟目录。
　4. 使用 192.168.1.2 和 192.168.1.3 两个 IP 地址，创建基于 IP 地址的虚拟主机。其中 IP 地址为 192.168.1.2 的虚拟主机对应的主目录为/var/www/ex2，IP 地址为 192.168.1.3 的虚拟主机对应的主目录为/var/www/ex3。
　5. 创建基于 www.xsx.com 和 www.king.com 两个域名的虚拟主机，域名为 www.xsx.com 的虚拟主机对应的主目录为/var/www/xsx，域名为 www.king.com 的虚拟主机对应的主目录

为/var/www/king。

【拓展 7-4】采用 Apache 构建 Web 服务器。

Apache 是现在最流行的 Web 服务器软件之一，快速、可靠，可通过简单的 API 扩展。Perl/Python 解释器可被编译到服务器中，完全免费，完全源代码开放，并且还具有较高的安全性能。如果需要创建一个每天有数百万人访问的 Web 服务器，Apache 可能是最佳选择，具体任务如下。

1. 上网下载并安装 Apache 服务器软件。
2. 对 Apache 服务器进行基本配置。
3. 设置 Apache 服务器的虚拟目录。
4. 在 Apache 服务器中配置虚拟主机。
5. 在客户机进行测试。

7.6　总结提高

本项目首先介绍了 Web 服务的工作原理，工作流程和 IIS 组件的安装方法，以及 Web 服务器的配置与管理方法，然后着重训练了基于虚拟主机和基于虚拟目录的 Web 服务器的配置技能，最后训练了读者解决故障的能力等。

Web 服务是目前应用最为广泛的网络服务之一，它的功能非常强大，随着读者学习的深入和对 Web 应用的熟练，更能体会到这一点。完成本项目后，认真填写学习情况考核登记表（表 7-1），并及时予以反馈。

表 7-1　学习情况考核登记表

序号	知识与技能	重要性	自我评价					小组评价					老师评价				
			A	B	C	D	E	A	B	C	D	E	A	B	C	D	E
1	会安装 IIS 组件	★★★															
2	会使用默认网站配置 Web 服务器	★★★☆															
3	会新建 Web 网站并进行相关配置	★★★★☆															
4	会配置与管理虚拟主机	★★★★															
5	会配置与管理虚拟目录	★★★★★															
6	会设置网站安全	★★★★★															
7	会进行网站测试	★★★★															
8	能完成课堂训练	★★★☆															

说明：评价等级分为 A、B、C、D、E 五等，其中，对知识与技能掌握很好，能够熟练地完成 Web 服务器的配置与管理为 A 等；掌握了 75%以上的内容，能较为顺利地完成任务为 B 等；掌握 60%以上的内容为 C 等；基本掌握为 D 等；大部分内容不够清楚为 E 等。

項目 8

配置与管理 FTP 服务器

学习指导

教学目标 ☞

知识目标
了解 FTP 的工作原理与特点
掌握 IIS 组件的安装方法
掌握虚拟目录的创建方法
掌握利用 IIS 配置与管理 FTP 服务器的方法
掌握 FTP 客户机的配置方法

技能目标
会安装 FTP 服务组件
能够利用 IIS 配置与管理 FTP 服务器
能够创建虚拟目录
能够建立多个 FTP 站点
能够配置 FTP 客户机，并对 FTP 服务器进行测试
能够解决 FTP 配置中出现的问题

态度目标 ☞

培养认真细致的工作态度和工作作风
养成刻苦、勤奋、好问、独立思考和细心检查的学习习惯
能与组员精诚合作，正确面对他人的成功或失败
具有一定的自学能力，分析、解决问题能力和创新能力

建议课时 ☞

教学课时：理论 2 课时+教学示范 2 课时
拓展训练课时：课堂模拟 2 课时+课堂训练 2 课时

Windows Server 2012 R2 家族的 IIS 可在 Internet、Intranet、Extranet 上提供可靠、可伸缩和易管理的集成化 Web 服务器功能，各种规模的组织机构都可以使用 IIS 在 Internet 或 Intranet 上托管和管理 Web 站点及 FTP 站点，或者使用 NNTP 和 SMTP 传送新闻或邮件。

本项目详细介绍 FTP 服务的基本概念、工作原理、安装及配置与管理 FTP 服务器的具体方法。通过任务案例引导读者利用 IIS 配置与管理 FTP 服务器，具体训练读者对 FTP 服务器的配置与管理，对客户机的配置，以及对 FTP 服务器的简单故障的判断和处理的能力。

■8.1 情境描述

用 FTP 实现文件跨网络传送

在新天教育培训集团的网络建设项目中，唐宇负责技术开发和服务器的配置与管理，已经初步完成了网络操作系统的安装、DNS 服务器的配置和 WWW 服务器的配置等，在整个过程中，唐宇认真负责、刻苦钻研，解决了一个又一个难题。

接下来的工作是解决项目方案中的以下几个问题，新天教育培训集团曾提出将公司的培训方案、培训课件和教学资料提供给员工使用；人力资源部等相关部门可以发布招聘信息和各种个人登记表；销售部等部门的员工可以在家里通过网络下载有关的开发工具和统计报表，并能将自己设计好的图纸和填写的有关报表及时地反馈给部门领导，公司架设了 Web 网站，需要解决网站上的资源和信息更新等问题。

此时，唐宇在服务器中应该进行哪些配置才能为新天教育培训集团解决上述问题呢？

唐宇凭借所学的知识经过分析，认为要满足以上要求需要配置 FTP 服务，不能采用共享服务，因为共享服务只能在局域网使用，也不能使用邮件服务器，因为邮件服务器的附件是有限制的。要配置 FTP 服务，首先应根据网络拓扑和网络规模合理规划服务器，并选择合适的服务器程序，Windows Server 2012 R2 中的 FTP 服务器程序是 IIS。

8.2 任务分析

1. FTP 简介

FTP（file transfer protocol，文件传输协议）是目前 Internet 上最流行的数据传输方法之一。利用 FTP 协议，可以在 FTP 服务器和客户机之间进行双向数据传输，既可以把数据从 FTP 服务器上下载到本地客户机，又可以从客户机上传数据到远程 FTP 服务器。FTP 最初与 WWW 服务和邮件服务一起被列为 Internet 的三大应用，可见其在网络应用中的地位举足轻重。

2. FTP 服务的功能和作用

互联网上除了有丰富的网页供用户浏览外，还有大量的共享软件、免费程序、学术文献、影视文件、图片、文档资料、动画等多种不同功能、不同展现形式、不同格式的共享资源供用户使用。

FTP 的主要作用就是让用户连接上一台远程服务器，将远程服务器上的共享资源下载到本地机的磁盘中，也可以将本机上的资源上传到远程服务器上。FTP 服务具有文件共享，访问远程文件，可靠、有效地传送数据等功能。

3. 常用的 FTP 客户机和服务器应用程序

FTP 客户机和服务器应用程序很多，常用的应用程序如表 8-1 所示。

表 8-1　常用的 FTP 客户机和服务器的应用程序

	Linux 环境	Windows 环境
FTP 服务器	VSFTPD	IIS
	ProFTPD	Serv-U
	Wu-FTPD	
FTP 客户机	ftp/ncftp/lftp 命令行工具	ftp 命令行工具
	gFTP	CuteFTPpro
	浏览器 Firefox	浏览器 IE

4. FTP 服务器搭建的流程

构建 FTP 服务器的流程与构建其他服务器的流程较为类似，具体过程如下。

（1）构建 FTP 网络环境，初始配置时服务器和客户机最好处于同一局域网。

（2）设置 FTP 服务器的静态 IP 地址，检查网络地址配置信息是否生效。

（3）关闭防火墙或在防火墙中信任 FTP 服务。

（4）安装 IIS 组件。

（5）基于 IIS FTP 站点的配置与管理。

（6）FTP 服务器的安全管理。

（7）在客户机进行测试，保证客户机能成功下载和上传文件。

5. 本项目的具体任务

本项目主要完成以下任务：安装 FTP 组件、使用 IIS 构建 FTP 服务器、创建虚拟主机、创建虚拟目录、配置 FTP 服务器的安全选项、配置 FTP 客户机。

8.3　知识储备

8.3.1　FTP 概述

在众多网络应用中，FTP 有着非常重要的地位，Internet 中的共享资源大多存放在 FTP 服务器中。与大多数 Internet 服务一样，FTP 也是一个客户机/服务器系统。用户可通过一个支持 FTP 协议的客户机程序连接主机上的 FTP 服务器程序，通过客户机程序向服务器程序发出命令，服务器程序执行用户发出的命令，并将执行结果返回给客户机。

提供 FTP 服务的计算机称为 FTP 服务器，用户的本地计算机称为客户机。FTP 的基本工作过程如图 8-1 所示。

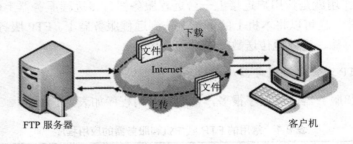

图 8-1　FTP 的基本工作过程

FTP 是一种实时的联机服务，用户在访问 FTP 服务器之前必须进行登录，登录时要求用户给出其在 FTP 服务器上的合法账号和密码。只有成功登录的用户才能访问 FTP 服务器，并对授权的文件进行查阅和传输。FTP 的这种工作方式限制了 Internet 上一些公用文件及资源的发布。为此，多数 FTP 服务器都提供一种匿名 FTP 服务。

8.3.2　FTP 的工作原理

FTP 协议定义了一个在远程计算机系统和本地计算机系统之间传输文件的标准。FTP 运行在 OSI 模型的应用层，并利用传输控制协议 TCP 在不同的主机间提供可靠的数据传输。FTP 在文件传输中还支持断点续传功能，可以大幅度减少 CPU 和网络带宽的开销。

FTP 使用两个 TCP 连接，一个 TCP 连接用于控制信息（端口 21），另一个 TCP 连接用于实际的数据传输。客户机调用 FTP 命令后，便与服务器建立连接，这个连接被称为控制连接，又称为协议解析器（PI），主要用于传输客户机的请求命令以及远程服务器的应答信息。一旦控制连接建立成功，双方便进入交互式会话状态，互相协调完成文件传输工作。另一个连接是数据连接，当客户机向远程服务器提出一个 FTP 请求时，临时在客户机和服务器之间建立一个连接，主要用于数据的传送，因而又称作数据传输过程（DTP）。FTP 服务的具体工作过程如图 8-2 所示。

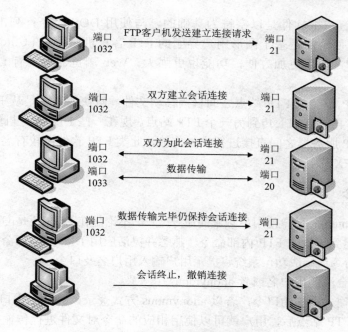

图 8-2　FTP 服务的具体工作过程

（1）当 FTP 客户机发出请求时，系统将动态分配一个端口（如 1032）。

（2）若 FTP 服务器在端口 21 侦听到该请求，则在 FTP 客户机的端口 1032 和 FTP 服务器的端口 21 之间建立起一个 FTP 会话连接。

（3）当需要传输数据时，FTP 客户机再动态打开一个连接到 FTP 服务器的端口 20 的第 2 个端口（如 1033），这样就可在这两个端口之间进行数据的传输。当数据传输完毕后，这两个端口会自动关闭。

（4）当 FTP 客户机断开与 FTP 服务器的连接时，客户机上动态分配的端口将自动释放。

8.3.3　FTP 解决方案

FTP 软件工作效率很高，在文件传输过程中不进行复杂的转换，因而传输速度很快，而且功能集中，易于使用。现在的 FTP 软件在安全方面大大改进了，一些 FTP 服务器软件具有配套的 FTP 客户软件，如 Serv-U。

1. FTP 服务器软件

目前有许多 FTP 服务器软件可供选择。FTP 服务器软件都比较小，共享软件和免费软件较多。

Serv-U 是一种广泛使用的 FTP 服务器软件；BulletProof FTP Server 是新一代的 FTP 服务器软件，上传和下载都可续传；ArGoSoft FTP Server 是一款免费的优秀 FTP 服务器软件；Encrypted FTP 是一种支持加密传输的 FTP 服务器软件；CrobFTP Server 是一款高稳定性的中文 FTP 服务器软件。许多综合性的 Web 服务器软件，如 IIS、Apache 和 Samba 等，都集成了 FTP 功能。

2. FTP 客户机软件

FTP 服务需要 FTP 客户机软件来访问。用户可以使用任何 FTP 客户机软件连接 FTP 服务器。FTP 客户机软件非常容易得到，有很多免费的 FTP 客户机软件可供使用。

早期的 FTP 客户机软件是以字符为基础的，与使用 DOS 命令行列出文件和复制文件相似。现在广泛使用的是基于图形用户界面的 FTP 客户机软件，如 CuteFTP、LeapFTP、BpFTP、WS_FTP，使用更加方便，功能也更强大。Web 浏览器也具有 FTP 客户机软件功能，如 IE。

过去使用 FTP 不能在 FTP 站点之间直接移动文件，解决的办法是从 FTP 站点将文件移动到临时位置，再将它们上传到另一个 FTP 站点。现在一些 FTP 客户机软件支持所谓的 FXP 功能，即 FTP 服务器之间直接进行文件传输，此类 FTP 软件比较有名的有 FlashFXP、FTP FXP 和 UltraFXP 等。

8.3.4 FTP 命令

FTP 命令是 Internet 用户使用最频繁的命令之一，不论是在 DOS 还是 UNIX 操作系统下使用 FTP，都会遇到大量的 FTP 内部命令。熟悉并灵活应用 FTP 的内部命令，可以大大方便使用者。FTP 命令连接成功，系统将提示用户输入用户名及口令：

User：（输入合法的用户名或者 anonymous）；

Password：（输入合法的口令，若以 anonymous 方式登录，一般不用口令）。

进入连接的 FTP 站点后，用户就可以使用相应的命令对文件进行传输操作了，常用的命令如表 8-2 所示。

表 8-2 常见的 FTP 命令及其功能

命令	功能	命令	功能
cd dir	改变远程主机当前工作目录	dir 或 ls remote-dir [1ocal-file]	显示远程目录文件和子目录的缩写列表
pwd	查询远程主机当前目录	mkdir dir-name	在远程主机上创建目录
get remote-file [local-file]	获取远程文件	put local file [remote-file]	将一个本地文件传递到远程主机上
mget remote-files	获取多个远程文件，允许用通配符	mput local-files	将多个本地文件传到远程主机上，可使用通配符
rmdir dir name	删除远程目录	delete remote-file	删除远程文件
open host	与指定主机的 FTP 服务器建立连接	mdelete remote-files	删除多个远程文件
close	关闭与远程 FTP 程序的连接	bye 或 quit	结束本次文件传输，退出 FTP 程序

8.4 任务实施

8.4.1 安装 FTP 服务组件

FTP 服务组件是 Windows Server 2012 R2 系统中的 IIS8.5 集成的网络服务组件之一，默认情况下没有安装，需要手动选择进行安装。

任务案例 *8-1*

在 Windows Server 2012 R2 中安装 FTP 服务组件。

安装 FTP 服务组件

【操作步骤】

STEP 01 打开"服务器管理器"窗口

以网络管理员的身份登录服务器,选择"开始"→"管理工具"→"服务器管理器"命令,打开"服务器管理器"窗口,如图 8-3 所示。在仪表板右侧窗口单击"2-添加角色和功能"链接。

STEP 02 打开"选择服务器角色"页面

进入"添加角色和功能向导"对话框,连续单击"下一步"按钮,直至打开"选择服务器角色"页面,在"角色"列表框中,展开"Web 服务器(IIS)"节点,再展开"FTP服务器"节点,选中"FTP 服务"和"FTP 扩展"复选框,如图 8-4 所示。

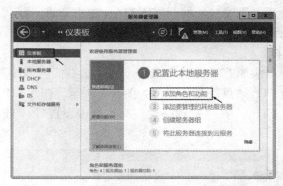

图 8-3 "服务器管理器"窗口   图 8-4 "选择服务器角色"页面

STEP 03 打开"确认安装所选内容"页面

单击"下一步"按钮,保持默认,再单击"下一步"按钮,进入"确认安装所选内容"页面,如图 8-5 所示。

STEP 04 打开"安装进度"页面

单击"安装"按钮开始安装 FTP 服务器,安装完成后出现如图 8-6 所示的"安装进度"页面,可以看到"安装成功"的提示,此时单击"关闭"按钮完成 FTP 服务的安装。

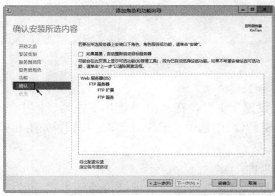

图 8-5 "确认安装所选内容"页面   图 8-6 "安装进度"页面

8.4.2 建立新的 FTP 站点

安装完 IIS 组件后,要想系统提供 FTP 服务,就得创建 FTP 站点,在 Windows Server 2012 R2 中可以创建常规的 FTP 站点和具有隔离功能的 FTP 站点。

任务案例 *8-2*

新天教育培训集团的培训方案、培训课件和教学资料要求集中存放在 192.168.1.218 的 D:\XTZL 中，请创建一个不隔离的 FTP 站点供员工上传和下载资料。

建立新的 FTP 站点

【操作步骤】

STEP 01 打开"Internet Information Services（IIS）管理器"窗口

选择"开始"→"管理工具"→"Internet Information Services（IIS）管理器"命令，打开"Internet Information Services（IIS）管理器"窗口，展开 XINTIAN 主机节点，默认状态下只看到一个"网站"节点，如图 8-7 所示。

STEP 02 打开"添加 FTP 站点"对话框

右击"网站"，在弹出的快捷菜单中选择"添加 FTP 站点"命令，或单击右侧"操作"栏中的"添加 FTP 站点"链接，打开"添加 FTP 站点"对话框，如图 8-8 所示。在"FTP 站点名称"文本框中输入一个名称（如新天 FTP），在"物理路径"文本框中设置好 FTP 站点的存储目录（如 D:\XTZL）。

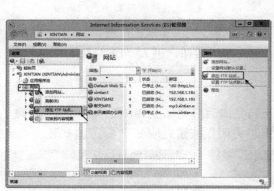

图 8-7 IIS 管理器窗口 　　　　　　图 8-8 "添加 FTP 站点"对话框

STEP 03 打开"绑定和 SSL 设置"页面

单击"下一步"按钮，打开"绑定和 SSL 设置"页面，在"IP 地址"下拉列表框中选择 FTP 服务器的 IP 地址（192.168.1.218），在 SSL 区域中选中"无 SSL"单选按钮，如图 8-9 所示。

STEP 04 打开"身份验证和授权信息"页面

单击"下一步"按钮，打开"身份验证和授权信息"页面，设置身份验证方式、授权方式和权限，如图 8-10 所示。

STEP 05 打开"新天 FTP 主页"窗口

单击"完成"按钮，FTP 站点添加完成，和原有的 Web 站点排列在一起，单击"新天 FTP"，打开"新天 FTP 主页"窗口，如图 8-11 所示。此时，还可以对当前站点的相关属性进行设置。

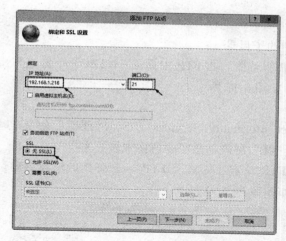

图 8-9 "绑定和 SSL 设置"页面

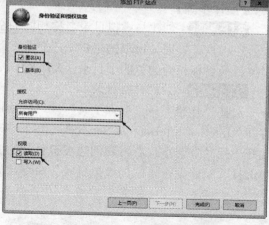

图 8-10 "身份验证和授权信息"页面

STEP 06 测试新建的 FTP 站点

FTP 服务器建立好后，测试是否访问正常。在客户机打开 IE 浏览器，在地址栏中输入 ftp://192.168.1.218 后按 Enter 键，如图 8-12 所示，说明 FTP 站点设置成功。集团的员工可以采用同样的方式访问资源。如果配置好了 DNS 服务，同样可以以域名的方式进行访问，如采用 ftp://ftp.xintian.edu 访问集团的 FTP 服务器。

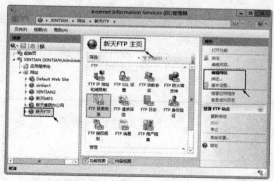

图 8-11 "新天 FTP 主页"窗口

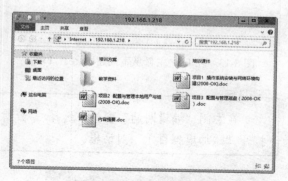

图 8-12 验证 FTP 站点

8.4.3 创建虚拟目录

FTP 虚拟目录是在 FTP 主目录下建立的一个友好的名称或别名，可以将位于 FTP 主目录以外的某个物理目录或其他计算机上的某个目录连接到当前 FTP 主目录下。这样，FTP 客户机只需要连接一个 FTP 站点，就可以访问到存储在 FTP 服务器中各个位置的资源以及存储在其他计算机上的共享资源。虚拟目录没有独立的 IP 地址和端口，只能指定别名和物理路径，用户访问时要根据别名来访问。

任务案例 *8-5*

为了进一步方便 FTP 站点的使用，保证目录的安全，新天教育培训集团希望在另外一个地方的目录或计算机上建立 FTP 主目录，用来发布信息。

【操作步骤】

STEP 01　创建与虚拟目录名称相同的空的子目录

使用具有管理员权限的用户账户登录 FTP 服务器。在 FTP 主目录（XTZL）下创建与虚拟目录名称相同的空的子目录（XT_XN），如图 8-13 所示。

STEP 02　添加虚拟目录

选择"开始"→"管理工具"→"Internet Information Services（IIS）管理器"命令，打开"Internet Information Services（IIS）管理器"窗口。在左侧窗格中展开主机节点，再展开"网站"节点，右击要创建虚拟目录的 FTP 站点（如新天 FTP），在弹出的快捷菜单中选择"新建"→"添加虚拟目录"命令，如图 8-14 所示。

图 8-13　在 FTP 主目录下创建别名子目录　　　　图 8-14　添加虚拟目录

> **提示**
>
> 在右侧"编辑网站"窗格中选择 "查看虚拟目录"→"添加虚拟目录"命令，也会打开"添加虚拟目录"对话框。

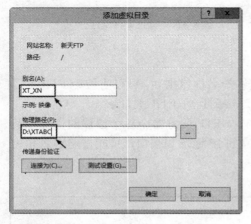

图 8-15　"添加虚拟目录"对话框

STEP 03　打开"添加虚拟目录"对话框

打开"添加虚拟目录"对话框，如图 8-15 所示。在"别名"文本框中输入虚拟目录的名称，此名称必须与步骤 1 中创建的别名子目录名称相同，在"物理路径"文本框中输入虚拟目录映射的实际物理位置，本案例的文件实际存储在 D:\XTABC 文件夹中。

STEP 04　在 IE 浏览器中进行测试

虚拟目录创建完成后，可以在 IE 浏览器中采用 IP 地址的方式进行测试，可以看到实际目录（D:\XTABC）中的内容，如图 8-16 所示。

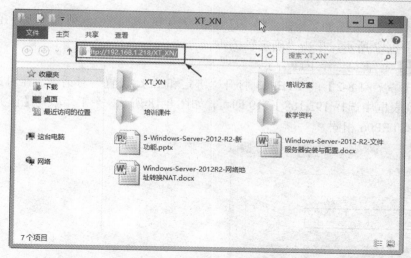

图 8-16 在 IE 浏览器中测试

8.4.4 建立多个 FTP 站点

一个 FTP 站点由一个 IP 地址和一个端口号唯一标识，改变其中任何一项均可标识不同的 FTP 站点。因此，在实际应用中，可以使用多个不同的 IP 地址或端口在一台 FTP 服务器上创建多个 FTP 站点。

任务案例 8-4

新天教育培训集团的培训方案、培训课件和教学资料要求集中存放在 D:\XTZL，办公室的统计报表存放在 D:\BGSZL，现在要求在一台服务器上架设两个 FTP 服务站点，将相关资料提供给员工下载。

【方法分析】

在创建 FTP 站点的过程中，可以通过指定与现有 FTP 站点不同的 IP 地址或端口，来实现在一台 FTP 服务器上创建多个 FTP 站点。

1. 使用不同的 IP 地址建立多个 FTP 站点

Windows Server 2012 R2 系统支持在一台服务器上安装多块网卡，并且一块网卡还可以绑定多个 IP 地址。将这些 IP 地址分配给不同的 FTP 站点，就可以达到一台服务器多个 IP 地址来架设多个 FTP 站点的目的。例如，要在一台服务器上创建 ftp.xintian.edu 和 ftp1.xintian.edu 两个 FTP 站点，对应的 IP 地址分别为 192.168.1.219 和 192.168.1.220，需要在服务器网卡中添加这两个地址。

【操作步骤】

STEP 01 添加多个 IP 地址

选择"开始"→"控制面板"→"网络和共享中心"命令，打开"网络和共享中心"窗口，单击"Ethernet0"链接，打开"Ethernet0 状态"对话框，单击"属性"按钮，打开"Ethernet0 属性"对话框，选中"Internet 协议版本 4（TCP/IPv4）"，单击"属性"按钮，打开"Internet 协议版本 4（TCP/IPv4）属性"对话框，单击"高级"按钮，打开"高级 TCP/IP

设置"对话框，单击"添加"按钮，将 192.168.1.219 和 192.168.1.220 添加到"IP 地址"列表框中，如图 8-17 所示，单击"确定"按钮。

STEP 02 配置第二个 FTP 站点

执行【任务案例 8-2】的 STEP03 打开"绑定和 SSL 设置"对话框，在对话框的"IP 地址"下拉列表框中选择 192.168.1.219 即可，如图 8-18 所示。余下步骤与【任务案例 8-2】的 STEP04～STEP06 相同。

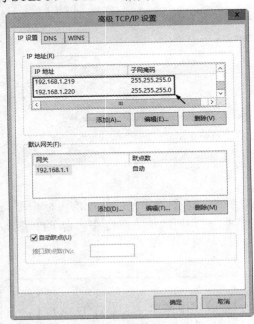

图 8-17　添加 IP 地址　　　　　图 8-18　"添加网络绑定"对话框

2. 使用不同端口号建立多个 FTP 站点

由于在默认情况下，FTP 客户机程序会调用端口 21 连接 FTP 站点，因此，如果要使用多个不同的端口来创建多个 FTP 站点，FTP 客户机程序必须知道 FTP 站点的新端口号，并且在连接该 FTP 站点时明确指定该端口号。

【操作步骤】

STEP 01 配置第二个 FTP 站点

执行【任务案例 8-2】的 STEP01～STEP04，打开"IP 地址和端口设置"对话框，在"端口"文本框中输入 2121，如图 8-19 所示，余下步骤与【任务案例 8-2】的 STEP05 和 STEP06 相同。

STEP 02 测试新的 FTP 站点

在客户机使用 IE 浏览器打开端口为 2121 的 FTP 站点，需要在 URL 后面通过":2121"的格式指定端口号，如图 8-20 所示。

提示

　　如果在一台 FTP 服务器上使用与现有 FTP 站点相同的 IP 地址和端口来创建新的 FTP 站点，则新站点将不会启动。在一台 FTP 服务器上虽然可以有多个站点使用相同的 IP 地址和端口，但是每次只能运行一个站点。

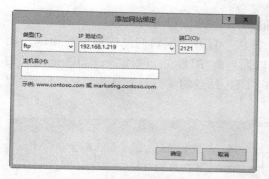

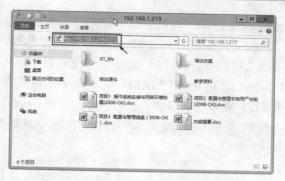

图 8-19　指定端口号　　　　　　　　图 8-20　打开端口为 2121 的 FTP 站点

8.4.5　FTP 站点基本管理

在 Windows Server 2012 R2 中的 FTP 服务器创建好之后，还需要进行适当的管理才能使用户的信息安全有效地被其他访问者访问。

任务案例 *8-5*

唐宇发现，新天教育培训集团的 FTP 站点在使用过程中，有时连接不上，有时不知连到了哪台服务器，有时不能上传资料，因此，他想通过修改站点的属性来解决相关问题。

【操作步骤】

STEP 01　打开 "Internet Information Services（IIS）管理器" 窗口

选择 "开始" → "管理工具" → "Internet Information Services（IIS）管理器" 命令，打开 "Internet Information Services（IIS）管理器" 窗口。展开 "主机" 节点，再展开 "网站" 节点，选择对应的 FTP 站点，如图 8-21 所示。

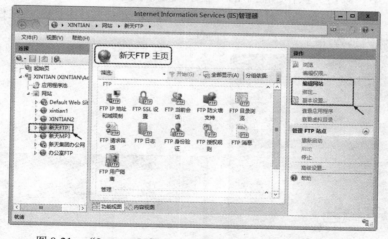

图 8-21　"Internet Information Services（IIS）管理器" 窗口

STEP 02　设置 "IP 地址" 和 "端口号"

如果服务器的 IP 地址发生变化，就需要更改 FTP 站点的地址。而为了 FTP 服务器的安全，避免未知用户的访问，还可以更改 FTP 站点的端口号。

（1）在图 8-21 中单击右侧 "操作" 栏中的 "绑定" 链接，打开 "网站绑定" 对话框，如图 8-22 所示。在列表框中显示了当前已存在的站点 IP 地址和端口信息。

（2）选择现有的 FTP 站点，单击"编辑"按钮，打开"编辑网站绑定"对话框，如图 8-23 所示。在"IP 地址"下拉列表中，可以为当前 FTP 站点指定一个 IP 地址（如192.168.1.218）；在"端口"文本框中则可以指定 FTP 站点的端口，默认为 21（可以更改为 2121 或其他端口值）。

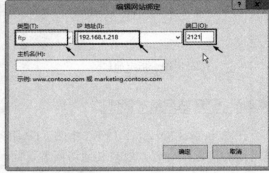

图 8-22 "网站绑定"对话框　　　　　图 8-23 "编辑网站绑定"对话框

STEP 03 配置"限制连接数量"

FTP 服务器用来提供文件的上传和下载，但是，FTP 服务传输文件时占用的带宽较多，如果同时访问 FTP 服务器的用户数量比较多，就会占用大量带宽，影响其他网络服务的正常运行。

在图 8-21 中，单击"管理 FTP 站点"栏中的"高级设置"链接，打开"高级设置"对话框。展开"连接"节点，在"最大连接数"中可设置允许同时连接的用户数量（默认为4294967295，这里改为 1000），如图 8-24 所示。完成后单击"确定"按钮保存。

STEP 04 设置 FTP 站点主目录

在图 8-21 中，单击"操作"栏中的"基本设置"链接，打开如图 8-25 所示的"编辑网站"对话框。在"物理路径"对话框中即可输入 FTP 站点主目录所在的文件夹路径，或者单击右侧按钮浏览选择。

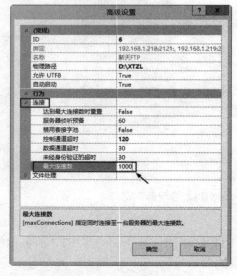

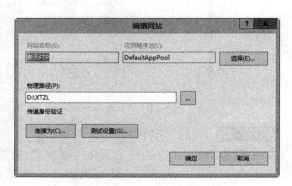

图 8-24 配置"限制连接数量"　　　　　图 8-25 设置 FTP 站点主目录

STEP 05　设置 FTP 站点提示消息

为了使 FTP 站点更加人性化，可以给 FTP 站点设置欢迎消息，当用户登录 FTP 站点和退出 FTP 站点时，显示欢迎信息。

在图 8-21 的"新天 FTP 主页"窗口中双击"FTP 消息"图标，打开"FTP 消息"窗口，可以设置"横幅""欢迎使用""退出""最大连接数"，设置完成后，单击"应用"即可，如图 8-26 所示。

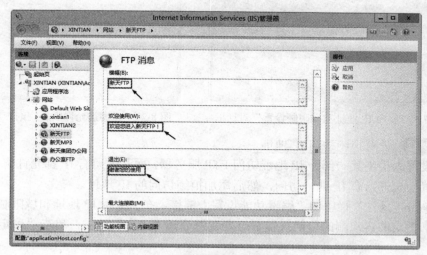

图 8-26　设置 FTP 站点提示消息

（1）横幅：用户连接 FTP 服务器时显示的消息，通常为 FTP 站点的名称。

（2）欢迎使用：用户连接到 FTP 服务器后显示的消息，通常包括向用户致意、使用该 FTP 站点时应该注意的问题、管理者的联系方式、上传/下载规则等。

（3）退出：用户从 FTP 服务器注销时显示的消息，如"欢迎再次光临"等。

（4）最大连接数：用户试图连接到 FTP 服务器，但该 FTP 服务器已达到允许的最大客户机连接数而导致失败时，将显示此消息。

STEP 06　添加允许访问的 IP 地址

为了保证 FTP 服务器的安全，使用 FTP 服务器可以对用户的 IP 地址进行限制，只允许信任的 IP 地址访问 FTP 站点，拒绝不受信任的 IP 地址访问 FTP 站点，避免来自外界的恶意攻击，提示 FTP 站点访问的安全性。特别是对企业内部的 FTP 站点而言，采用 IP 地址限制的方式既简单又有效。

（1）在图 8-21 中，双击"FTP IP 地址和域限制"图标，打开"FTP IP 地址和域限制"窗口，单击"操作"栏中的"编辑功能设置"链接，打开"编辑 IP 地址和域限制设置"对话框，如图 8-27 所示。在"未指定的客户端的访问权"下拉列表中选择"拒绝"选项，单击"确定"按钮保存设置。

（2）单击"操作"栏中的"添加允许条目"链接，打开"添加允许限制规则"对话框，如图 8-28 所示。如果要添加单个的 IP 地址，可选中"特定 IP 地址"单选按钮，并输入允许的 IP 地址。如果要添加一个 IP 地址段，可选中"IP 地址范围"单选按钮，并输入 IP 地址和掩码。完成后单击"确定"按钮保存。

图 8-27 "编辑 IP 地址和域限制设置"对话框

图 8-28 "添加允许限制规则"对话框

STEP 07 设置拒绝访问 IP 地址

如果设置为拒绝某一部分 IP 地址访问 FTP 服务器,而其他所有 IP 都允许访问。那么,需要先设置为允许所有 IP 地址访问,然后添加拒绝访问的 IP 地址。

(1)单击"操作"栏中的"编辑功能设置"链接,在"编辑 IP 地址和域限制设置"对话框的"未指定的客户端的访问权"下拉列表中选择"允许"选项,单击"确定"按钮保存设置。

(2)单击"操作"栏中的"添加拒绝条目"链接,显示"添加拒绝限制规则"对话框,如图 8-29 所示,可以设置拒绝访问的 IP 地址或者 IP 地址段。

STEP 08 设置用户访问权限

如果 FTP 服务器不想被用户随意访问,就可以禁用匿名登录,启用用户身份验证,为特殊用户赋予访问 FTP 站点的权限。

1)设置用户身份验证

在图 8-21 中,双击"FTP 身份验证"图标,打开"FTP 身份验证"窗口。此时,可以设置基本身份验证和匿名身份验证。如果要启用相关验证,可选中某项并单击"操作"栏中的"启用"即可。

2)设置授权规则

如果要为 FTP 站点指定允许访问的用户,可以通过配置"授权规则"来实现。不

图 8-29 "添加拒绝限制规则"对话框

过,在配置授权规则之前,应当禁用"匿名身份验证",并启用"基本身份验证"功能。

在图 8-21 中,双击"FTP 授权规则"图标,打开"FTP 授权规则"窗口。默认只有一条规则,就是创建 FTP 站点时设置的规则,允许所有用户读取 FTP 站点上的文件。

如果要更改默认规则,可单击"操作"栏中的"添加允许规则"链接,打开"编辑允许授权规则"对话框,可以设置用户及权限,如图 8-30 所示。

如果要允许一部分用户拥有对 FTP 站点的"读取"或"写入"权限,可单击"添加允

许规则"链接,打开"添加允许授权规则"对话框。选中"指定的角色或用户组"单选按钮,并输入用户或者用户组,多个用户之间用顿号隔开;在"权限"区域中选择读取或者写入权限,如图 8-31 所示。

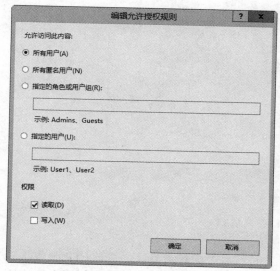

图 8-30 "编辑允许授权规则"对话框

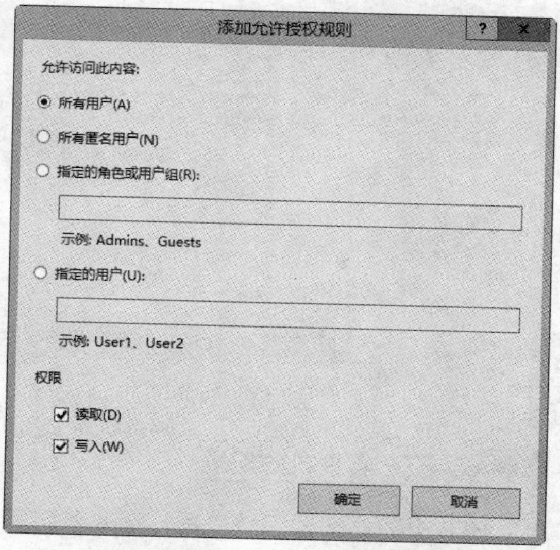

图 8-31 指定的角色或用户组

单击"确定"按钮即可添加该规则。如果要拒绝一部分用户访问该 FTP 站点读取或写入权限,可单击"添加拒绝条目"链接,打开"添加拒绝授权规则"对话框,设置拒绝访问的用户或者用户组,然后设置读取或写入的权限即可。

STEP 09 设置 NTFS 权限

在 FTP 站点中,只能为文件设置简单的读取和写入权限。如果需要为用户设置更详细的权限,例如,允许用户创建或删除文件夹,但不允许用户写入文件等,这就需要借助于 NTFS 权限来实现。通常,将 FTP 服务器与 NTFS 权限相结合,为 FTP 站点中的文件设置多种权限,以满足不同用户的使用。

(1)在 Windows 资源管理器中,打开 FTP 文件夹(D:/XTZL),右击 D:/XTZL,在弹出的菜单中选择"属性"命令,打开"XTZL 属性"对话框,选择"安全"选项卡,如图 8-32 所示,可以通过设置文件夹的 NTFS 权限为用户设置执行权限。

(2)如果要设置更多的权限,选中相应的用户,依次单击"高级"→"更改权限"→"编辑",打开如图 8-33 所示的对话框。可以设置更多权限,具体设置不再详述。

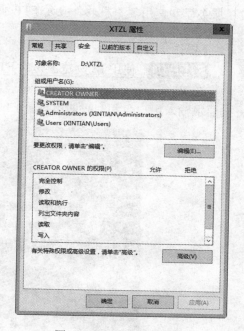

图 8-32 "安全"选项卡

图 8-33   设置详细权限

8.4.6   FTP 客户机的配置

FTP 服务器配置完成以后，需要对配置结果进行有效的登录测试。登录 FTP 服务器的方法包括使用 IE 浏览器访问 FTP 服务器、使用 ftp 命令登录 FTP 服务器和使用客户机软件登录 FTP 服务器三种。

任务案例 *8-6*

FTP 服务器配置完成以后，运用 IE 浏览器访问 FTP 服务器、使用 ftp 命令登录 FTP 服务器和使用客户机软件登录 FTP 服务器三种方式对配置结果进行有效的登录测试。

【操作步骤】

STEP 01   使用 IE 浏览器访问 FTP 服务器

在 Windows 系统中打开 IE 浏览器，在地址栏中输入要访问的 FTP 服务器的地址后，按要求输入用户名和密码即可登录 FTP 服务器，如图 8-34 所示。

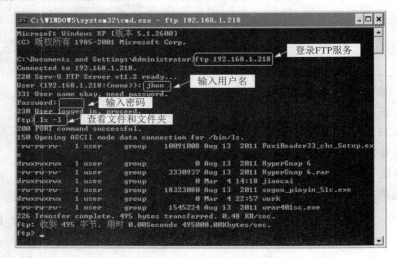

图 8-34   命令提示符下登录 FTP 服务器

STEP 02 使用 ftp 命令登录 FTP 服务器

选择"开始"→"运行"命令,打开"运行"对话框,在"打开"文本框中输入 cmd,单击"确定"按钮,即可进入命令提示符,此时输入登录命令即可登录 FTP 服务器,操作过程如图 8-34 所示。

STEP 03 使用客户机软件登录 FTP 服务器

除了以上方法外,还可以选择客户机软件访问 FTP 服务器,如 CutFtp、ChinaFtp 等。这里选用 CutFtp,在客户机下载并安装 CutFtp,打开 CutFtp 后在主界面中输入 FTP 服务器的地址、端口号、账号和密码,单击"连接"按钮即可登录 FTP 服务器,如图 8-35 所示。

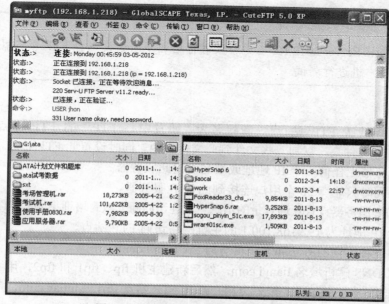

图 8-35 使用 CutFtp 登录 FTP 服务器

登录成功后,在本地目录窗口中选择本地硬盘中保存下载文件的文件夹,在远程目录窗口中选择远程硬盘上的文件或文件夹,用鼠标直接拖到本地目录窗口即可,这种操作称为下载。同样也可以用鼠标直接拖动本地目录窗口的文件或文件夹到远程目录窗口,这种操作称为上传。还可以单击工具栏中的上传或下载图标,实现上传和下载。

> **提示**
>
> 不是所有的服务器或服务器所有的文件夹下都可以上传文件,需要服务器赋予上传权限才可以,这是因为上传需要占用服务器的硬盘空间,而且可能会给服务器带来垃圾或者病毒等危及服务器安全的内容。

8.5 拓展训练

8.5.1 课堂训练

新天教育培训集团经常需要在网络中实现资源共享,考虑到资源的安全性,大多数情况下采用架设 FTP 服务器的方式来完成，请按要求完成课堂任务。

— 课堂任务 —————————————————————————

新天教育培训集团的常用产品图库集中存放在 192.168.1.88 的 D:\ XTTK，现在要求架设 FTP 服务器将相关内容提供给员工下载（不允许上传文件）。

【训练步骤】

具体操作步骤请参考【任务案例 8-2】。

— 课堂任务 —————————————————————————

在 Windows Server 2012 R2 上为新天教育培训集团架设一台 FTP 服务器，然后通过浏览器在客户机进行测试。

【训练要求】

（1）停用"默认 FTP 站点"，新建名为"研发中心 FTP"的 FTP 站点，主目录为 D:\TIANYI_FTP 文件夹，复制一些文件到此文件夹内，同时设置此 FTP 站点，使匿名用户能够使用该服务器上任何一个 IP 地址或域名访问此服务器。

（2）限制同时只能有 50 个用户连接到此 FTP 服务器。

（3）为 FTP 服务器设置欢迎登录的消息"欢迎访问新天教育培训集团的 FTP 服务器"。

（4）禁止 IP 地址为 192.168.100.1 的主机网络访问 FTP 站点。

（5）利用三种不同的方法和客户机访问 ftp. tianyi.com。

（6）配置 DNS 解析域名 tianyi.com，然后新建主机 ftp、ftp1 和 ftp2，用 AD 隔离用户新建 FTP 站点 ftp.xintian.com，用隔离用户新建 FTP 站点 ftp1. xintian.com，用不隔离用户新建 FTP 站点 ftp2. xintian.com，然后用三种不同的方法和客户机访问 ftp. xintian.com、ftp1. xintian.com 和 ftp2. xintian .com。

8.5.2 课外拓展

一、知识拓展

【拓展 8-1】填空题。

1. FTP 是_____的缩写，Internet Information Server 的英文缩写形式为_____。

2. IIS 的默认 FTP 站点对应的物理路径是_____。

3. FTP 站点支持两种身份验证方式，分别为_____和_____。

4. FTP 服务的用户隔离模式有_____、_____和_____。

5. FTP 进行数据传输时会建立两条连接，一条是_____，另一条是_____。文件传输完后，_____被马上撤销，但_____依然存在，直到用户退出。

6. 客户机访问 FTP 服务器，并将文件送到客户机上，这叫_____，客户机把文件送到服务器上，这叫_____。

【拓展 8-2】选择题。

1. 使用匿名 FTP 服务，用户登录常使用（　　　）作为用户名。

A．anonymous　　　　　　　　　　B．主机的 IP 地址

C．自己的 E-mail 地址　　　　　　D．节点的 IP 地址

2．在 Internet 中能够提供任意两台计算机之间传输文件的协议是（　　）。

A．WWW　　　　　　　　　　B．FTP

C．Telnet　　　　　　　　　　D．SMTP

3．在 TCP/IP 协议中，FTP 的两个端口是（　　）。

A．20，21　　　　B．23，19　　　　C．80，88　　　　D．34，45

4．关于 FTP 协议，下面的描述中不正确的是（　　）。

A．FTP 协议使用多个端口号

B．FTP 可以上传文件，也可以下载文件

C．FTP 报文通过 UDP 报文传送

D．FTP 是应用层协议

5．已知 FTP 服务器的 IP 地址为 210.67.101.3，登录用户名为 KITE，端口号为 23。通过 FTP 方式实现登录时，以下输入正确的是（　　）。

A．FTP://210.67.101.3

B．FTP://210.67.101.3:KITE

C．FTP://210.67.101.3/KITE:23

D．FTP://210.67.101.3:23

二、技能拓展

【拓展 8-3】为华泰有限公司创建一个 FTP 站点，包含一个允许客户上传与下载资料的目录和一个只允许下载的目录。

1．FTP 用户之间"不隔离"。

2．连接限制用户为"50000"，连接超时为"100 秒"，并同时启用"日志记录"。

3．设置为只允许匿名访问登录。

4．为 FTP 站点设置"标题""欢迎""退出"等消息。

【拓展 8-4】现在新天教育培训集团要求架设 FTP 服务器，保证每个员工只能看到自己的文件，不能看到别人的文件。同时，每个员工都可以看到一个公共的文件夹并下载其中的内容，请根据要求完成任务。

8.6 总结提高

本项目首先介绍了 FTP 服务的工作原理、工作流程和 IIS 组件的安装方法，再通过案例训练配置 FTP 站点，创建虚拟目录、FTP 站点基本管理的具体方法，最后训练在客户机进行测试和解决故障的能力等。

FTP 服务是目前应用最为广泛的网络服务之一，它的功能非常强大，读者随着学习的深入和对 FTP 应用的熟练，更能体会到这一点。完成本项目后，认真填写学习情况考核登记表（表 8-3），并及时予以反馈。

表 8-3 学习情况考核登记表

序号	知识与技能	重要性	自我评价					小组评价					老师评价				
			A	B	C	D	E	A	B	C	D	E	A	B	C	D	E
1	能够安装 IIS 组件	★★★															
2	能够启动、停止 FTP 服务	★★★☆															
3	能够建立一个新的 FTP 站点	★★★★★															
4	能够建立虚拟目录	★★★★															
5	能够建立多个 FTP 站点	★★★★															
6	能够使用 Serv-U 建立 FTP 站点	★★★★★															
7	能够在客户机测试 FTP 服务器	★★★★															
8	能够完成课堂训练	★★★☆															

说明：评价等级分为 A、B、C、D、E 五等。其中，对知识与技能掌握很好，能够熟练地完成 FTP 服务器的配置与管理为 A 等，掌握了 75%以上的内容；能较为顺利地完成任务为 B 等；掌握 60%以上的内容为 C 等；基本掌握为 D 等；大部分内容不够清楚为 E 等。

配置与管理活动目录服务

教学目标 ☞

知识目标

理解域、域树、域森林以及活动目录的概念

理解活动目录的逻辑结构与物理结构

理解活动目录和 DNS 服务的关系

熟悉活动目录的安装过程

掌握如何将计算机加入域

掌握活动目录的删除过程

技能目标

能够绘制逻辑结构和物理结构

能够安装活动目录

能够将计算机加入域

会在域环境中对用户和组进行管理

能够删除活动目录

态度目标 ☞

培养认真细致的工作态度和工作作风

养成刻苦、勤奋、好问、独立思考和细心检查的学习习惯

能与组员精诚合作，正确面对他人的成功或失败

具有一定的自学能力，分析、解决问题能力和创新能力

建议课时 ☞

教学课时：理论 4 课时+教学示范 2 课时

拓展训练课时：课堂模拟 4 课时+课堂训练 2 课时

活动目录是 Windows 在网络环境下实施管理的核心，是 Windows Server 2012 R2 的重点内容，通过活动目录可以将网络中各种完全不同的对象以相同的方式组织到一起。对于企业来说，活动目录最吸引人的就是统一的身份验证、安全管理以及资源公用。活动目录不但更有利于网络管理员对网络的集中管理，方便用户查找对象，也使得网络的安全性大大增强。

本项目详细介绍活动目录的基本概念、相关名词术语和安装方法等，训练读者配置与管理活动目录服务，实现活动目录域间信任关系，以及域用户账户的创建与管理、在活动目录中创建 OU、将计算机加入域和安装子域等方面的技能。

9.1　情境描述

利用 AD 让网络管理变得更轻松

新天教育培训集团的信息化进程推进很快，公司开发了网站，也架设了 WWW 服务器、FTP 服务器和邮件服务器等，公司的大部分管理工作都可以在基于工作组模式的网络环境中实现。但是，近期公司业务发展迅猛、人员激增，各类资源也大量增加，网络管理工作越来越大，系统的安全隐患也越来越多。

为此，新天教育培训集团的负责人给唐宇打电话，说明了上述情况，他希望唐宇想办法在保证大量用户访问资源的同时，所有账户由服务器进行集中管理，各类共享资源的管理、公司网站和相关应用软件的升级等也由某一台服务器来完成，达到减少管理开支、减轻网络管理人员工作负担的目的，那么应如何实现呢？

唐宇经过分析，认为需要组建具备强大管理功能的 C/S 网络，配置活动目录服务来解决此问题，首先根据网络拓扑和网络规模规划域的逻辑结构和物理结构，并安装活动目录组件，然后根据客户需要配置并测试活动目录服务，将客户机加入域，从而实现域模式管理。

9.2 任务分析

1. 活动目录及其特点

活动目录（active directory，AD）是一种目录服务，它存储有关网络对象（如用户、组、计算机、共享资源、打印机和联系人等）的信息，并将结构化数据存储作为目录信息逻辑和分层组织的基础，使管理员能比较方便地查找并使用这些网络信息。

活动目录是在 Windows 2000 Server 就推出的新技术，它最大的突破性和成功之处在于它引入了全新的活动目录服务（AD service），使 Windows 2000 Server 与 Internet 上的各项服务和协议联系更加紧密。通过在 Windows 2000 Server 的基础上进一步扩展，Windows Server 2003 提高了活动目录的多功能性、可管理性及可靠性。

而在 Windows Server 2008 中，活动目录服务有了一个新的名称：Active Directory Domain Service（ADDS）。从 Windows Server 2008 开始微软对活动目录进行了较大的调整，增加了功能强大的新特性。Windows Server 2012 R2 中的 ADDS 允许从本地或者通过云部署域控制器，部署域控制器时的很多管理任务可以用 ADDS 轻松完成，如 Active Directory Recycle Bin、多元密码策略、通过克隆快速部署等。

与工作组模式独立的管理方式相比，利用活动目录管理网络资源有以下特点。

1）方便组织资源

活动目录将目录组织成能够存储大量对象的容器，因此活动目录能够随着组织机构的扩大而增长。这样，网络就可以从一个只有一台服务器和几百个对象的小型网络扩展到拥有数百个服务器和数百万个对象的大规模网络。

2）方便信息组织和查找

活动目录提供了收集和分发网络中对象信息的集中存储场所，这些网络信息包括用户、组和打印机等。活动目录中的用户可以利用活动目录对这些信息进行查找和使用。

3）集中管理和分散管理相结合

利用活动目录能够对活动目录中所有的资源进行统一管理，如统一执行组策略等。还可以根据不同用户的需要进行分散管理，如为不同组织单位执行不同的组策略，而且管理员还可以通过委派下放一部分管理的权力给某个用户账号，让该用户替管理员执行一定的管理任务。

4）资源访问分级管理

通过登录认证和对目录中对象的访问控制，安全性和活动目录紧密集成在一起。管理员能够管理整个网络的目录数据，并且可以授权用户访问网络上任何位置的资源。

2. 使用活动目录的好处

利用活动目录可以对资源进行集中管理，实现便捷的网络资源访问，用户一次登录后就可以访问整个网络资源，这些网络资源主要包括用户账户、组、共享文件夹以及打印机等。使用活动目录可以给用户带来以下好处。

1）降低总体拥有成本

总体拥有成本（TCO）是拥有计算机的实际成本，这些成本包括维护的成本、培训的成本、技术支持成本及相应的升级成本等。通过实施策略，活动目录有助于降低总体拥有成本。在活动目录中应用一个组策略，可以对整个域中所有的计算机生效，这将大大减少分别在每一台计算机上配置的时间。

2）一次登录即能访问所有资源

与工作组模式下访问网络中其他计算机时需要提供用户信息不同，在活动目录中可以实现单用户登录。即每个用户只要在登录域时提供一次用户信息，就可以访问网络中所有该用户有权限访问的资源。

3. 安装活动目录的准备工作

安装活动目录之前，需要事先细致而全面地规划适合本单位实际应用的活动目录，否则不但无法发挥活动目录的强大功能，反而会给使用带来诸多麻烦。

1）规划 DNS 域名

规划好一个 DNS 域名，也就是域控制器的根域，通常为二级域名，用 DNS 名称命名活动目录域。选择 DNS 名称用于活动目录域时，以单位保留在 Internet 上使用的已注册 DNS 域名后缀开始，并将该名称和单位中使用的地理名称或部门名称结合起来，组成活动目录域的全名。本项目假设根域设置为 xintian.com。

2）规划域结构

最简单的域结构是单域。一般应从单域开始规划，只有当单域模式不能满足应用需求时，才增加其他的域。只有在下列情形下才建议创建多个域。

（1）大量的对象。

（2）不同的 Internet 域名。

（3）对复制进行更多的控制。

（4）分散的网络管理。

3）规划组织单位结构

在域中可以创建组织单位的层次结构，组织单位可包含用户、组、计算机、打印机、共享文件夹以及其他组织单位。组织单位是目录容器对象，在"Active Directory 用户和计算机"窗口中它们以文件夹形式组织。组织单位简化了域中目录对象的视图以及对这些对象的管理。可将每个组织单位的管理控制权委派给特定的管理员，更接近实际单位工作职责划分。

4）规划委派模式

在每个域中创建组织单位树，并将部分组织单位子树的权力派给其他用户或组，就可以将权力分派到单位中的最底层部门。这样，除了个别保留拥有对整个域的管理授权的管理员账户和域管理员组，以备少数高度信任的管理员使用，其他管理权限可以下放到基层。

5）建立新域的域控制器

如果是建立一个新域的域控制器，在安装活动目录的同时在本机安装和配置 DNS 服务器时，要求 DNS 服务器地址与本机 IP 地址设置成相同的值。本项目假设 IP 地址为192.168.1.218/24，首选 DNS 服务器也是 192.168.1.218。

4. 本项目的具体任务

本项目主要完成以下任务：配置静态 IP 地址，并测试网络环境；安装活动目录服务；在域控制器上添加用户和组；将计算机加入域；在客户机进行验证。

9.3　知识储备

9.3.1　活动目录对象

简单来说，在活动目录中可以被管理的一切资源都称为活动目录对象，如用户、组、计算机账号和共享文件夹等，如图 9-1 所示。活动目录的资源管理就是对这些活动目录对象的管理，包括设置对象的属性与对象的安全性等。每一个对象都存储在活动目录的逻辑结构中，可以说活动目录对象是组成活动目录的基本元素。

9.3.2　活动目录架构

架构（schema）就是活动目录的基本结构，是组成活动目录的规则。活动目录架构包括两方面内容：对象类和对象属性，如图 9-2 所示。其中对象类用来定义在活动目录中可以创建的所有可能的目录对象，如用户、组和组织单位等；对象属性用来定义每个对象可以有哪些属性来标识该对象，如用户可以有登录名、电话号码等属性。也就是说，活动目录架构用来定义数据类型、语法规则、命名约定和其他更多的内容。

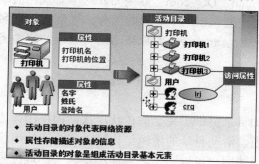

图 9-1　活动目录对象

图 9-2　活动目录架构

当在活动目录中创建对象时，就必须遵守这个架构规则。只有在活动目录架构中定义了一个对象的属性，才能在活动目录中使用该属性。由于活动目录中对象的属性是可以增加的，这要通过扩展活动目录的架构来实现。

活动目录架构存储在活动目录的架构表中，当需要扩展时，只要在架构表中进行修改即可。但要注意，活动目录架构的扩展和变更要符合编程和管理的规则。

在 Windows Server 2012 R2 的网络中，整个目录林只有一个架构。也就是说在活动目录中所有的对象都会遵守同样的规则，这有助于对网络资源进行管理。如果一个目录林的不同域之间的同一种对象有不同的定义，如一个域中的用户具有"指纹"属性，而其他域中的用户都没有这个属性，那么这个属性就没有意义。

由此可见，活动目录架构对整个目录林来说是非常重要的，因此在平时活动目录架构对用户都是不可见的，而且除非有特别需要，不要更改活动目录架构。

9.3.3　轻型目录访问协议

轻型目录访问协议（light directory access protocol，LDAP）是访问活动目录的协议，

当活动目录中对象的数目非常多时，如果要对某个对象进行管理或使用，就需要定位该对象，这时就需要用一种层次结构来查找它，LDAP 就提供了这样一种机制。

在 LDAP 协议中制定了严格的命名规范，按照这个规范可以唯一地定位一个活动目录对象，如表 9-1 所示。

表 9-1　LDAP 中关于 DC、OU 和 CN 的定义

名称	属性	描述
DC	域组件	活动目录域的 DNS 名称
OU	组织单位	组织单位可以和实际的一个行政部门相对应，在组织单位中可以包括其他对象，如用户、计算机和打印机等
CN	普通名字	除了域组件和组织单位外的所有对象，如用户和打印机

按照这个规范，假如在域 xintian.com 中有一个组织单位 xsb，在这个组织单位下有一个用户账号 ann，那么在活动目录中 LDAP 用下面的方式来标识该对象：

```
CN=ann, OU=xsb, DC=xintian, DC=com
```

LDAP 的命名包括两种类型：辨别名（distinguished names）和相关辨别名（relative distinguished names）。

上面所写的"CN=ann，OU=xsb，DC=xintian，DC=com"就是 ann 这个对象在活动目录中的辨别名；而相关辨别名是指辨别名中唯一能标识这个对象的部分，通常为辨别名中最前面的一个。在上面的例子中，"CN=ann"就是 ann 这个对象在活动目录中的相关辨别名，该名称在活动目录中必须唯一。

9.3.4　活动目录的逻辑结构

活动目录的逻辑结构非常灵活，它为活动目录提供了完全的树状层次结构视图，为用户和管理员查找、定位对象提供了极大的方便。活动目录的逻辑结构可以和公司的组织机构框图结合起来，通过对资源进行逻辑组织，使用户可以通过名称而不是通过物理位置来查找资源，并且使网络的物理结构对用户透明。

活动目录的逻辑结构包括域（domain）、域树（domain tree）、域目录林（forest）和组织单位（organization unit），如图 9-3 所示。

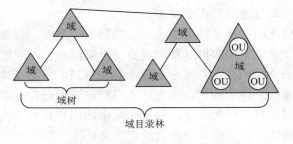

图 9-3　活动目录的逻辑结构

1. 域

域是 Windows Server 2012 R2 活动目录逻辑结构的核心单元，是活动目录对象的容器。在 Windows Server 2012 R2 的活动目录中域用三角形来表示。

　　域定义了一个安全边界，域中所有的对象都保存在域中，都在这个安全的范围内接受统一的管理。同时每个域只保存属于本域的对象，所以域管理员只能管理本域。安全边界的作用就是保证域的管理者只能在该域内拥有必要的管理权限，如果要让一个域的管理员去管理其他域，除非管理者得到其他域的明确授权。

　　2. 域树

　　域树是由一组具有连续命名空间的域组成的。

　　例如，新天教育培训集团最初只有一个域名 xintian.com，后来由于公司发展壮大，又成立了一家分公司。出于安全的考虑需要新创建一个域（域是安全的最小边界），可以把这个新域添加到现有目录中。这个新域 beijing.xintian.com 就是现有域 xintian.com 的子域，xintian.com 称为 beijing.xintian.com 的父域。随着公司的发展还可以在 xintian.com 下创建另一个子域 shanghai.xintian.com，这两个子域互为兄弟域，如图 9-4 所示。

　　3. 域目录林

　　域目录林是由一棵或多棵域树组成的，每棵域树独享连续的命名空间，不同域树之间没有命名空间的连续性，如图 9-5 所示。

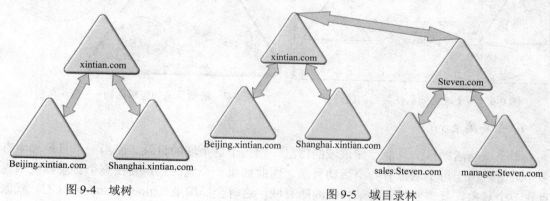

图 9-4　域树　　　　　　　　　图 9-5　域目录林

　　4. 信任

　　两个域之间必须创建信任关系（trust relationship），才可以访问对方域内的资源。而任何一个新的 AD 域被加入域树后，这个域会自动信任其前一层的父域，同时父域也会自动信任这个新的子域，而且这些信任关系具备双向传递性（two-way transitive）。由于这个信任工作是通过 Kerberos security protocol 来完成的，因此也被称为 Kerberos trust。

　　以图 9-6 为例解释双向传递性，图中域 A 信任域 B（箭头由 A 指向 B）、域 B 信任域 C，因此域 A 自动信任域 C。另外，域 C 信任域 B（箭头由 C 指向 B）、域 B 信任域 A，因此域 C 自动信任域 A。结果是域 A 和域 C 之间自动创建起双向的信任关系。

　　因此，当任何一个新域加入域树后，它会自动双向信任这个域树内所有的域，只要拥有适当的权限，这个新域内的用户就可以访问其他域内的资源，同理其他域内的用户也可以访问这个新域内的资源。

　　5. 容器与组织单位

　　容器与对象相似，它也有自己的名称，也是一些属性的集合，不过容器内可以包含其他对象（如用户、计算机等对象），也可以包含其他容器。而组织单位（organization unit，OU）是活动目录中的一个特殊容器，它可以把用户、组、计算机和打印机等对象组织起来。与一般的容器仅能容纳对象不同，组织单位不仅可以包含对象，而且可以进行策略设置和委派管理，这是普通容器不能办到的。

组织单位是活动目录中最小的管理单元。如果一个域中的对象数目非常多，可以用组织单位把一些具有相同管理要求的对象组织在一起，这样就可以实现分级管理了。而且作为域管理员，还可以指定某个用户去管理某个 OU，管理权限可视情况而定，这样可以减轻管理员的工作负担。

在规划组织单位时，可以根据两个原则：地点和部门职能。如果一个公司的域由北京、上海和广州这三个地点组成，而且每个地点都有三个部门，则可以按图 9-7 所示来组织域中的资源，在 Windows Server 2012 R2 的活动目录中组织单位用圆形表示。

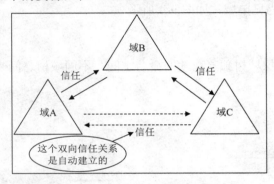
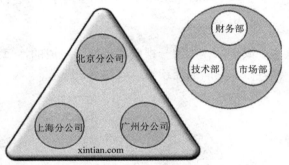

图 9-6　两个域之间信任关系创建过程　　　　图 9-7　活动目录的逻辑结构——组织单位

6. 全局编录

一个域的活动目录只能存储该域的信息，相当于这个域的目录。而当一个目录林中有多个域时，由于每个域都有一个活动目录，因此如果一个域的用户要在整个目录林范围内查找一个对象，就需要搜索目录林中的所有域，这时全局编录（global catalog，GC）就派上用场了。

全局编录相当于一个总目录。就像一套系列丛书有一个总目录一样，在全局编录中存储已有活动目录对象的子集。默认情况下，存储在全局编录中的对象属性是那些经常用到的内容，而非全部属性。整个目录林会共享相同的全局编录信息。

全局编录存放在全局编录服务器上，全局编录服务器是一台域控制器。默认情况下，域中的第一台域控制器自动成为全局编录服务器。当域中的对象和用户非常多时，为了平衡用户登录和查询的流量，可以在域中设置额外的 GC。

9.3.5　活动目录的物理结构

前面所讲的都是活动目录的逻辑结构，在活动目录中，逻辑结构和物理结构是两个截然不同的概念。逻辑结构是用来组织网络资源的，而物理结构则是用来设置和管理网络流量的。活动目录的物理结构由域控制器（domain controller，DC）和站点 site 组成。

1. 域控制器

域控制器是实际存储活动目录的地方，用来管理用户登录进程、验证和目录搜索等任务。一个域中可以有一台或多台 DC，为了保证用户访问活动目录信息的一致性，就需要在各 DC 之间实现活动目录复制。

在 Windows Server 2012 R2 中，采用活动目录的多主复制方式，即每台 DC 都维护着活动目录的可读写的副本，管理其变化和更新。在一个域中各 DC 之间相互复制活动目录的改变。在一个目录林中，各 DC 之间也把某些信息自动复制给对方。

2. 站点

站点由一个或多个 IP 子网组成，这些子网之间通过高速且可靠的连接串接起来，也就是这些子网之间的连接速度要够快并且稳定、符合需要，否则就应该将它们分别规划为不同的站点。创建站点的目的是为了优化 DC 之间复制的流量，站点具有以下特点。

（1）一个站点可以有一个或多个 IP 子网。

（2）一个站点中可以有一个或多个域（如站点北京的局域网中有 xintian.com 域和 steven.com 域）。

（3）一个域可以属于多个站点（如一个公司的域 xintian.com，这个公司在北京、上海和广州都有分部，在这三个地方分别创建一个站点）。

一般来说，一个 LAN（局域网）之内的各个子网之间的连接都符合速度快并且高可靠性的要求，因此可以将一个 LAN 规划为一个站点；而 WAN（广域网）内的各个 LAN 之间的连接速度一般都不快。因此，WAN 之中的各个 LAN 应该分别被规划为不同的站点。

域是逻辑的（logical）分组，而站点是物理的（physical）分组。在 AD 内，每个站点可能包含多个域；而一个域内的计算机也可能分别属于不同的站点。

利用站点可以控制 DC 的复制是同一站点内的复制还是不同站点间的复制，而且利用站点链接可以有效地组织活动目录复制流，控制活动目录复制的时间和经过的链路。

> **注意**
>
> 站点和域之间没有必然的联系。站点映射网络的物理拓扑结构，域映射网络的逻辑拓扑结构，AD 允许一个站点可以有多个域，一个域也可以有多个站点。

9.3.6 DNS 与活动目录名称空间

DNS 是 Internet 的重要组件，它为 Internet 提供了一种逻辑的分层结构，利用这个结构可以表示全世界所有的计算机，同时这个结构也为人们使用 Internet 提供了方便。

与之类似，活动目录的逻辑结构也是分层的，因此可以把 DNS 和活动目录结合起来，这样就可以把活动目录中所管理的资源利用 DNS 带到 Internet 上，使人们可以利用 Internet 访问活动目录。

例如，如果公司的 Windows Server 2012 R2 的域名为 xintian.com，与该域相对应的 DNS 区域名为 xintian.com，那么只要到 Internet 上注册该域名，并把维护区域 xintian.com 的 DNS 服务器的 IP 地址公布到 Internet 上即可。

图 9-8 显示了 DNS 和活动目录名称空间的对应关系。

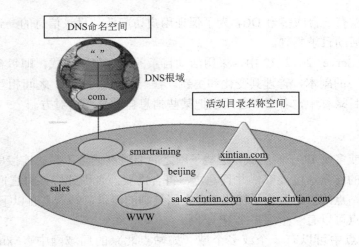

图 9-8　DNS 和活动目录名称空间的对应关系

9.4　任务实施

9.4.1　安装活动目录（配置域控制器）

　　企业网络采用域的组织结构，可以使局域网的管理工作变得更集中、更容易、更方便。虽然活动目录具有强大的功能，但是安装 Windows Server 2012 R2 操作系统时并未自动生成活动目录，因此，管理员必须通过安装活动目录来建立域控制器，并通过活动目录的管理来实现针对各种对象的动态管理与服务。

　　在 Windows Server 2012 R2 中安装活动目录服务，只能通过"服务器管理器"窗口进行。如果网络没有其他域控制器，可将服务器配置为域控制器，并新建子域、新建域目录树。如果网络中有其他域控制器，可以将服务器设置为附加域控制器，加入旧域、旧目录树。

　　任务案例　*9-1*

　　新天教育培训集团需要在 Windows Server 2012 R2 的服务器中安装活动目录服务对集团的各种资源进行统一的管理，请使用"服务器管理器"安装活动目录，并将其升级为域控制器。

安装活动目录

【操作步骤】

STEP 01　配置域控制器的 IP 地址

　　选择"开始"→"控制面板"→"网络和共享中心"命令，打开"网络和共享中心"窗口，单击"Ethernet0"链接，打开"Ethernet0 状态"对话框，单击"属性"按钮，打开"Ethernet0 属性"对话框，选中"Internet 协议版本 4（TCP/IPv4）"，单击"属性"按钮，打开"Internet 协议版本 4（TCP/IPv4）属性"对话框，设置 IP 地址（192.168.1.218）、子网掩码（255.255.255.0）、默认网关（192.168.1.1）和 DNS 服务器地址（192.168.1.218），保证首选 DNS 指向本机，如图 9-9 所示。

STEP 02 打开"服务器管理器"窗口

选择"开始"→"管理工具"→"服务器管理器"命令，或者单击任务栏上的"服务器管理器"图标，打开"服务器管理器"窗口，如图 9-10 所示，在右侧单击"2-添加角色和功能"链接。

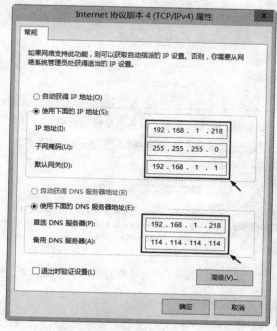

图 9-9　配置 IP 地址

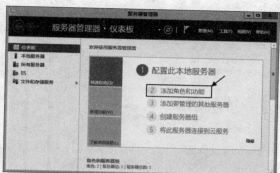

图 9-10　"服务器管理器"窗口

STEP 03 打开"开始之前"页面

（1）进入"开始之前"页面，如图 9-11 所示（请注意图中的框选部分，如果用户安装完 AD 服务想要删除它，可在此单击"启动删除角色和功能向导"链接），单击"下一步"按钮。

（2）进入"安装类型"页面，保持默认的"基于角色或基于功能的安装"，单击"下一步"按钮。

（3）进入"选择目标服务器"页面，此页显示了正在运行 Windows Server 2012 R2 的服务器以及已经在服务器中使用"添加服务器"命令添加的服务器。在此保持默认的"从服务器池中选择服务器"，在服务器池中选择本服务器，单击"下一步"按钮。

STEP 04 打开"选择服务器角色"页面

打开"选择服务器角色"页面，如图 9-12 所示。在该页面右侧的服务器角色列表中选择"Active Directory 域服务"，此时会弹出"添加 Active Directory 域服务 所需的功能？"提示对话框，如图 9-13 所示，单击"添加功能"按钮返回"选择服务器角色"页面，单击两次"下一步"按钮。

STEP 05 打开"Active Directory 域服务"页面

进入"Active Directory 域服务"页面，在此窗口右边显示 Active Directory 域服务的简介，如图 9-14 所示。单击"下一步"按钮。

图 9-11　"开始之前"页面　　　　　　　　图 9-12　"选择服务器角色"页面

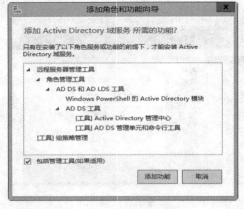

图 9-13　添加 Active Directory 域服务 所需的
　　　　　功能

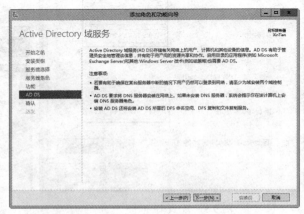

图 9-14　"Active Directory 域服务"页面

STEP 06　打开"确认安装所选内容"页面

　　打开"确认安装所选内容"页面,如图 9-15 所示,确认选择了正确的服务器角色,单击"安装"按钮。

STEP 07　打开"安装进度"页面

　　打开"安装进度"页面,开始 Active Directory 域服务的安装,如图 9-16 所示。

图 9-15　"确认安装所选内容"页面

图 9-16　"安装进度"页面

STEP 08 打开"安装进度—结果"页面

完成安装后出现"安装进度—结果"页面，如图 9-17 所示。在该页面中可以看到当前计算机已经安装了 Active Directory 域服务，但此时的服务器还不是域控制器，要想将服务器升级为域控制器，可以单击"将此服务器升级为域控制器"链接完成，此处请单击"关闭"按钮返回"服务器管理器"窗口。

STEP 09 返回"服务器管理器"窗口

返回"服务器管理器"窗口，如图 9-18 所示。在该窗口单击"AD DS"，可以看到 Active Directory 域服务已经安装完成，但还没有将当前服务器作为域控制器运行，因此需要单击右侧窗格中的"XINTIAN 中的 Active Directory 域服务 所需配置"右侧的"更多"链接继续完成域服务的安装。

图 9-17　"安装进度—结果"页面

图 9-18　在"服务器管理器"窗口查看域服务

STEP 10 进入"所有服务器 任务详细信息"窗口

打开"所有服务器 任务详细信息"窗口，如图 9-19 所示。单击"将使此计算机提升为域控制器"链接。

STEP 11 进入"部署配置"页面

进入"部署配置"页面，如图 9-20 所示。如果以前曾在该服务器上安装过 AD，可以选择"将新域添加到现有林（在现有林中创建现有域的子域）"或"将域控制器添加到现有域"选项；如果是第一次安装，则建议选择"添加新林"选项，输入根域名（如 xintian.com），单击"下一步"按钮。

图 9-19　"所有服务器 任务详细信息"窗口

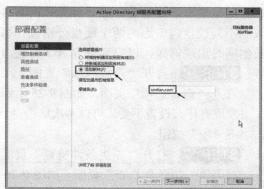
图 9-20　"部署配置"页面

STEP 12 进入"域控制器选项"页面

打开"域控制器选项"页面,如图 9-21 所示。在此窗口需要设置以下内容。

(1) 选择新林和根域的功能级别:此处选择的"林功能级别"为 Windows Server 2012 R2,此时"域功能级别"只能选择 Windows Server 2012 R2;如果选择其他林功能级别,就可以选择其他域功能级别了。

(2) 指定域控制器功能:默认会直接在此服务器上安装 DNS 服务器,第一台域控制器必须扮演全局编录服务器的角色,并且第一台域控制器不能是只读域控制器(RODC)。

(3) 设置目录服务还原模式的系统管理员密码:目录服务还原模式(目录服务修复模式)是一个安全模式,进入此模式可以修复 AD 数据库。可以在系统启动时按 F8 键来选择此模式,不过必须输入此处所设置的密码。

STEP 13 打开"DNS 选项"警告对话框

打开"DNS 选项"警告对话框,显示"无法创建 DNS 服务器委派,因为……",如图 9-22 所示,此警告目前不会有什么影响,不必理会它,单击"下一步"按钮。

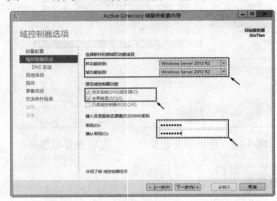
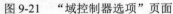

图 9-21 "域控制器选项"页面　　　　　　图 9-22 "DNS 选项"警告对话框

STEP 14 打开"NetBIOS 域名"页面

打开"NetBIOS 域名"页面,如图 9-23 所示。在该页面中系统自动出现默认的 NetBIOS 名称,用户也可以自行输入 NetBIOS 名称,保持默认单击"下一步"按钮。

STEP 15 打开"路径"页面

打开"路径"页面,如图 9-24 所示。在此页面分别设置数据库、日志文件和 SYSVOL 的存储位置,需要注意,如果计算机内有多个硬盘,建议将数据库与日志文件文件夹分别放到不同硬盘内,因为两个硬盘分别操作可以提高运行效率,而且分开存储可以避免两份数据同时出现问题,以提高修复 AD 的能力。单击"下一步"按钮。

STEP 16 打开"查看选项"页面

打开"查看选项"页面,如图 9-25 所示。在该页面中,可以看到前面设置的各项参数,如果发现有什么设置不妥,可以多次单击"上一步"按钮返回进行重新设置。确认无误后,单击"下一步"按钮。

STEP 17 打开"先决条件检查"页面

打开"先决条件检查"页面,如图 9-26 所示。如果顺利通过检查,就直接单击"安装"按钮进行安装,否则根据页面提示先排除问题,再进行安装。安装时间较长,安装完成后系统会自动重新启动。

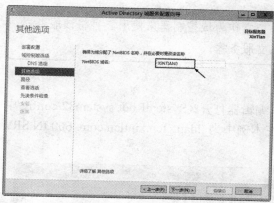

图 9-23 "NetBIOS 域名"页面

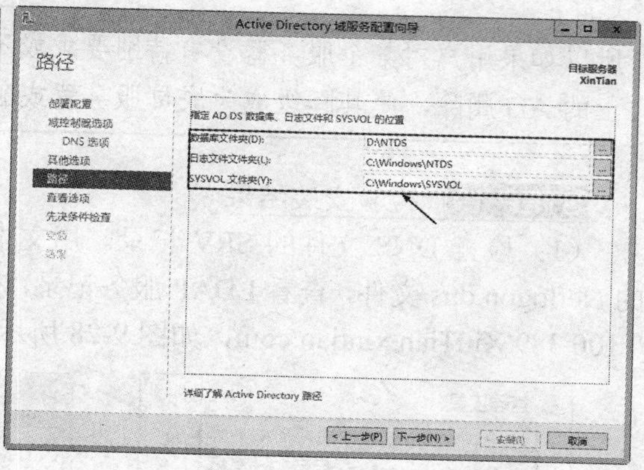

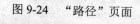

图 9-24 "路径"页面

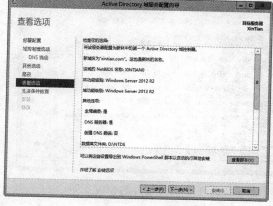

图 9-25 "查看选项"页面

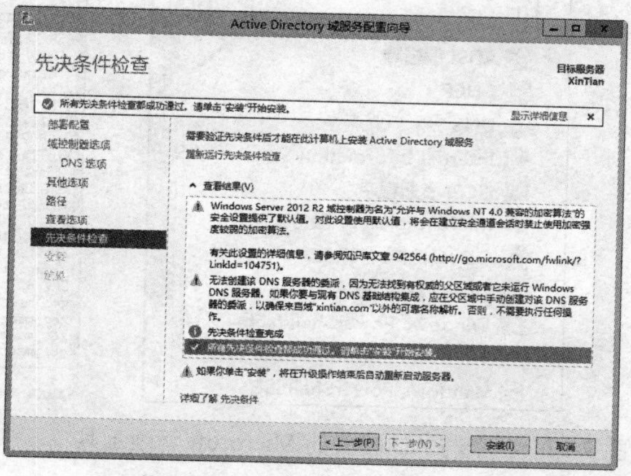

图 9-26 "先决条件检查"页面

STEP 18 查看安装完 AD 之后系统的变化

重启计算机,完成 AD 的安装。安装完 AD 之后,单击会出现四个与 AD 相关的 Microsoft 管理工具,如图 9-27 所示。

对四个与活动目录相关的 Microsoft 管理工具说明如下。

(1) Active Directory 管理中心: Windows Server 2008 R2 之后的版本才有"Active Directory 管理中心(简称管理中心)"。可以使用 AD 管理中心管理本地域,也可以使用相同的 Active Directory 管理中心实例和相同的登录凭据集,从任何其他域查看或管理 AD 对象。查看的域可以与本地域属于同一林,也可以不与本地林属于同一林,前提是该域已经与本地域建立了信任关系。该管理工具同时支持单向信任和双向信任。

(2) Active Directory 用户和计算机: 主要用于在活动目录中对用户、组、联系及组织单元等对象进行增加、修改及删除等操作。

(3) Active Directory 域和信任关系: 主要用于对基于 AD 的域和域的关系执行增加、修改及删除等操作。

(4) Active Directory 站点和服务: 通过位于基于 AD 网络站点中的域控制器来增加或修改复制行为和发布服务。

注意

在 AD 安装之后,不但服务器的开机和关机时间变长,而且系统的执行速度也变慢,所以如果用户对某个服务器没有特别要求或不把它作为域控制器来使用，可将该服务器上的 AD 删除，使其降级成为成员服务器或独立服务器。

STEP 19 检验安装结果

（1）检查 DNS 文件的 SRV 记录。用文本编辑器打开%SystemRoot/system32/config/中的 Netlogon.dns 文件，查看 LDAP 服务记录，在本例中为_ldap._tcp.xintian.com. 600 IN SRV 0 100 389 XinTian.xintian.com，如图 9-28 所示。

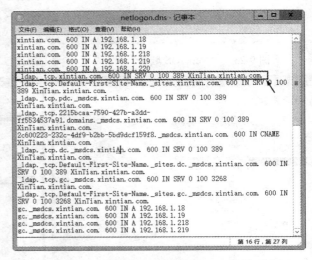

图 9-27　四个与 AD 相关的 Microsoft 管理工具　　　图 9-28　检查 DNS 文件的 SRV 记录

（2）选择"开始"→"运行"命令，进入 DOS 命令提示符状态，输入 ping www.xintian.com，若能 ping 通，则代表域控制器成功安装，如图 9-29 所示。

（3）验证 SRV 记录在 NSLOOKUP 命令工具中运行是否正常，操作方法如图 9-30 所示。

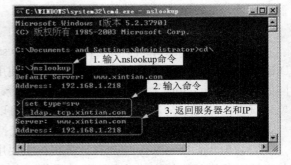

图 9-29　ping www.xintian.com　　　　　图 9-30　在 NSLOOKUP 命令工具中验证

（4）也可在 DOS 命令提示符状态，输入 netdom query fsmo，这时会显示五种角色都已经安装成功，如图 9-31 所示。

（5）还可在 DOS 命令提示符状态，使用 dcdiag /a 命令进一步验证 AD 是否安装正确，如图 9-32 所示。

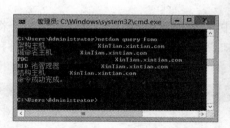

图 9-31　采用 netdom query fsmo 验证安装　　　　图 9-32　采用 dcdiag /a 验证安装

9.4.2　域用户账户的创建与管理

Windows Server 2012 R2 支持两种类型的用户账户：域用户账户和本地用户账户。当有新的用户需要访问域中的资源时，就需要创建一个新的域用户账号（如公司有新的员工加盟）。

 任务案例　9-2

在域控制器中，使用"Active Directory 用户和计算机"创建用户 lihy，并对其进行委派控制。

域用户账户的创建与管理

【操作步骤】

STEP 01　打开"Active Directory 用户和计算机"窗口

选择"开始"→"管理工具"→"Active Directory 用户和计算机"命令，打开"Active Directory 用户和计算机"窗口，展开 xintian.com 域节点，右击 Users，在弹出的快捷菜单中选择"新建"→"用户"命令，如图 9-33 所示。

STEP 02　打开"新建对象-用户"对话框

打开"新建对象-用户"对话框，输入用户姓和名及用户登录名等相关信息，如图 9-34 所示。

图 9-33　创建新用户　　　　　　　　　图 9-34　创建用户账号

STEP 03 打开设置用户密码页面

单击"下一步"按钮，打开设置用户密码页面，为用户设置密码，如图 9-35 所示。此处有四个选项，分别解释如下。

（1）用户下次登录时须更改密码。如果选中此选项表明当用户下次登录时系统将提示用户重新输入新的密码。该功能使管理员无法知道用户的密码，保证用户的密码只有用户本人知道，如图 9-36 所示。

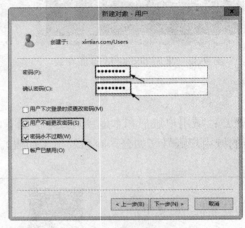

图 9-35　设置用户密码

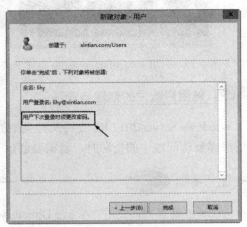

图 9-36　提示用户更改密码页面

（2）用户不能更改密码。该选项和上面的选项是完全相反的，选中此选项将使用户的密码不能被修改。当用户修改密码时会出现该页面，提示用户无权更改密码。

（3）密码永不过期。选中此选项表明该账号的密码将永不过期。在 Windows Server 2012 R2 中默认的密码过期时间为 42 天，密码过期后用户将无法登录计算机。

（4）账户已禁用。如果选中此选项表明该账号已被停止使用，当一个用户短期离开公司时（如出差）可以将账号禁用，待用户回来时由管理员再将该账号启用起来。当被禁用的账号登录时，会出现如图 9-37 所示的提示信息。

STEP 04 完成用户账号创建

选择合适的选项，单击"下一步"按钮，打开"新建对象-用户"完成提示页面，如图 9-38 所示，单击"完成"按钮完成用户账号的创建。

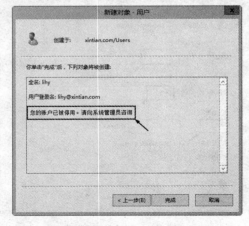

图 9-37　被禁用的账号无法登录

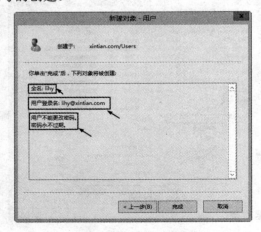

图 9-38　完成用户账号创建提示页面

STEP 05 设置委派控制

（1）在图 9-33 中右击 xintian.com 域，选择快捷菜单中的"委派控制"命令，打开"控制委派向导"对话框，如图 9-39 所示。

（2）单击"下一步"按钮，打开添加"用户或组"页面，如图 9-40 所示。

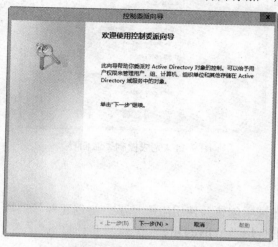

图 9-39　"控制委派向导"对话框

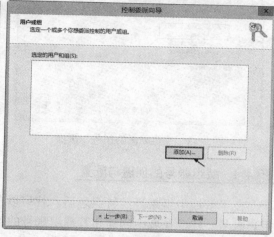

图 9-40　"用户或组"页面

（3）单击"添加"按钮，打开"选择用户、计算机或组"对话框，在"输入对象名称来选择"文本框中输入委派账号的名称（如 lihy），输入完成后，单击"检查名称"按钮检查输入的名称是否存在，如图 9-41 所示。

（4）单击"确定"按钮，返回"用户或组"页面，已添加好的委派账号如图 9-42 所示。

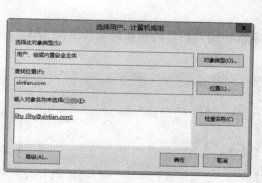

图 9-41　输入委派账号的名称

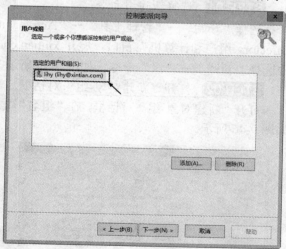

图 9-42　添加委派账号

（5）单击"下一步"按钮，打开"要委派的任务"页面，在其中选择"创建、删除和管理用户账户""将计算机加入域""管理组策略链接"等相关需委派的任务复选框，如图 9-43 所示。

（6）单击"下一步"按钮，完成控制委派向导，如图 9-44 所示。

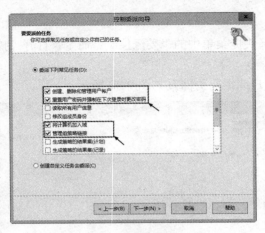
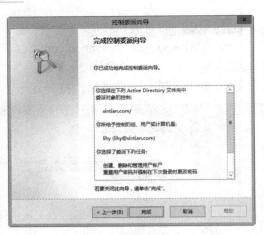

图 9-43　"要委派的任务"页面　　　　图 9-44　完成控制委派向导

9.4.3　域组账号的创建与配置

在了解域中组账号的特点之后，就可以在域中创建并使用组账号了。与创建和管理域用户账号一样，在域中创建和管理组账号的工具是"Active Directory 用户和计算机"。

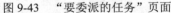
任务案例　*9-8*

在域控制器中使用"Active Directory 用户和计算机"创建域组账号 sale，并设置组账号属性。

【操作步骤】

 选择新建组命令

选择"开始"→"管理工具"→"Active Directory 用户和计算机"命令，打开"Active Directory 用户和计算机"窗口，展开 xintian.com 域节点，右击 Users，在弹出的快捷菜单中选择"新建"→"组"命令，如图 9-45 所示。

STEP 02　打开"新建对象-组"对话框

打开"新建对象-组"对话框，在"组名"文本框中输入新建的组账号名称（如 SALE），如图 9-46 所示。

图 9-45　创建新组　　　　　　　　图 9-46　创建组账号

（1）组名：新建的组账号名称，该名称在所创建的域中必须唯一。

（2）组名（Windows 2000 以前版本）：以前版本的 Windows，如 Windows NT 使用的组名称是系统自动输入的。

（3）组作用域：新建的组账号的作用范围，根据需要选择全局组、本地域组或通用组。

（4）组类型：新建的组账号的类型，根据需要选择安全组或通讯组。

STEP 03 查看新建的组账号

单击"确定"按钮创建组账号，返回"Active Directory 用户和计算机"窗口可以看到新建的组账号，如图 9-47 所示。

STEP 04 设置组账号属性

选中组名 SALE，右击，在弹出的快捷菜单中选择"属性"命令，打开"SALE 属性"对话框，如图 9-48 所示。

图 9-47 查看新建的组账号

图 9-48 "SALE 属性"对话框

（1）在"常规"选项卡中，可更改组的名称、组的作用域和组类型。注意，更改组类型会导致组的权限遗失。

（2）选择"成员"选项卡，可将其他的 AD 对象作为这个组的成员，这个成员将继承这个组的权限。

（3）选择"隶属于"选项卡，可将这个组设置为隶属于其他组的成员。

（4）选择"管理者"选项卡，可选择这个组的管理者，管理者可为该组更新成员。

完成设置后，分别单击"应用"和"确定"按钮后退出。

9.4.4 在活动目录中创建 OU

安装活动目录后，在"Active Directory 用户和计算机"窗口只有一个 OU——DomainControllers，其中有该域中充当域控制器角色的计算机账号。要想在域中使用组织单位进行资源管理，可以手工创建其他 OU。

—— 任务案例 *9-1*

在新天教育培训集团的域控制器中，使用"Active Directory 用户和计算机"创建"新天集团（北京）"OU，并创建市场部、技术部和财务部三个子 OU。

【操作步骤】

STEP 01 选择新建组织单位命令

在"Active Directory 用户和计算机"窗口中右击相应容器，如 xintian.com 域，在弹出的快捷菜单中选择"新建"→"组织单位"命令，如图 9-49 所示。

STEP 02 输入组织单位的名称

打开"新建对象-组织单位"对话框，在"名称"文本框中输入该组织单位的名称，如"新天集团（北京）"，如图 9-50 所示。

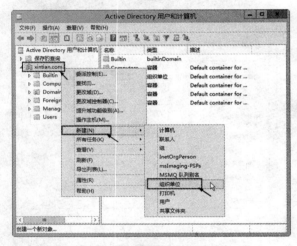

图 9-49　创建新组织单位

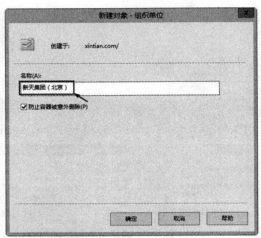

图 9-50　"新建对象-组织单位"对话框

STEP 03 创建 OU

单击"确定"按钮，完成 OU 创建。返回"Active Directory 用户和计算机"窗口可以看到新建的 OU——新天集团（北京）已经在域 xintian.com 下，如图 9-51 所示。

注意

不能在普通容器对象如 Users 下创建 OU，普通容器和 OU 是平级的，没有包含关系。只能在域或 OU 下创建 OU。

STEP 04 在 OU 中创建子 OU

在 AD 中 OU 是可以嵌套的，即在一个 OU 内还可以继续创建 OU。右击已存在的 OU，在弹出的快捷菜单中选择"新建"→"组织单位"命令，指定新建 OU 的名称，即完成 OU 的嵌套。如图 9-52 所示，在组织单位"新天集团（北京）"下分别创建了三个子 OU。

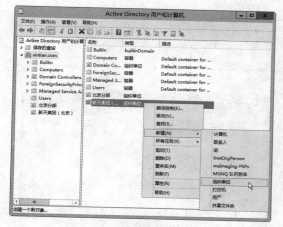

图 9-51 创建后查看新建的组织单位　　　　　图 9-52 在 AD 中实现 OU 嵌套

9.4.5 把计算机加入域

当域控制器安装完成之后，就可以将其他计算机加入域中，只有这样，拥有域账户的用户才能在已加入域的计算机上登录到域中。当客户机加入域时，会在域中自动创建计算机账户，它们位于 AD 中，由管理员进行管理。不过，客户机用户必须拥有系统管理员或域管理员的权限才能将计算机加入域。

将客户机加入域有两种方法：即在客户机上设置加入域和在域控制器上设置把计算机加入域。

── 任务案例 *9-5* ──────────────

在局域网中，选择一台安装 Windows 7 操作系统的客户机，将其加入刚才新建的 xintian.com 域中，并进行登录测试。

【操作步骤】

STEP 01 设置 TCP/IP 参数

为 Windows 7 客户机中配置好相应的 TCP/IP 参数，设置客户机的 IP 地址（如192.168.1.11）和子网掩码（使之与域控制器处于同一网络），并保证客户机的 DNS 指向（192.168.1.218）和 DC 的 DNS 指向保持一致。否则，查找域控制器的过程会非常慢。

STEP 02 打开"系统属性"窗口

右击"计算机"，在弹出的快捷菜单中选择"属性"命令，打开"系统属性"对话框，如图 9-53 所示。

STEP 03 打开"计算机名/域更改"对话框

单击"更改"按钮，打开"计算机名/域更改"对话框。在"隶属于"选项区域中选中"域"单选按钮，在文本框中输入要加入域的 DNS 名称（xintian.com），如图 9-54 所示。

提示

如果在加入域的过程中，出现如图 9-55 所示的出错提示，是因为使用"xintian.com"DNS 名称的客户机是通过 DNS 来定位域控制器的，如果域环境的 DNS 有问题，就会联系不到域控制器，加入不了域。此时可以更换 DNS 名称"xintian0"试试，因为"xintian"

使用域控的 NetBIOS 名来定位域控制器，是通过广播的方式来查找域控制器的，一般是可以找到的。

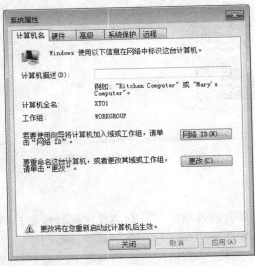

图 9-53 "系统属性"对话框

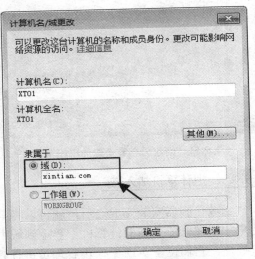

图 9-54 指定该计算机要加入的域的名称

STEP 04 输入有权限加入该域的账户名称和密码

单击"确定"按钮，出现如图 9-56 所示的对话框，在此输入有加入该域权限的用户名称和密码，如果是普通用户，在"Active Directory 用户和计算机"中添加用户后，需要为该用户设置委派控制。

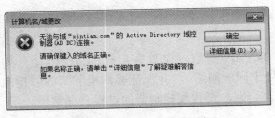

图 9-55 无法联系到域控制器

图 9-56 输入有权限加入该域的账户名称和密码

注意

从 Windows 2000 起，域中的普通用户就可以把计算机加入域，而在 Windows NT 4.0 中只有 Administrator 有此权利。需要注意的是，一个普通用户最多只能把 10 台计算机加入域，而 Administrator 是没有限制的。

STEP 05 加入成功后重新启动计算机

单击"确定"按钮，身份验证成功后出现如图 9-57 所示对话框，显示计算机加入域的操作成功。单击"确定"按钮，出现如图 9-58 所示的对话框，重新启动计算机。

图 9-57 加入域成功

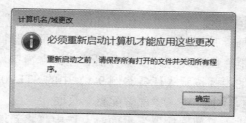

图 9-58 重新启动计算机提示对话框

STEP 06 域成员计算机登录到域

重启计算机后，出现如图 9-59 所示的登录界面，在用户名文本框中输入 lihy，然后输入密码，登录到域。

STEP 07 登录成功

由于加入域后计算机启动时要连接网络、创建域列表，因此这个过程需要的时间比较长。成功登录到域后，也就意味着获得了与登录用户相应的权限，域中的共享资源也就可以使用了，如图 9-60 所示。

图 9-59 登录界面

图 9-60 成功登录到域

9.4.6 在现有域下安装子域实现域树结构

有时根据网络设计的要求，需要在现有域下安装一个子域，从而形成域树的逻辑结构。创建子域的过程和创建主域控制器的过程基本相似，下面是在现有域 xintian.com 下安装子域 BeiJing.xintian.corn 的过程。

任务案例 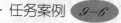 *9-6*

在现有域 xintian.com 下安装子域 BeiJing.xintian.corn 实现域树结构。

【操作步骤】

STEP 01 配置子域控制器的 IP 地址

在另一台安装有 Windows Server 2012 R2 操作系统的计算机上，首先确认"本地连接"属性 TCP/IP 首选 DNS 是否指向了域控制器（本例为 192.168.1.218），同时确认子域控制器 IP 地址（本例设置为 192.168.1.228）和域控制器在同一个网段。

STEP 02 添加 "Active Directory 域服务"

选择 "开始" → "管理工具" → "服务器管理器" 命令，或者单击任务栏上的 "服务器管理器" 图标，打开 "服务器管理器" 窗口，在右侧单击 "2-添加角色和功能" 链接。接下来的步骤按照【任务案例 9-1】中的 STEP03~STEP10 进行操作。

STEP 03 进入 "部署配置" 页面

当进入 "部署配置" 页面时，选中 "将新域添加到现有林" 单选按钮，单击 "未提供凭据" 后面的 "更改" 按钮，如图 9-61 所示。

STEP 04 进入 "Windows 安全" 对话框

进入 "Windows 安全" 对话框，在此对话框输入现有域中有权限的用户（如 xintian0\administrator）和密码，如图 9-62 所示，输入完成后单击 "确定" 按钮。

图 9-61   "部署配置" 页面   图 9-62   "Windows 安全" 对话框

> **注意**
>
> 在现有域下创建子域需要对现有域具有管理权限，因此，此处应提供一个对根域有管理权限的用户账户，输入时需要在用户名前加根域的 NetBIOS 名称。

STEP 05 返回提供凭据的 "部署配置" 页面

返回提供凭据的 "部署配置" 页面，在此页面的 "父域名" 文本框中选择或输入父域名称（如 xintian.com），在 "新域名" 文本框中输入新域名（如 BeiJing），如图 9-63 所示，单击 "下一步" 按钮。

STEP 06 进入 "域控制器选项" 页面

进入 "域控制器选项" 页面，如图 9-64 所示。在该页面需要设置 "域功能级别"，保持默认功能级别 Windows Server 2012 R2；指定域控制器功能和站点信息，保持勾选 "域名系统（DNS）服务器" 和 "全局编录"；在 "键入目录服务还原模式（DSRM）密码" 的 "密码" 文本框和 "确认密码" 文本框中输入密码，单击 "下一步" 按钮。

> **注意**
>
> 由于子域会自动继承父域的 DNS 名称，所以系统会自动生成新域的完整 DNS 名——BeiJing.xintian.com。

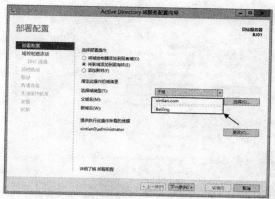

图 9-63 提供凭据的"部署配置"页面

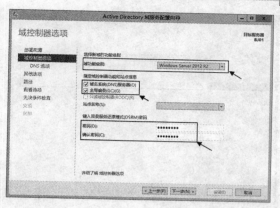

图 9-64 "域控制器选项"页面

STEP 07 进入"DNS 选项"页面

进入"DNS 选项"页面，如图 9-65 所示，默认选中"创建 DNS 委派"复选框，单击"下一步"按钮。

STEP 08 进入"其他选项"页面

进入"其他选项"页面，确保为域分配了 NetBIOS 名称，并在必要时更改该名称，如图 9-66 所示。在此保持默认的 NetBIOS 域名即可，单击"下一步"按钮。

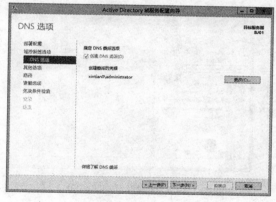

图 9-65 "DNS 选项"页面

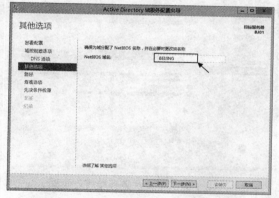

图 9-66 指定新域的 NetBIOS 名称

STEP 09 进入"路径"页面

进入"路径"页面，在该页面选择 AD 数据库和日志的安装位置、SYSVOL 文件夹的位置等信息，最后会出现如图 9-67 所示的摘要信息，单击"下一步"按钮。

STEP 10 进入"查看选项"页面

进入"查看选项"页面，在该页面可以看到前面有关子域控制器的设置信息，也可单击"查看脚本"按钮查看子域控制器的配置脚本，如图 9-68 所示，单击"下一步"按钮。

STEP 11 进入"先决条件检查"页面

进入"先决条件检查"页面，如图 9-69 所示。如果顺利通过检查，就直接单击"安装"按钮进行安装；否则，需要按提示排除问题后再进行安装。安装完成后重新启动计算机，该计算机就成为现有域 xintian.com 下的子域 BeiJing.xintian.com 的域控制器了。

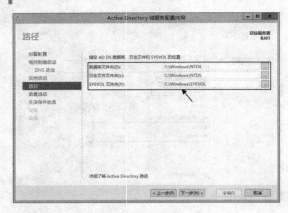 

图 9-67　"路径"页面　　　　　　　　　图 9-68　"查看选项"页面

STEP 12　创建验证子域

重新启动子域控制器后,在子域控制器中,选择"开始"→"管理工具"→"Active Directory 用户和计算机"命令,打开"Active Directory 用户和计算机"窗口,在目录树中可以看到 BeiJing.xintian.com 子域,如图 9-70 所示。

 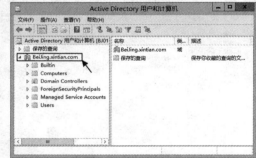

图 9-69　"先决条件检查"页面　　　　　　图 9-70　BeiJing.xintian.com 子域

> **注 意**
>
> 如果实验时子域控制器使用克隆方式克隆,两台计算机 SID 相同,此时会有报错。解决的办法是:在子域控制器上进入 C:\Windows \System32\sysprep\,运行 sysprep.exe,勾选"通用"项,然后重启计算机即可。

9.4.7　将域控制器降级为成员服务器

出于管理的目的,有时需要在 DC 上把 AD 删除,将其降级为成员服务器。下面的任务就是删除活动目录。

删除时要注意以下三点。

(1)如果该域内还有其他域控制器,则该域会被降级为该域的成员服务器。

(2)如果这个域控制器是该域的最后一个域控制器,则被降级后,该域内将不存在任何域控制器了。因此,该域控制器被删除,而该计算机被降级为独立服务器。

（3）如果这台域控制器是"全局编录"，则将其降级后，它将不再担当"全局编录"的角色，因此请先确定网络上是否还有其他的"全局编录"域控制器。

任务案例 9-7

在现有域控制器 xintian.com 上删除 AD，将其降级为成员服务器。

【操作步骤】

STEP 01 打开"服务器管理器"窗口

在域控制器中，选择"开始"→"管理工具"→"服务器管理器"命令，打开"服务器管理器"窗口，如图 9-71 所示，在该窗口中，单击右上方的"管理"菜单，选择"删除角色和功能"命令。

STEP 02 进入"删除角色和功能向导"对话框

进入"删除角色和功能向导"对话框，单击"下一步"按钮，进入"服务器选择"页面，再单击"下一步"按钮，进入"删除服务器角色"对话框，如图 9-72 所示，在该页面单击"Active Directory 域服务"，在弹出的对话框中单击"删除功能"按钮。

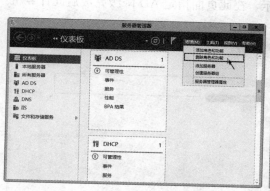

图 9-71 "服务器管理器"窗口

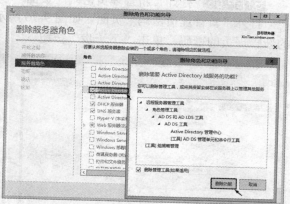

图 9-72 "删除角色和功能向导"对话框

STEP 03 打开"验证结果"页面

打开"验证结果"页面，如图 9-73 所示，单击"将此域控制器降级"链接即可将此域控制器降级。

STEP 04 打开"凭据"页面

打开"凭据"页面，如图 9-74 所示，在此需要选中"强制删除此域控制器"复选框，单击"下一步"按钮。

注意

此处必须要根据实际情况进行选择。也就是说，如果该计算机的确是域中的最后一台 DC，那么必须要选中"删除该域，因为此服务器是该域中的最后一个域控制器"选项，否则就不能完成 AD 的删除过程；而当该计算机不是域中的最后一台 DC 时，如果选中该单选按钮，也将无法完成 AD 的删除。

图 9-73 "验证结果"页面

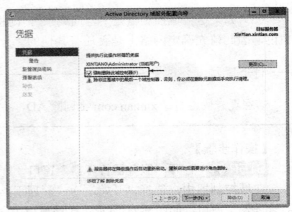

图 9-74 选中"强制删除此域控制器"复选框

STEP 05 打开"警告"页面

打开"警告"页面,在该页面选中"继续删除"复选框,如图 9-75 所示,单击"下一步"按钮。

STEP 06 打开"新管理员密码"页面

打开"新管理员密码"页面,如图 9-76 所示,在此页面指定 AD 降级完成后此计算机的新管理员的密码,单击"下一步"按钮。

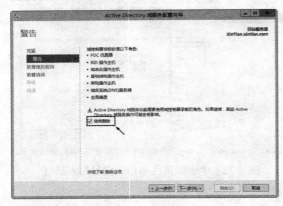

图 9-75 选中"继续删除"复选框

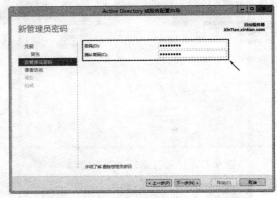

图 9-76 指定 AD 降级后新管理员的密码

注意

在安装 AD 时,计算机原有的本地用户提升为域用户;在 AD 降级时,原有的域用户丢失,系统会重新为该计算机生成本地用户账户。

STEP 07 打开"查看选项"页面

打开"查看选项"页面,如图 9-77 所示,在此页面单击"降级"按钮对控制器进行降级,稍等片刻,服务器将自动重启。

STEP 08 重新启动计算机

在重启后登录时,可以看到,此时登录的已经是本地管理员了,如图 9-78 所示,输入刚才删除 AD 时使用的密码进行登录。

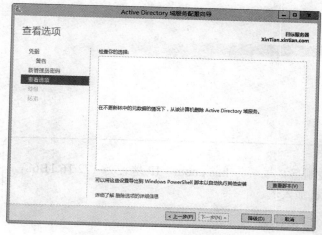

图 9-77 "查看选项"页面

图 9-78 重新登录

STEP 09 再次进入"服务器管理器"窗口

登录成功后，域控制器已经不是域控制器了，但 AD 服务的组件依然存在，因此需要继续进入"服务器管理器"窗口，再次执行"删除角色和功能"，进入"开始之前"页面，单击"下一步"按钮。

STEP 10 打开"删除服务器角色"页面

进入"删除服务器角色"页面，如图 9-79 所示，再次取消选中"Active Directory 域服务"，在弹出的对话框中单击"删除功能"按钮。

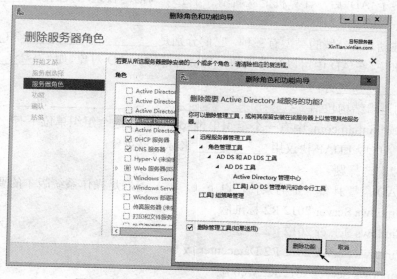

图 9-79 取消选中"Active Directory 域服务"

STEP 11 删除服务器角色

回到删除服务器角色页面时，确认"Active Directory 域服务"已经被取消选中（也可以一起取消选中 DNS 服务器），单击"下一步"按钮。出现"删除功能"页面，再次单击"下一步"按钮。在确认删除选择页面中单击"删除"按钮进行删除。

STEP 12 再次重启计算机

删除完成后再次重启计算机，完成删除，此时，域控制器已经降级为成员服务器了。

9.5 拓展训练

9.5.1 课堂训练

课堂任务

　　请为华翔科技集团安装一台域控制器，域名为 huax.com，IP 地址为 172.16.11.68，并将 IP 地址为 172.16.11.211 的客户机加入域。

【训练步骤】

请参考【任务案例 9-1】、【任务案例 9-2】和【任务案例 9-4】完成具体任务。

9.5.2 课外拓展

一、知识拓展

【拓展 9-1】填空题。

1. 在域模式下，_____是最小的安全边界，_____是最小的管理边界。

2. FAT32 文件系统转换为 NTFS 文件系统的方法是_____。

3. 当安装了 AD 后，计算机上就新增加了五个与活动目录相关的工具_____、_____、_____、_____和_____。

4. 在创建新域时，域的类型有三种，它们分别是_____、_____和_____。

5. 简单来说，在 AD 中可以被管理的一切资源都称为 AD 对象，如_____、_____、_____和_____等。

6. AD 的逻辑结构包括_____、_____、_____和_____。

7. 如在域 xintian.com 中有一个组织单位 office，在这个组织单位下有一个用户账户 lihy，那么在 AD 中 LDAP 协议用_____来标识该对象。

【拓展 9-2】选择题。

1. 安装 AD 需要具备一定的条件，以下（　　）不满足操作系统版本的要求。

  A. Windows Server 2012 R2 标准版

  B. Windows Server 2012 R2 企业版

  C. Windows Server 2012 R2 Datacenter 版

  D. Windows Server 2012 R2 Web 版

2. 将一台 Windows 系统的计算机安装为域控制器时，以下（　　）不是必须的。

  A. 安装者必须具有本地管理员权限

  B. 本地磁盘至少有一个分区是 NTFS

  C. 操作系统必须是 Windows Server 2012 R2

  D. 有相应的 DNS 服务器支持

3. 五环公司的总部组建了一个 Windows Server 2012 R2 林的根域，域名为 wuhuan.com.cn，广州分公司组建了子域 gz.guangzhou.com.cn。现在总部的 Tom 等 8 个用户账户需要访问广州分公司域中的共享文件夹 software，应如何实现（　　）。

A. 默认情况下，Tom 等账户可以直接访问文件夹 software，因为父域中的所有账户都可以直接访问子域中的任意资源

B. 默认情况下，Tom 等账户可以直接访问文件夹 software，因为父域和子域之间存在自动建立的信任关系，而被信任域可以访问信任域中的任意资源

C. 需要在子域上创建信任关系，使父域信任该域，然后 Tom 等账户就可以直接访问文件夹 software

D. 在父域上创建全局组 globall，在子域上创建本地域组 locall，将 Tom 等账户加入 globall 组，再将 globall 组加入 locall 组，在 software 文件夹上为 locall 组设置相应的权限

4. 公司为门市部新购买了一批计算机，门市部的员工经常不固定地使用计算机，现希望他们在任何一台计算机上登录都可以保持自己的桌面不变，可以（　　）来实现此功能。

A. 将所有的计算机加入工作组，为每个员工创建用户账户和本地配置文件

B. 将所有的计算机加入工作组，然后在工作组中创建用户账户并配置漫游配置文件

C. 将所有计算机加入域，在域中为每个员工创建一个用户账户和本地配置文件

D. 将所有计算机加入域，为每个员工创建一个域用户账户并使用漫游配置文件

二、技能拓展

【拓展 9-3】把原来是"工作组"模式的网络转换成"域"的模式，并完成：
1. 在网络中配置一台域控制器，其计算机全名为 Server.qtc.com。
2. 将网络中的其他计算机都加入该域中。
3. 设置一台成员服务器，并提供共享资源，实现客户机访问该共享资源。

【拓展 9-4】设置域用户账户属性。在"Active Directory 用户和计算机"窗口中右击某个用户账号，选择"属性"命令，打开用户账号"属性"窗口，对"常规""地址""电话""单位""账户""配置文件"等选项卡进行有效的配置与管理。

【拓展 9-5】在富达公司架设一台域控制器，父域是 fuda.com，在域中创建和管理三个组织单位、五个域用户账户、两个域组账户；另外架设一台子域控制器，域名是 beijing.fuda.com，将安装 Windows XP 的计算机加入和登录域中，使用 AD 中的资源。

9.6　总结提高

本项目具体介绍了 AD 的一些基本知识，以及 AD 的逻辑结构、物理结构，具体训练安装 AD 的能力，同时进行了域用户账户和域组账户的创建，将计算机加入域、在现有域下安装子域实现域树结构和删除 AD 等。

完成本项目后，认真填写学习情况考核登记表（表 9-2），并及时予以反馈。

表 9-2　学习情况考核登记表

序号	知识与技能	重要性	自我评价					小组评价					老师评价				
			A	B	C	D	E	A	B	C	D	E	A	B	C	D	E
1	能够安装活动目录	★★★★★															
2	能够进行域用户账户的创建与管理	★★★★☆															
3	能够进行域组账户的创建与管理	★★★★															
4	能够将计算机加入域	★★★★★															
5	能够安装子域实现域树结构	★★★															
6	能够删除活动目录	★★★☆															
7	能够登录到域	★★★☆															
8	能够测试域环境	★★★★															
9	能够完成课堂训练	★★★☆															

说明：评价等级分为 A、B、C、D、E 五等。其中，对知识与技能掌握很好，能够熟练地完成活动目录服务的配置与管理为 A 等，掌握了 75%以上的内容；能较为顺利地完成任务为 B 等；掌握 60%以上的内容为 C 等；基本掌握为 D 等；大部分内容不够清楚为 E 等。

配置与管理组策略

教学目标 ☞

知识目标
理解组策略的基本概念
理解组策略设置的类型
理解组策略对象和活动目录容器
熟悉针对计算机和用户的组策略设置
掌握配置和使用组策略
掌握 GPMC 工具的使用

技能目标
能够配置和使用组策略
能够使用 GPMC 工具
能够解决组策略冲突
能够对组策略进行监视和排错
能够对组策略进行安全性管理

态度目标 ☞

培养认真细致的工作态度和工作作风
养成刻苦、勤奋、好问、独立思考和细心检查的学习习惯
能与组员精诚合作，正确面对他人的成功或失败
具有一定的自学能力，分析、解决问题能力和创新能力

建议课时 ☞

教学课时：理论 4 课时+教学示范 2 课时
拓展训练课时：课堂模拟 4 课时+课堂训练 2 课时

在 Windows Server 2012 R2 的网络环境中，提高管理效率对于网络管理来说是至关重要的。组策略就是为了提高管理效率而在活动目录中采用的一种解决方案。网络管理员利用组策略可以在站点、域和 OU 对象上进行设置，管理其中的用户对象和计算机对象，帮助系统管理员针对整个计算机或是特定用户来设置多种配置，起到防止外泄个人隐私、保护计算机安全的作用。

本项目详细介绍组策略的基本概念，了解相关名词术语；掌握组策略的配置与使用；训练配置与管理组策略；设置组策略的刷新频率；赋予用户本地登录权限；在企业中应用组策略等方面的技能。

■ 10.1 情境描述 ■

利用组策略减轻网络管理员的管理负担

新天教育培训集团的信息化进程推进很快，公司开发了网站，也架设了 WWW 服务器、FTP 服务器和邮件服务器等，集团的大部分管理工作都可以在基于工作组模式的网络环境中实现。但是，近期公司业务发展迅猛、人员激增，各类资源也大量增加，网络安全隐患越来越多。

为此，新天教育培训集团向唐宇说明了上述情况，希望唐宇想办法在保证大量用户访问资源的同时，能够保证网络的安全、关闭相关的服务、设置账户策略、设置软件限制策略等，那么怎样才能实现呢？

唐宇经过分析，认为需要配置组策略来解决此问题，首先安装好活动目录，然后根据客户需要设置账户策略，设置软件限制策略等，从而实现组策略管理，保证网络的安全。

■10.2　任务分析 ■

1. 组策略简介

所谓策略（policy），是 Windows 中一种自动配置桌面设置的机制，而组策略（group policy），顾名思义，就是基于组的策略。它以 Windows 中的一个 MMC 管理单元的形式存在，可以帮助系统管理员针对整个计算机或是特定用户设置多种配置，包括桌面配置和安全配置。

说到组策略，就不得不提注册表。注册表是 Windows 系统中保存系统、应用软件配置的数据库，随着 Windows 功能越来越丰富，注册表里的配置项目也越来越多。组策略是 Windows 操作系统提供的一个关键性的更改和配置管理技术，它可以针对站点、域或组织单位设置组策略，这些组策略的设置存储在域控制器的活动目录内，供管理人员直接使用，从而达到方便管理计算机的目的。

2. 组策略的主要功能

组策略所提供的主要功能如下。

（1）账户策略的设定，如设定用户密码的长度、密码使用期限、账户锁定策略等。

（2）本地策略的设定，如审核策略的设定、用户权限的指派、安全性的设定。

（3）脚本（scripts）的设定，如登录/注销、启动/关机脚本的设定。

（4）用户工作环境的设定，如隐藏用户桌面上所有的图标，删除"开始"菜单中的"运行""搜索""关机"等功能，在"开始"菜单中添加"注销"功能等。

（5）软件的安装与删除，用户登录或计算机启动时，自动为用户安装应用软件、自动修复应用软件或自动删除应用软件。

（6）限制软件的运行，通过各种不同软件限制的规则，来限制域用户只能运行某些软件。

（7）文件夹转移，如改变"我的文档""开始菜单"等文件夹的存储位置。

（8）其他系统设定，如让所有的计算机都自动信任指定的 CA（certificate authority）认证。

3. 组策略对象和活动目录容器

管理员可以对活动目录中的站点、域和 OU 对象设置组策略，如图 10-1 所示。

在对这些对象设置组策略时有以下特点。

（1）一个 GPO 可以与多个站点、域和 OU 相连接，这样当需要对不同的对象执行相同策略管理时，可以减轻管理员的工作负担。

（2）每个站点、域和 OU 也可以应用多个 GPO。

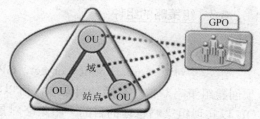

4. 本项目的具体任务

图 10-1　可以设置组策略的对象

本项目主要完成以下任务：使用活动目录工具创建组策略、在活动目录中应用组策略、设置组策略的刷新频率、赋予用户本地登录权限、设置用户的工作环境、设置软件限制策略、实现软件部署。

10.3 知识储备

10.3.1 组策略概述

组策略是一个管理用户工作环境的技术，可以通过它确保用户拥有所需的工作环境，也可以通过它来限制用户，这不仅让用户拥有适当的工作环境，也减轻了系统管理员的管理负担。

组策略的主要特点如下。

（1）通过对站点、域和 OU 设置组策略，可以对网络设置集中化的策略；通过组策略的阻止继承等特点，还可以对网络设置分散的策略。

（2）可以为用户设置合适的工作环境。

（3）降低控制用户和计算机环境的总费用。

（4）便于推行公司的整体策略。

10.3.2 组策略设置的类型

利用组策略可以进行很多方面的设置，主要设置类型如表 10-1 所示。

表 10-1 组策略设置的类型

设置类型	描述
管理模板	基于注册表的策略设置，如应用设置和用户工作环境设置
脚本	设置 Windows Server 2012 R2 开机、关机或用户登录、注销时运行的脚本
远程安装服务	当运行远程安装服务（remote installation service，RIS）的远程安装向导时，控制用户可能的选项设置
Internet Explorer 维护	管理和定制在 Windows Server 2012 R2 计算机上的 IE 浏览器的设置
文件夹重定向	在网络服务器上存储用户个性化文件夹的设置
安全性	进行本地计算机、域及网络安全性的设置
软件安装	设置集中化管理和软件安装

除表 10-1 中列出的设置类型以外，组策略还有很多其他方面的设置。

10.3.3 组策略的组件

1. 组策略对象

组策略对象（group policy object，GPO）是组策略的载体，要想实现组策略管理，必须创建组策略对象。在活动目录中，可以把组策略对象应用于特定的目标，如站点、域和 OU 以实现组策略管理的目的。组策略对象的内容存储在 GPC 和 GPT 中。

2. 组策略容器

组策略容器（group policy container，GPC）是包含 GPO 状态和版本信息的活动目录对象，一般存储在活动目录中。计算机使用 GPC 来定位组策略模板，而且域控制器可以访问 GPC 来获得 GPO 的版本信息。如果一台域控制器没有最新的 GPO 版本信息，那么就会引发为了获得最新 GPO 版本信息的活动目录复制。

在"Active Directory 用户和计算机"窗口中选择"查看"→"高级功能"命令，然后依次展开"域"→System→Policies，可以查看 GPC 的信息，如图 10-2 所示。

3. 组策略模板

组策略模板（group policy template，GPT）存储在域控制器上的 SYSVOL 共享文件夹中，用来提供所有的组策略设置和信息，包括管理模板、安全性、软件安装、脚本、文件夹重定向设置等。当创建一个 GPO 时，Windows Server 2012 R2 创建相应的 GPT。客户机能够接受组策略的配置就是因为它们和 DC 的 SYSVOL 文件夹链接，获得并应用这些设置。GPT 保存在%systemroot%\SYSVOL\sysvol 文件夹下，如图 10-3 所示。

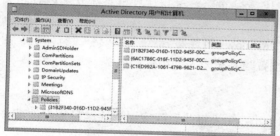

图 10-2　查看 GPC 信息

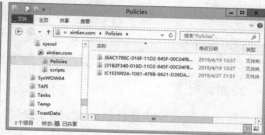

图 10-3　查看 GPT 信息

在图 10-2 和图 10-3 中可以看到一个字符串，这是用来标识 GPO 的 GUID（globally unique identifier，全局唯一标识符），GUID 是在创建对象时由 DC 分配的一个 128 位的字符串，该字符串永不重复。GUID 作为对象的属性被保存起来，用户不能修改或删除 GUID。

10.3.4　组策略设置的结构

组策略包含计算机配置与用户配置两部分。计算机配置仅对计算机环境产生影响，用户配置只对用户环境有影响。通过"开始"→"管理工具"→"组策略管理"命令，打开"组策略管理"窗口。展开域节点，在 xintian.com 节点，右击 Default Domain Controllers Policy，在弹出的菜单中选择"编辑"命令，打开"组策略管理编辑器"窗口，如图 10-4 所示。可以看到每个组策略都包括计算机配置和用户配置两部分。

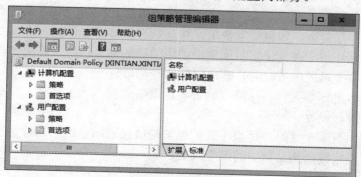

图 10-4　"组策略管理编辑器"窗口

1. 计算机配置

"计算机配置"策略只对该容器内的计算机对象生效。设置时首先可以建立相应的容器，配置该容器组策略的计算机配置，然后把计算机账号移到该容器中，以后当这些计算机重新启动时就会应用这些策略配置。

计算机配置由策略和首选项两部分组成，在策略项中包括软件设置、Windows 设置和管理模板三个子项。

（1）软件设置：该文件夹中包含"软件安装"，可以利用"软件安装"对计算机账号实现软件部署功能。

（2）Windows 设置：该文件夹中包含"脚本"和"安全设置"两部分内容。在"脚本"中可以设置当计算机启动或关机时执行特殊的程序和设置；在"安全设置"中主要有"账户策略""本地策略""事件日志""受限制的组""系统服务""注册表""文件系统""无线网络策略""公钥策略""软件限制策略""IP 安全策略"等与计算机系统安全内容相关的设置。

（3）管理模板：在"管理模板"中包含"Windows 组件""系统""网络""打印机"四部分，前三部分中又包括若干子内容，用来设置与系统相关的组件和服务。

2. 用户配置

"用户配置"策略是针对活动目录用户的策略，如果将此策略应用于活动目录中的某个容器上，那么该容器内的任何用户在域中任何一台计算机上登录时都会受此策略的影响。用户配置也是由策略和首选项两部分组成，在策略项中同样包括软件设置、Windows 设置和管理模板三个子项。

（1）软件设置：这里的"软件设置"也包含"软件安装"，与计算机配置中的"软件安装"不同，这里的"软件安装"可以对用户账号实现软件部署的功能。

（2）Windows 设置：该文件夹中包含"远程安装服务""脚本""安全性设置""文件夹重定向""IE 维护"等与用户登录及使用相关的设置。

（3）管理模板：其中包含"Windows 组件""任务栏和开始菜单""桌面""控制面板""共享文件夹""网络""系统"等内容。

10.3.5 设置组策略的原则

在给活动目录对象设置组策略时，应该遵循以下原则。

（1）除非特殊需要，否则不要使用阻止继承、禁止替代和 WMI 筛选器，因为这将使组策略应用变得非常复杂。如果必须使用，建议每次只使用一种。

（2）尽量限制作用于任何计算机或用户的组策略的数目。组策略大多将使组策略应用变得复杂，在只有少量的组策略时，解决问题比较简单。

（3）对组策略进行委派时，尽量限制管理组策略的管理员的数目，以免多个管理员同时对一个组策略进行设置。

（4）当站点中有多个域时，尽量不要把组策略链接到站点上，这样将会增加网络的负担，而应该把组策略链接到站点中的每个域上。

（5）在网络中部署组策略之前，首先做好规划并形成文档。

10.4　任务实施

10.4.1　组策略的设置方法

组策略在安装 Windows Server 2012 R2 的计算机上，通过启用基于 "Active Directory 用户和计算机" 窗口进行设置和管理。除了使用组策略为用户和计算机组定义配置以外，还可以为服务器配置特定的操作和安全设置，以便使用组策略管理服务器。

1. 创建域组策略

在 "组策略管理" 窗口中，可以为对象创建组策略。

任务案例 10-1

在 Windows Server 2012 R2 的 xintian.com 域中，分别为站点、域和 OU 创建与编辑组策略。

创建组策略

【操作步骤】

STEP 01　打开 "组策略管理" 窗口

选择 "开始" → "管理工具" → "组策略管理" 命令，打开 "组策略管理" 窗口，如图 10-5 所示。

STEP 02　新建组织单位 xintian

依次展开 "组策略管理" → "林：xintian.com" → "域" →xintian.com，右击 xintian.com，在弹出的快捷菜单中选择 "新建组织单位" 命令，新建 xintian，如图 10-6 所示。

图 10-5　"组策略管理" 窗口

图 10-6　在域中新建组织单位 xintian

STEP 03　为 xintian 新建 GPO

右击 xintian 组织单位，在弹出的快捷菜单中选择 "在这个域中创建 GPO 并在此处链接" 命令，打开如图 10-7 所示的 "新建 GPO" 对话框，在 "名称" 文本框中输入新建的 GPO 名称，如 XTGPO。

单击"确定"按钮，返回"组策略管理"窗口，展开 XTGPO 节点，如图 10-8 所示。

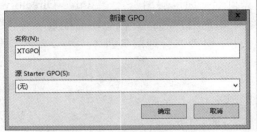

图 10-7　"新建 GPO"对话框　　　　　图 10-8　"组策略管理"窗口

2. 编辑组策略

默认情况下，新创建的策略并没有进行任何配置，为了达到某些功能或安全要求，必须对组策略进行编辑。

任务案例 10-2

在 Windows Server 2012 R2 的域中，对【任务案例 10-1】中新建的策略 XTGPO 进行编辑与管理。

编辑组策略

【操作步骤】

STEP 01 打开"组策略管理编辑器"窗口

在图 10-8 的"组策略管理"窗口中右击 XTGPO 策略，在弹出的快捷菜单中选择"编辑"命令，打开"组策略管理编辑器"窗口，如图 10-9 所示。在该窗口中，根据需要即可对组策略进行编辑。

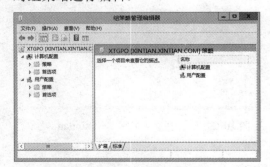

图 10-9　"组策略管理编辑器"窗口

STEP 02 进行管理设置

用户通过组策略可以管理的设置有很多种，根据设置的功能不同，会出现不同的配置选项，基本的设置包括简单的已启用或已禁用选项。例如，禁止所有用户进行远程访问连接。依次展开"用户配置"→"策略"→"管理模板"→"网络"，在右侧双击"删除所有用户远程访问连接"，即可进入设置对话框，如图 10-10 所示，高级设置还包括允许配置将要使用的值。

STEP 03 添加管理模板

在"组策略管理编辑器"窗口中，展开"计算机配置（或用户配置）"→"策略"，右击"管理模板"，在弹出的快捷菜单中选择"添加/删除模板"命令，打开"添加/删除模板"对话框，如图 10-11 所示。单击"添加"按钮，浏览并选择需要添加的模板即可。

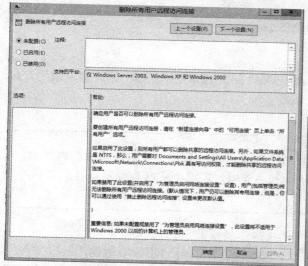 

图 10-10　"删除所有用户远程访问连接"对话框　　　　图 10-11　"添加/删除模板"对话框

STEP 04 筛选管理模板

（1）展开"计算机配置（或用户配置）"→"策略"→"管理模板"，右击管理模板下的任一容器（如服务器），在弹出的快捷菜单中选择"筛选器选项"命令，打开"筛选器选项"对话框，如图 10-12 所示。根据需要，设置所要筛选的类别。例如，选中"启用需求筛选器"复选框，并在列表中选中"Windows Server 2012 R2 操作系统"和"Windows Vista 操作系统"复选框，单击"确定"按钮，保存筛选配置。

（2）再次右击模板节点，在弹出的快捷菜单中选择"启用筛选器"命令，即可启动筛选器，如图 10-13 所示为筛选后的结果。此时，根据需要设置策略模板即可。

图 10-12　"筛选器选项"对话框　　　　　　图 10-13　筛选后的管理模板

筛选器的特点是只能应用在管理模板上，组策略其他区域的设置不会受到影响，也不会被筛选掉。但是，这些设置被更新和修改的频率不如管理模板。

10.4.2 本地组策略中 Windows 设置的应用

1. 体验本地组策略设置

如果要关闭没有安装活动目录的 Windows Server 2012 R2 计算机，系统会要求用户提供关机理由，这就是本地计算机的相关策略决定的。

── 任务案例 *10-3* ─────────────────────────

　　如果要关闭运行 Windows Server 2012 R2 的计算机，系统会要求提供关机的理由，如图 10-14 所示。请通过设置本地计算机的相关策略，实现关机时系统不再要求选择关机理由。

图 10-14　关机理由

【操作步骤】
STEP 01 打开"组策略管理"窗口

　　选择"开始"→"运行"命令，打开"运行"对话框，在"打开"文本框中输入 gpedit.msc，单击"确定"按钮。

STEP 02 打开"本地组策略编辑器"窗口

　　打开"本地组策略编辑器"窗口，如图 10-15 所示。依次展开"本地计算机 策略"→"计算机配置"→"管理模板"→"系统"，双击右侧的"关闭事件跟踪程序"。

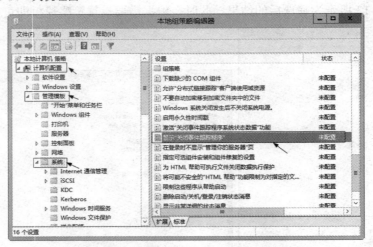

图 10-15　"本地组策略编辑器"窗口

STEP 03 打开"显示'关闭事件跟踪程序'"对话框

　　打开"显示'关闭事件跟踪程序'"对话框，如图 10-16 所示。选中"已禁用"单选按钮，单击"确定"按钮，以后关机或重启计算机时，系统就不会再询问理由了。

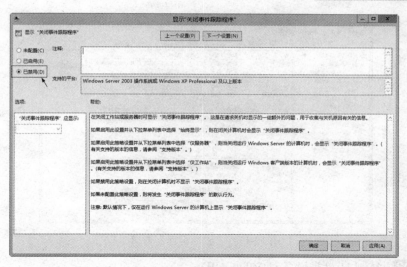

图 10-16　"显示'关闭事件跟踪程序'"对话框

2. 在本地组策略中配置相关安全设置

所有安全策略都是基于"计算机配置"的策略，与本地计算机上的用户账户或登录计算机的域用户账户无关。Windows Server 2012 R2 系统的安全机制更加完善，但默认情况下并未配置，因此起不到任何保护作用，必须根据需要启用并配置这些安全策略，以确保系统安全。

任务案例

　　在 Windows Server 2012 R2 中，根据需要运用"本地组策略编辑器"启用并配置密码策略、账户锁定策略和审核策略等相关安全策略。

【操作步骤】

完成本任务的具体步骤请参考【任务案例 2-5】。

10.4.3　本地组策略中管理模板的应用

通过在所有客户机上部署硬件设备安装限制安全策略，可以阻止用户随便在计算机上安装任何硬件设备，从而导致不必要的系统安全问题。例如，通过限制使用 U 盘等可移动存储设备，不仅可以阻止部分病毒的传播，还可以避免重要的信息失窃。

任务案例

　　在 Windows Server 2012 R2 系统中，通过硬件设备的 GUID 值，禁止安装指定的硬件设备。

【操作步骤】

STEP 01　打开"磁盘管理"窗口

将 U 盘插入计算机的 USB 接口，选择"开始"→"管理工具"→"计算机管理"命令，打开"计算机管理"窗口，依次展开"计算机管理"→"存储"→"磁盘管理"，如图 10-17 所示。

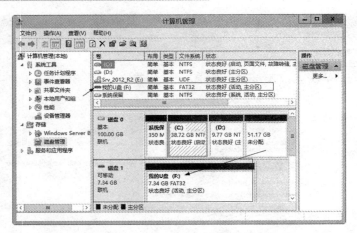

图 10-17 "磁盘管理"窗口

STEP 02 复制 U 盘类设备对应的 GUID

右击 U 盘对应的设备名称（磁盘 1），在弹出的菜单中选择"属性"命令，打开 U 盘属性对话框，切换至"详细信息"选项卡。在"属性"下拉列表中选择"类 Guid"选项，在"值"列表中显示的就是 U 盘类设备对应的 GUID，如图 10-18 所示，将此值复制后，单击"确定"按钮，关闭对话框。

STEP 03 复制 U 盘类设备对应的 GUID

在"本地组策略管理器"窗口中依次展开"计算机配置"→"管理模板"→"系统"→"设备安装"→"设备安装限制"。

STEP 04 启用"阻止安装与下列任何设备 ID 相匹配的设备"对话框

在窗口右侧双击"阻止安装与下列任何设备 ID 相匹配的设备"策略，打开"阻止安装与下列任何设备 ID 相匹配的设备"对话框，如图 10-19 所示，选中"已启用"单选按钮。如果该设备已经在本机安装过，那么，还需要选中"也适用于匹配已安装的设备"复选框，单击"确定"按钮保存设置。

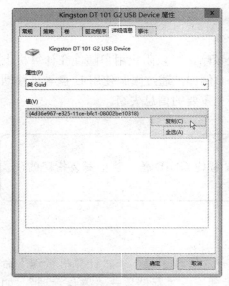

图 10-18 "详细信息"选项卡

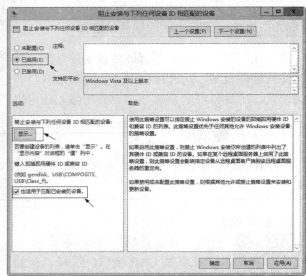

图 10-19 "阻止安装与下列任何
设备 ID 相匹配的设备"对话框

STEP 05 粘贴 U 盘类设备的 GUID

单击"显示"按钮，打开"显示内容"对话框，默认此列表为空白。将 STEP02 复制的 U 盘类设备 GUID 粘贴到"值"文本框中，如图 10-20 所示，单击"确定"按钮保存设置。

STEP 06 验证 U 盘是否可用

由于以上策略只是阻止使用 U 盘类设备，所以应用此策略后，用户仍可以将 U 盘插入 USB 接口，但系统会提示设备已被组策略所禁止，U 盘无法正常使用，如图 10-21 所示。

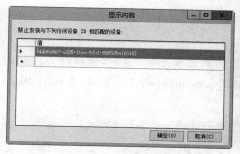

图 10-20　"显示内容"对话框

图 10-21　U 盘当前不可用

这些措施并不能从根本上解决核心数据的安全问题，恶意用户仍然可以通过电子邮件发送数据，如果管理员具备工作站或服务器的物理操作权限，则盗取数据更是易如反掌。所以，最完美的解决方案是确保核心数据的访问权限，而不是仅仅依靠组策略。

10.4.4　设置组策略的刷新频率

1. 自动刷新策略

当计算机启动时应用组策略中的计算机配置，当用户登录时应用组策略中的用户配置。除此以外，组策略还会每隔一段时间自动运行一次，这个时间间隔称为组策略的刷新频率。刷新频率因计算机在域中的角色不同而不同。

（1）在域控制器上默认情况下每隔 5 分钟刷新一次，这将确保在域控制器上紧急的新创建的组策略如安全性设置，将在 5 分钟内得到执行。

（2）在域中的成员服务器上默认情况下每隔 90 分钟刷新一次，而且有一个 0～30 分钟的随机的时间偏移，这将保证不会有多个计算机同时连接到一台域控制器上。

任务案例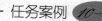

在 Windows Server 2012 R2 的域中，修改组策略的刷新频率。

【操作步骤】

STEP 01 打开一个组策略

打开一个组策略，在"组策略管理编辑器"窗口中依次展开"计算机配置"→"策略"→"管理模板"→"系统"→"组策略"，如图 10-22 所示。

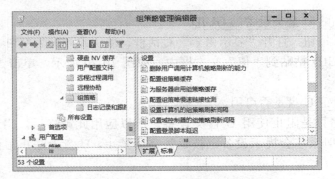

图 10-22　"组策略管理编辑器"窗口

STEP 02 启用"设置域控制器的组策略刷新间隔"

在窗口右侧分别双击并启用"设置域控制器的组策略刷新间隔"和"设置计算机的组策略刷新间隔"策略。可以根据需要分别设置刷新间隔和时间偏移，如图 10-23 和图 10-24 所示。

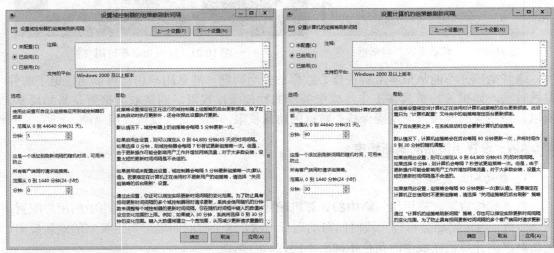

图 10-23　设置域控制器的组策略刷新间隔　　　图 10-24　设置计算机的组策略刷新间隔

2. 手工刷新组策略

除了组策略的自动刷新外，还可以利用 gpupdate 命令手工刷新组策略，在命令提示符下输入 gpupdate 命令即可，如图 10-25 所示。

图 10-25　利用 gpupdate 命令手工刷新组策略

10.4.5　赋予用户本地登录权限

默认情况下在 DC 上是不允许普通用户登录的,但通过修改策略可以让普通用户在 DC 上登录。

任务案例 *10-7*

在 Windows Server 2012 R2 的 xintian.com 域中,赋予普通用户在域控制器上的本地登录权限,让 lihy 在 DC 上可以登录。

【操作步骤】

STEP 01　打开"Default Domain Controllers Policy"

以 Administrator 在 xintian 计算机上登录,依次选择"开始"→"管理工具"→"组策略管理"命令,打开"组策略管理"窗口。依次展开"组策略管理"→"林:xintian.com"→"域"→xintian.com,右击 Default Domain Controllers Policy,在弹出的菜单中选择"编辑"命令,打开"组策略管理编辑器"窗口。

STEP 02　打开"允许本地登录"策略

在"组策略管理编辑器"窗口中依次展开"计算机配置"→"策略"→"Windows 设置"→"安全设置"→"本地策略"→"用户权限分配",在右侧窗口双击"允许本地登录"策略,如图 10-26 所示。

STEP 03　赋予 lihy 本地登录权限

打开"允许本地登录 属性"对话框,可以看到默认情况下哪些账号可以在域控制器上登录。选中"定义这些策略设置"复选框,单击"添加用户或组"按钮,在打开的"添加用户或组"对话框中添加准备赋予本地登录权限的用户 lihy,单击"确定"按钮,如图 10-27 所示。

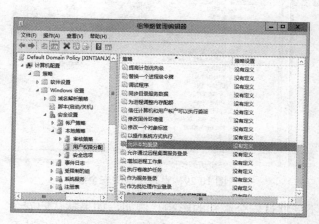

图 10-26　设置"允许本地登录"策略

图 10-27　赋予 lihy 本地登录权限

STEP 04 保存策略并验证登录

连续单击"确定"按钮，保存策略。用 lihy 账号登录 xintian 计算机，发现可以成功登录。

10.4.6 设置软件限制策略

在"组策略编辑器"中可以看到，无论是计算机配置还是用户配置的 "策略"→ "Windows 设置"→"安全设置"中都有一个"软件限制策略"文件夹。

1. 软件限制策略的管理目的

（1）控制软件在系统中的运行能力。例如，如果担心用户收到的邮件中有病毒，可以应用策略设置不允许某些文件类型在邮件程序的目录中运行。

（2）允许用户在多用户计算机上仅运行特定文件。如果在计算机上有多个用户，可以设置这样的软件限制策略——除用户工作所需的特定文件外，他们不能访问任何软件。

（3）控制软件限制策略是对所有用户生效，还是只对某些用户生效。

（4）阻止任何文件在本地计算机、站点、域或组织单位中运行。如果系统中存在已知病毒，可以使用软件限制策略阻止计算机打开含有这些病毒的文件。

2. 软件限制策略的结构

在"组策略管理编辑器"中依次展开"计算机配置"→"策略"→"Windows 设置"→ "安全设置"→"软件限制策略"，可以看到如图 10-28 所示的页面。

在"安全级别"文件夹中可以看到不允许、基本用户和不受限三个选项。

① 不允许：无论用户的权限如何都不允许运行软件。

② 基本用户：允许访问一般用户可以访问的资源，但没有管理员的访问权。

③ 不受限：允许登录用户以完全权限运行软件。

默认的安全级别是"不受限"，如果要改变默认的安全级别，只要右击策略选项，在弹出的快捷菜单中选择"设置为默认"命令即可，如图 10-29 所示。

图 10-28　软件限制策略

图 10-29　设置默认的安全级别

利用"其他规则"创建的策略可以不受默认安全级别的影响。例如，如果默认的安全级别为"不受限"，则可以相对于该默认安全级别创建一个哈希规则做出相反的动作，从而禁止某个软件程序运行。

在"软件限制策略"子项中，右击"其他规则"，在弹出的快捷菜单中可以看到能够新建四种规则类型。

（1）哈希规则：哈希规则将按照哈希算法对软件进行哈希运算，并生成一个唯一的哈希值。在用户打开该软件时，系统会将该程序的哈希值与软件限制策略中已有的哈希值进行比较，然后采取软件规则中指定的动作。一个软件无论放在计算机上的任何位置，其哈希值都是一样的。当软件被重命名时，其哈希值不会改变，但是只要软件的内容发生了任何细微的改变，其哈希值都会更改，将不再受软件限制策略的影响。例如，为了防止用户运行某个软件，可以创建一个哈希规则指定该软件，并把安全级别设置为"不允许"。

（2）证书规则：证书规则使用签名证书来标识软件，然后根据安全级别的设置决定是否允许软件运行。例如，可以用证书规则自动管理域中来自可信任源的软件，而无须提示用户。

（3）路径规则：路径规则通过软件所在的路径对其进行标识。例如，如果计算机的默认安全级别为"不允许"，则通过创建路径规则并指定安全级别为"不受限"，可以授权用户不受限制地访问特定文件夹。

（4）网络区域规则：网络区域规则只适用于 Windows Installer 软件包。区域规则可以标识那些来自 Internet 指定区域的软件。这些区域包括：Internet、Intranet、受限站点、信任站点以及本地计算机。例如，为了让用户都从 Intranet 安装 Windows Installer 软件包，可以把系统默认的安全级别设置为"不允许"，然后创建一个 Internet 区域规则，指定 Intranet 区域，并把安全级别设置为"不受限"。

3. 熟悉规则的优先权

对一个软件可以应用多个软件限制策略规则，在这种情况下，将由具有最高优先权的规则来确定软件是否运行。

规则的优先权如下（从高到低）：哈希规则>证书规则>路径规则>网络区域规则。如果对同一对象应用了两个路径规则，则两者中更加具体的规则将具有优先权。另外，如果对软件设置了两个只是安全级别不同的规则，则更加保守的规则将获得优先权。

下面以创建路径规则和哈希规则为例，讲解并演示软件限制策略的使用。

任务案例

设置软件限制策略的路径规则：通过为计算机配置路径规则，使某软件不能在计算机上运行。

【操作步骤】

STEP 01　选择"创建软件限制策略"命令

在"组策略管理编辑器"中，依次展开"计算机配置"→"策略"→"Windows 设置"→"安全设置"→"软件限制策略"，右击"其他规则"，在弹出的快捷菜单中选择"新建路径规则"命令，如图 10-30 所示。

STEP 02 新建路径规则

弹出"新建路径规则"对话框，单击"浏览"按钮，指定要限制的应用程序路径，在"安全级别"下拉列表中指定安全级别为"不允许"，在"描述"文本框中输入此规则的描述信息，如图 10-31 所示。单击"确定"按钮，保存并应用策略。

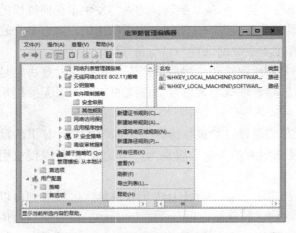

图 10-30　"新建路径规则"命令　　　　　图 10-31　"新建路径规则"对话框

STEP 03 检验软件限制策略是否生效

重新启动计算机，以 lihy 登录，在"运行"窗口中输入 C:\Windows\system32\calc.exe 命令，不能运行应用程序，弹出无法打开 calc 的提示，说明软件限制策略生效。

STEP 04 检验软件限制策略与用户身份是否有关

注销，然后以 Administrator 登录计算机，运行同样的命令，可以看到相同的提示信息，说明软件限制策略与用户身份无关。

STEP 05 检验软件限制策略与用户身份是否有关

重新编辑该组策略对象，在"组策略编辑器"中单击"软件限制策略"，在右侧窗口中右击"强制"，在弹出的快捷菜单中选择"属性"命令，弹出"强制属性"对话框。在此可以设置软件限制策略应用的用户对象和应用程序对象的范围。在"将软件限制策略应用到下列用户"中选中"除本地管理员以外的所有用户"单选按钮（默认是"所有用户"）。单击"确定"按钮，保存并应用策略。

STEP 06 检验配置结果

重新启动计算机，再次以 Administrator 登录，运行同样的命令，发现可以打开应用程序了，而以 lihy 登录，仍然不能打开应用程序。

10.4.7　批量自动安装客户机软件

网络管理员在布置域中的软件时，常常要在多台计算机上对软件进行安装、修复、卸载和升级操作。若在每台计算机上重复进行这些操作，工作量大且容易出错。利用组策略技术，则可自动将程序分发到客户机或用户，这种技术称为分发软件。分发软件的方式有指派和发布两种，如表 10-2 所示。

表 10-2   两种分发软件的方式

方式	指派软件	发布软件
给计算机	计算机启动时，软件将自动安装到计算机的 Documents and Setting All Users 目录里	不能发布给计算机
给用户	用户在登录客户机时，应用程序将会被安装到系统中	不会自动安装软件本身，须由用户手动安装

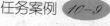

任务案例 10-9

在 Windows Server 2012 R2 的域控制器中，采用指派软件的方式为域中的客户机分发搜狗拼音输入法，并且保证客户机的用户登录时能自行安装 sogou_pinyin。

【操作步骤】

STEP 01   下载并安装有关文件

先以管理员身份登录到用来存放分发软件的域控制器，创建一个用于保存所需分发软件的共享文件夹（如 D:\softtools），并保证域用户具有读取权限，再上网搜索并下载 sogou_pinyin 和 MSI 的转换工具 Advanced Installer 保存至该文件夹，然后安装并打开 Advanced Installer 进入其主界面，如图 10-32 所示。

STEP 02   创建的 MSI 格式的安装文件

在主界面选择"新建"→"转换"→"EXE 转换成 MSI"，单击"创建项目"按钮进入设置项目相关细节的对话框，在"输入您的应用程序名称"文本框中输入需发布软件的名称（如 sogou_pinyin），在"输入您的组织名称"文本框中输入单位名称（如 xintian），单击"下一步"按钮进入设置项目和程序包的路径页面，在该页面保持默认设置；单击"下一步"按钮进入"配置包"选择页面，如图 10-33 所示。

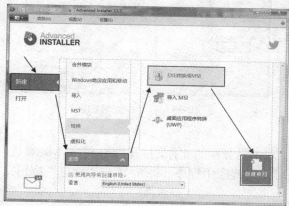

图 10-32   Advanced Installer 的主界面

图 10-33   "配置包"选择页面

单击"完成"按钮，即可将原有的 EXE 文件转换成 MSI 文件，并提示"构建成功完成"，在提示窗口可看到新生成的 MSI 文件存储在默认的 C:\Users\Administrator\Documents\Advanced Installer\Projects\文件夹中，将要分发的安装软件（.msi 文件，如 sogou_pinyin.msi）拷贝到 D:\softtools 文件夹中。

提示

　　通过组策略只能够分发 msi 封装的程序安装包，对于 exe 封装的安装包，可使用 Advanced Installer、WinInstall 等工具重新封装成 msi 格式的安装包。通常用户下载的软件大部分都是 exe 文件，必须先进行转换，才能进行发布。

STEP 03 创建 GPO

　　创建一个用于分发软件的 GPO。参考【任务案例 10-1】打开"组策略管理"窗口，依次展开后为"组策略对象"新建 GPO，打开"新建 GPO"对话框，在名称文本框中输入"指派软件"，单击"确定"按钮返回"组策略管理"窗口。接下来右击新建的"指派软件" GPO，在弹出的快捷菜单中选择"编辑"命令，打开"组策略管理编辑器"窗口，在左窗格中依次展开"用户配置"→"策略"→"软件设置"，右击"软件安装"，在弹出的快捷菜单中选择"新建"→"数据包"命令，如图 10-34 所示。

STEP 04 打开"部署软件"窗口

　　弹出"打开"对话框，在左窗格中单击"网络"节点，选择软件分发点所在的位置（一定要是网络路径，如"\\192.168.1.218\Dsofttools"）。在右窗格中选择需安装的软件包（如 sogou_pinyin），单击"打开"按钮，在打开的"部署软件"对话框中选择"已分配"或"已发布"（"已发布"并不会将程序安装到客户机上，但可以在客户机的"添加更新程序"中看到，当有需要时可以自行选择安装），这里选择"已分配"，然后单击"确定"按钮，如图 10-35 所示。

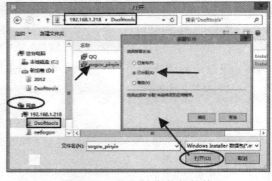

图 10-34　新建程序包　　　　　　　　　　　　图 10-35　打开被安装的软件

STEP 05 完成分配软件的设置

　　软件指派完成后的效果如图 10-36 所示，双击已分配的软件，打开"sogou_pinyin 属性"对话框，单击"部署"按钮，勾选"在登录时安装此应用程序（I）"，单击"确定"按钮完成设置。

STEP 06 执行刷新组策略命令

　　在域控制器上执行刷新组策略命令 gpupdate/force，如图 10-37 所示。

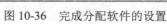

图 10-36　完成分配软件的设置　　　　　　　　图 10-37　刷新组策略

STEP 07　在客户机上添加新程序

　　在域中的客户机上注销重新登录到域，当客户机登录时首先会出现"正在安装托管软件 sogou_pinyin"的提示，如图 10-38 所示。接下来系统会自动运行安装文件，并出现安装界面，如图 10-39 所示。此时，用户只需要按提示进行安装即可。

图 10-38　"正在安装托管软件 sogou_pinyin"的提示

图 10-39　客户机的安装界面

10.5　拓展训练

　　请为新天教育培训集团设置组策略，并按要求完成课堂任务。

课堂任务　*10-1*

　　要求在独立的 Windows Server 2012 R2 系统中完成以下策略设置。

【训练要求】

（1）禁止更改桌面背景。

（2）禁止显示系统时间。

（3）禁用 IE 的"另存为"功能。

（4）在按下"Ctrl+Alt+Shift"组合键后，禁止用户"锁定计算机"。

（5）禁用"添加/删除程序"功能。

课堂任务　*10-2*

　　请为华泰公司的 Windows Server 2012 R2 服务器配置密码策略和账户锁定策略，账户被锁定后，只有管理员账户才能解锁。文件服务器上有一个文件夹 D:\data，为了加强数据的安全性，管理员需要审核所有用户账户对该文件夹的访问情况。

【训练提示】

（1）启用密码复杂性策略，配置密码最短长度要求。

（2）配置账户锁定阈值。

（3）启用审核对象访问策略。

（4）查看审核结果。

课堂任务 10-3

为华泰公司创建一个域 huatai.com，在域中建立财务部、人事部和技术部三个 OU，分别对三个 OU 设置如下策略并予以验证。

【训练要求】

（1）在各 OU 中添加、删除、移动用户、计算机和其他组织单元。

（2）查看和设置 OU 的属性。

（3）为各 OU 分别新建组策略对象，并分别命名为财务部策略、人事部策略和技术部策略。

（4）在财务部策略中控制网络用户对网络的访问。

（5）在人事部策略中利用哈希规则设置软件限制策略，限制用户使用 QQ。

（6）在技术部策略中设置软件指派策略，对某应用软件实现指派方式的软件分发。

（7）利用组策略中的"用户配置"，让"财务部" OU 内的所有用户在登录域后删除"开始"菜单中的"运行"选项。

10.5.2 课外拓展

一、知识拓展

【拓展 10-1】 填空题。

1. 管理员可以对活动目录中的_____、_____和_____对象设置组策略。

2. 利用组策略可以进行很多方面的设置，主要设置类型有_____、_____、_____和_____等。

3. 组策略模板存储在域控制器上的_____共享文件夹中，用来提供所有的组策略设置和信息，包括_____、_____、_____、_____和_____等。

4. 打开"组策略编辑器"后，可以看到每个组策略都包括_____和_____两部分的设置。而且每部分都包括_____、_____和_____三部分内容。

5. 组策略对象的内容存储在_____和_____中。

6. 打开组策略编辑器的命令是_____。

【拓展 10-2】 选择题。

1. 组策略对象包括（　　）。

A. 站点 B. 域 C. OU D. 计算机配置

2. 某公司网络中只有一个域，所有域服务器安装 Windows Server 2012 R2 系统。公司购买了一台新的服务器用于测试应用程序，安全策略要求 30 分钟内三次使用错误密码登录，账户将被锁定。公司网络管理员发现新服务器的账户在锁定 30 分钟后又能登录，要确保公司的安全策略，应当（   ）。

A. 设置"复位锁定计数"为 1

B. 设置"复位锁定计数"为 99999

C. 设置"账户锁定时间"为 0

D. 设置"账户锁定时间"为 99999

3. 网络中只有一个域，所有域服务器安装 Windows Server 2012 R2 系统。所有的客户机使用 Windows XP Professional。部分用户使用移动计算机，其他用户使用台式机。要使所有用户在登录时都要在域控制器上进行验证，应当（   ）。

A. 请求域控制器验证解除计算机锁定

B. 缓存零个对话式登录

C. 授予 Users 组"登录本地"用户权限

4. 要让 Tom 成功登录到域中，应当（   ）。

A. 使用适当的参数运行命令 net user

B. 使用适当的参数运行命令 net accounts

C. 使用适当的参数运行命令 dsmod user

D. 将 Tom 添加到 Users 组

二、技能拓展

【拓展 10-3】利用组策略将要求中特殊文件夹的存储位置重定向（转向）到网络上的其他位置。需要重定向的特殊文件夹如下。

1. 桌面：此文件夹内包含用户自行在桌面上建立的文件夹、文件、快捷方式。

2. 我的文档（My Documents）：此文件夹是存储用户个人文件的文件夹。

3. "开始"菜单：此文件夹存储用户"开始"菜单中的文件夹和快捷方式。

【拓展 10-4】HT 公司搭建了 Windows Server 2012 R2 域，域中有多个用户账户，除部门经理外，域中其他用户要使用统一桌面背景，不能使用 Internet Explorer 浏览器。域中所有计算机开机显示"使用计算机须知"。域中所有用户要使用 Office 2013，用最快的办法为域中的用户安装上此软件。

10.6 总结提高

本项目首先介绍了组策略的基本概念、组策略的类型和组策略的设置原则，再通过案例训练设置组策略的方法，实施本地组策略管理，在活动目录中应用组策略，设置组策略的刷新频率，赋予用户本地登录权限，设置软件限制策略和批量自动安装客户机软件等。

组策略管理是保证系统安全的有效措施之一，它的功能非常强大，随着读者学习的深入和对组策略的应用，更能体会到这一点。完成本项目后，认真填写学习情况考核登记表

（表 10-3），并及时予以反馈。

表 10-3　学习情况考核登记表

序号	知识与技能	重要性	自我评价					小组评价					老师评价				
			A	B	C	D	E	A	B	C	D	E	A	B	C	D	E
1	能够创建与编辑组策略	★★★															
2	能够创建本地组策略	★★★															
3	能够使用组策略管理编辑器	★★★★★															
4	能够配置组策略属性	★★★★★															
5	能够设置组策略的刷新频率	★★★★★															
6	能够设置路径规则	★★★★															
7	能够批量自动安装客户机软件	★★★★															
8	能够测试设置结果	★★★★															
9	能够完成课堂训练	★★★☆															

说明：评价等级分为 A、B、C、D、E 五等。其中，对知识与技能掌握很好，能够熟练地完成组策略的创建、编辑与管理为 A 等；掌握了 75%以上的内容，能较为顺利地完成任务为 B 等；掌握 60%以上的内容为 C 等；基本掌握为 D 等；大部分内容不够清楚为 E 等。

配置与管理路由访问服务器

教学目标☞

知识目标
了解远程访问及其应用
掌握 IP 路由基础知识
掌握软路由的设置
掌握配置和部署路由服务

技能目标
能够配置和使用路由和远程访问
能够查看路由表信息
能够配置路由服务器
能够设置静态路由
能够配置 RIP、NAT 和 DHCP 中继代理

态度目标☞

培养认真细致的工作态度和工作作风
养成刻苦、勤奋、好问、独立思考和细心检查的学习习惯
能与组员精诚合作,正确面对他人的成功或失败
具有一定的自学能力,分析、解决问题能力和创新能力

建议课时☞

教学课时:理论 4 课时+教学示范 2 课时
拓展训练课时:课堂模拟 2 课时+课堂训练 2 课时

Windows Server 2012 R2 的路由和远程访问服务（routing and remote access services，RRAS）是一个全功能的软件路由器，也是用于路由和互联网工作的开放平台。它为局域网（LAN）和广域网（WAN）环境中的商务活动，或使用安全虚拟专用网（VPN）连接的 Internet 上的商务活动提供路由选择服务。

本项目详细介绍路由和远程访问的基本概念，了解相关名词术语；掌握路由和远程访问的配置与使用方法；训练配置与管理静态路由、配置 NAT、配置 RIP 路由访问协议等方面的技能。

■11.1 情境描述

利用路由和远程访问服务实现安全接入 Internet

新天教育培训集团的信息化进程推进很快，公司开发了网站，也架设了 WWW 服务器、FTP 服务器和邮件服务器，集团的大部分管理工作都可以在基于工作组模式的网络环境中实现。但是，近几年公司业务发展迅猛、人员激增，各部门设置了独立网段，部门之间没有相互连通，对公司各部门之间信息和材料的传递造成了极大的不便，增加了信息互通的成本，因此迫切需要将公司内部各个子网络连通起来形成一个整体。另外，随着社会信息化程度提高，许多部门工作的开展需要同外部网络进行联系协作，公司带宽足够但现有公网 IP 地址不足，员工上网问题有待解决。

为此，新天教育培训集团向唐宇说明了上述情况，希望唐宇想办法在保证公司员工网络安全的同时，能够安全地接入 Internet，保证内部员工都能访问 Internet，那么怎样才能实现呢？

唐宇经过分析，认为需要配置路由访问服务器来解决此问题，首先安装好远程与路由访问服务，然后根据客户需要通过设置静态路由、RIP 路由或 NAT 等方式实现内网用户既能访问 Internet 又能保证网络的安全。

▌11.2　任务分析 ◢

1. 路由简介

路由是把信息从信源通过网络传递到信宿的行为，在网络中，至少存在一个中间节点，是为数据寻找一条从信源到信宿的最佳或较佳路径的过程，发生在 OSI 参考模型的第三层（网络层）。

进行路由选择的依据是网络的拓扑结构图，网络的拓扑结构通过路由表予以体现，路由选择围绕路由表进行。

2. 路由表简介

路由表是存在于主机和路由器中的反映网络结构的数据集，是数据在网络上正确传输的关键所在。

路由器通过检查路由表确定如何转发数据包。如果数据包的目的地址位于路由器直接连接的网络，则路由器可以直接递交该数据包；如果目的地址位于远程网络，则路由器必须将该数据包转发到另一个距目的网络更近的路由器，然后由该路由器负责之后的转发及传递。通往远程网络的路由可以通过一些路由选择协议静态配置或动态获得，这些路由选择协议包括路由信息协议（RIP）、内部网关路由协议（IGRP）和开放最短路径优先协议（OSPF）等。

3. 路由表的建立和刷新

路由表的建立和刷新可以采用两种不同的方式：静态路由和动态路由。

1）静态路由

一般来说，以静态路由方式工作的路由器只知道那些和它有物理连接的网络。对于这种路由器，如果想让它把数据包路由到任何其他的网络，需要以手工方式在路由表中添加条目。

2）动态路由

路由器使用路由协议进行路由表的动态建立与维护。路由协议支持路由器之间的通信，路由器之间可以相互通告路由表中的变化。路由器根据获得的变化信息刷新自己的路由表。在这种方式中，引入新的网络时不需要管理员编辑路由表。大规模的网络都采用动态路由。

大多数典型的路由器通常采用静态与动态相结合的方法为路由表获取信息。首先，路由器会在路由表中建立一系列初始路由，这些路由信息由网络管理员提供，通常包含附加的网络信息以及一些通往远程网络的静态路由。其次，路由器还可以通过向其他路由器广播其对路由表内容的请求消息，来获取初始路由信息。当初始路由表驻留在内存中后，路由器还必须能够对新的路由或网络拓扑中的路由做出及时响应。在小型网络中，路由表可以由网络管理员进行管理和更新（静态路由）；在大型网络中，如 Internet，这种手动更新方法需要耗费大量人力，且速度太慢，因此必须使用动态方法。

4. 本项目的具体任务

本项目主要完成以下任务：分析路由表、规划路由服务、安装"网络策略和访问服务"、启用并配置路由与远程访问服务、设置静态路由、设置 RIP 路由、配置 NAT。

11.3 知识储备

11.3.1 路由基础

1. 路由的类型

路由通常可以分为静态路由、默认路由和动态路由。在网络中动态路由通常作为静态路由的补充。当一个分组在路由器中进行寻径时，路由器首先查找静态路由，如果查到，则根据相应的静态路由转发分组；否则再查找动态路由。

（1）静态路由：静态路由是由管理员手工配置的，在静态路由中必须明确指出从源地址到目标地址所经过的路径，一般来说，在网络规模不大、拓扑结构相对稳定的网络中配置静态路由。静态路由是在路由器中设置的固定的路由表，除非网络管理员干预，否则静态路由不会发生变化。

（2）默认路由：默认路由是一种特殊的静态路由，也是由管理员手工配置的，为那些在路由表中没有找到明确匹配的路由信息的数据包指定下一跳地址。

（3）动态路由：当网络规模很大且网络结构经常发生变化时，就需要使用动态路由。通过在路由器上配置路由协议可以自动搜集网络信息，并且反映网络结构的变化，动态地维护路由表中的内容。

2. 部署路由服务的需求

（1）使用提供路由服务的 Windows Server 2012 R2 标准版（Standard）、数据中心版（Datacenter Edition）和精华版（Essentials Edit）等服务器端操作系统。

（2）准备配置为路由器的主机应该拥有多个网络接口（即安装了多块网卡）并连接不同 IP 子网，以便实现这些子网之间的路由。如果准备配置为路由器的主机未安装多块网卡，则可以通过在一块网卡上绑定多个 IP 地址来实现路由服务。

11.3.2 路由器的作用

路由器用作数据包交换的中间媒体，从一个网络向另一个网络转发信息流。按 Internet 的语言，路由器也可以称作网关。TCP/IP 协议组是为提供通信服务设计的，允许单个主机与构成 Internet 的任何网络上的任何其他主机进行通信。

路由器是连接不同网络的互联设备，使用路由器可以实现不同网段主机的互联互通。路由器可分为硬件路由器和软件路由器，Windows Server 2012 R2 的"路由和远程访问"是全功能的软件路由器。运行 Windows Server 2012 R2 家族成员以及提供 LAN 及 WAN 路由服务的"路由和远程访问"服务的计算机称作运行"路由和远程访问"的服务器。

11.3.3 直接传递和间接传递

路由器是数据包交换的中间媒体，如果某一网络中的主机希望与另一网络中的主机进行通信，这台主机必须连接在本地网络的路由器上。路由器通过互联的网络和路由器系统转发数据包，直到最终到达与目的主机连接在同一网络上的一台路由器为止。最后一台路由器将数据包递交给其本地网络上的指定主机。

路由器是连接两个或两个以上包交换网络的专用计算机。数据分组在向信宿传递时分为直接传递和间接传递。

1. 直接传递

任何物理网络上的计算机均能向与其位于同一网络的其他计算机传送数据报，这种类型的通信不需要路由器提供服务。

2. 间接传递

当目的结点不在与源结点直接连接的网络中时，就会发生间接传递。间接传递要求源主机向路由器发送数据报以便传送。之后向目的网络转发数据报就是路由器的任务了。由于源主机不仅必须标识最终目的结点，而且要标识数据报所通过的路由器，因此这种路由类型较为复杂。

网络中所有数据传递均由一个直接传递和零到多个间接传递所组成，传递示例如图 11-1 所示。

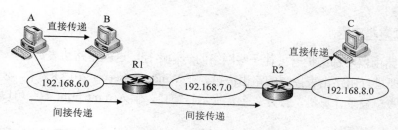

图 11-1 直接传递和间接传递示意图

11.3.4 路由协议

路由协议（routing protocol），是路由器中用于确定合适的路径从而实现数据包转发的一组信息与规则。典型的路由选择方式有静态路由和动态路由两种。

根据是否在一个自治域内部使用，动态路由协议又分为内部网关协议（IGP）和外部网关协议（EGP）。内部网关协议有 RIP 和 OSPF，外部网关协议有 BGP 和 BGP-4。

1. RIP 路由协议

路由器收集所有可到达目的地的不同路径，并且保存有关到达每个目的地的最少站点数的路径信息，除到达目的地的最佳路径外，任何其他信息均予以丢弃。同时路由器也把所收集的路由信息用 RIP 协议通知相邻的其他路由器。这样，正确的路由信息逐渐扩散到了全网。

RIP 使用非常广泛，它简单、可靠，便于配置。但是 RIP 只适用于小型的同构网络，因为它允许的最大站点数为 15，任何超过 15 个站点的目的地均被标记为不可达。而且 RIP 每隔 30 秒一次的路由信息广播也是造成网络广播风暴的重要原因之一。

2. OSPF 路由协议

鉴于早期距离矢量协议所造成的诸多网络问题，网络设计者又开发了更新、更先进的路由协议——链路状态路由协议。OSPF 是一种基于链路状态的路由协议，需要每个路由器向其同一管理域的所有其他路由器发送链路状态广播信息。在 OSPF 的链路状态广播中包括所有接口信息、所有的量度和其他一些变量。利用 OSPF 的路由器首先必须收集有关的链路状态信息，并根据一定的算法计算出到每个节点的最短路径。而基于距离向量的路由协议仅向其邻接路由器发送有关路由更新信息。

3. BGP 和 BGP-4 路由协议

BGP 的主要功能是与其他自治域的 BGP 交换网络可达信息。各个自治域可以运行不同的内部网关协议。BGP 更新信息包括网络号/自治域路径的成对信息。自治域路径包括到达某个特定网络须经过的自治域串，这些更新信息通过 TCP 传送出去，以保证传输的可靠性。

为了满足 Internet 日益扩大的需要，BGP 还在不断地发展。在最新的 BGP-4 中，还可以将相似路由合并为一条路由。

▌11.4　任务实施 ▌

11.4.1　查看路由表

在每台路由器中都维护着去往一些网络的传输路径，这就是路由表，每一个运行 TCP/IP 的计算机都要进行由路由表控制的路由决策。在 Windows Server 2012 R2 中，使用具有管理员权限的用户账户登录计算机，打开命令行提示符窗口，输入 route print 命令可以查看路由表。

任务案例 11-1

在 Windows Server 2012 R2 中，请你使用具有管理员权限的用户账户登录计算机，使用命令方式查看并分析路由表信息。

【操作步骤】

STEP 01 查看路由表

在 Windows Server 2012 R2 中，单击"开始"按钮，在"搜索程序和文件"文本框中输入 cmd，按 Enter 键，打开命令提示符，输入 route print 即可查看路由表。输出结果可以分为三部分，第一部分是网络接口状态，包括操作系统中网络接口的编号、网卡卡号及网卡型号；第二部分是本机到目标服务器所经过的每一跳（节点）的详细信息；第三部分是路由状态提示，如图 11-2 所示。

STEP 02 分析路由表内容

首先看最上方的接口列表，包括一个本地循环、一个网卡接口、网卡的 mac 地址。再分析每一列的内容，每一行从左到右包括五列，依次是：Network Destination（目的地址）、

Netmask（掩码）、Gateway（网关）、Interface（接口）、Metric（跳数，该条路由记录的质量）。下面分析每一行的内容。

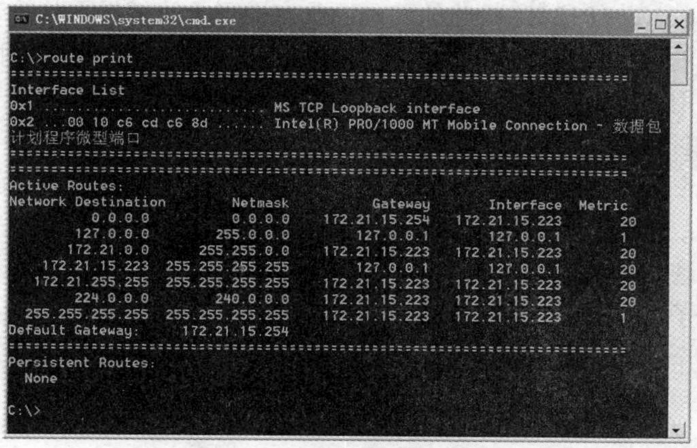

图 11-2　查看路由表

第 1 行是缺省路由：这表示发往任意网段的数据通过本机接口 172.21.15.223 被送往一个默认的网关：172.21.15.254，它的管理距离是 1。

第 2 行是本地环路：A 类地址中 127.0.0.0 留作本地调试使用，所以路由表中所有发向 127.0.0.0 网络的数据通过本地回环 127.0.0.1 发送给指定的网关 127.0.0.1，也就是从自己的回环接口发到自己的回环接口，这将不会占用局域网带宽。

第 3 行是直联网段的路由记录：这里的目的网络与本机处于一个局域网，所以发向网络 172.21.0.0（也就是发向局域网的数据）使用 172.21.15.223 作为网关，这便不再需要路由器路由或不需要交换机交换，增加了传输效率。

第 4 行是本地主机路由：表示从自己的主机发送到自己主机的数据包，如果使用的是自己主机的 IP 地址，跟使用回环地址效果相同，通过同样的途径被路由，如有自己的站点，要浏览自己的站点，在 IE 地址栏里面输入 localhost 与 172.21.15.223 是一样的。

第 5 行是本地广播路由：这里的目的地址是一个局域网广播地址，系统对这样的数据包的处理方法是把本机 172.21.15.223 作为网关，发送局域网广播帧，这个帧将被路由器过滤。

第 6 行是组播路由：这里的目的地址是一个组播（Mueticast）网络，组播指的是数据包同时发向几个指定的 IP 地址，其他的地址不会受到影响。

最后一行是广播路由：目的地址是一个广域广播，同样适用本机为网关广播帧，这样的包到达路由器之后被转发还是丢弃由路由器的配置决定。

Default Gateway：172.21.15.254，这是一个默认的网关，当所发送的数据的目的地址与前面列举的都不匹配时，就将数据发送到这个默认网关，由其决定路由。

11.4.2　规划路由服务

路由器是一种连接多个网络或网段的网络设备，它实现了在 IP 层的数据包交换，从而实现了不同网络地址段的互联通信。当一个局域网中必须存在两个以上网段时，分属于不同网段内的主机彼此是互不可见的。把自己的网络同其他的网络互联起来，从网络中获取更多的信息和向网络发布自己的消息，是网络互联的最主要的动力。网络的互联有多种方式，其中使用最多的是网桥互联和路由器互联。

Windows Server 2012 R2 路由和远程访问服务组件提供构建软路由的功能，在小型网络中可以安装一台 Windows Server 2012 R2 服务器并设置成路由器，来代替昂贵的硬件路由器，而且基于 Windows Server 2012 R2 构建的路由器具有图形化管理界面，管理方便且易用。

根据网络规模的不同，有不同的路由访问方法，路由功能和路由支持算法的选择需要根据网络规模和应用而定，确定路由功能包括以下几个方面。

（1）IP 地址空间：是否使用私有 IP 地址，是否需要启动 NAT 地址转换功能。

（2）是否与 Internet 之类的其他网络连接，还是只是本地局域网的互联。

（3）支持协议：IP 协议、IPX 协议，或同时支持两个协议。

（4）是否支持请求拨号连接。

首先看一个例子，如图 11-3 所示，配置一台 Windows Server 2012 R2 路由服务器连接两个子网（安装两个网络适配器）。假设网络通信协议采用 TCP/IP 协议，每个网段包含一个 C 类地址空间。

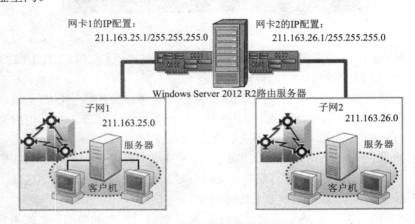

图 11-3　规划路由服务器

局域网中两个子网的地址空间规划如下：子网 1 为 211.163.25.0/255.255.255.0；子网 2 为 211.163.26.0/255.255.255.0；路由服务器的两个网络适配器（网卡）的 IP 地址，连接 1 网段的网卡 IP 配置为 211.163.25.1/255.255.255.0，这一地址同时也是 1 网段内主机的默认网关地址；连接 2 网段的网卡 IP 配置为 211.163.26.1/255.255.255.0，这一地址同时也是 2 网段内主机的默认网关地址。

11.4.3　配置路由服务器

安装 Windows Server 2012 R2 路由服务器之前，按照图 11-3 构建网络（在服务器中安装两块网卡，分别连接两个网段），并使其正常工作。接下来分两步启用 RRAS，首先，必须在"服务器管理器"中安装"网络策略和访问服务"角色，然后，利用"路由与远程访问"管理工具启用并配置 RRAS。

任务案例　*11-2*

请在安装 Windows Server 2012 R2 的服务器中安装"网络策略和访问服务"角色，然后启用并配置 RRAS。

配置路由服务器

【操作步骤】

STEP 01　配置网卡 IP 信息

在路由服务器上安装好网卡及驱动程序后，开机进入 Windows Server 2012 R2，分别设置两块网卡的相关参数。

（1）设置第一块网卡（网卡 1）的相关参数：IP 地址（211.163.25.1）、子网掩码（255.255.255.0）、DNS（222.246.129.80）。

（2）设置第二块网卡（网卡 2）的相关参数：IP 地址（211.163.26.1）、子网掩码（255.255.255.0）、DNS（222.246.129.80）。

STEP 02　打开"服务器管理器"窗口

选择"开始"→"管理工具"→"服务器管理器"命令，打开"服务器管理器"窗口，在"服务器管理器"窗口中的"配置本地服务器"区域中，单击"添加角色和功能"链接，打开"添加角色和功能向导"对话框，持续单击"下一步"按钮，直至打开"选择服务器角色"页面，选中"远程访问"复选框，如图 11-4 所示。

STEP 03　打开"选择角色服务"页面

持续单击"下一步"按钮，直至打开"选择角色服务"页面，选中"DirectAccess 和 VPN（RAS）"和"路由"复选框，如图 11-5 所示，单击"下一步"按钮。

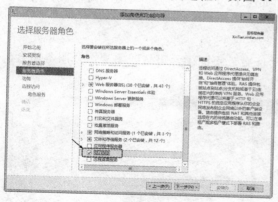

图 11-4　"选择服务器角色"页面　　　　　　图 11-5　"选择角色服务"页面

STEP 04　打开"确认安装所选内容"页面

打开"确认安装所选内容"页面，如图 11-6 所示。查看所要安装的角色服务是否正确，如果没有问题，单击"安装"按钮进行安装。

STEP 05　进入"安装进度"页面

角色服务安装完成后，进入"安装进度"页面，添加角色向导会显示相关服务安装摘要信息，安装完成后，出现"查看安装进度"安装成功页面，如图 11-7 所示，单击"关闭"按钮。

STEP 06　返回"服务器管理器"窗口

返回"服务器管理器"窗口，在"仪表

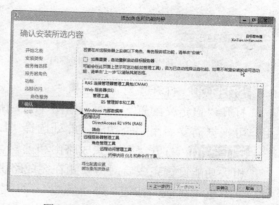

图 11-6　"确认安装所选内容"页面

板"中可以看见已经安装完成的"远程访问",如图 11-8 所示。单击"关闭"按钮,关闭"服务器管理器"窗口。

图 11-7　"安装进度"页面

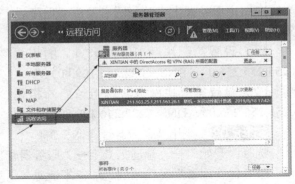

图 11-8　"服务器管理器"窗口

STEP 07　配置并启用路由和远程访问

选择"开始"→"管理工具"→"路由和远程访问"命令,打开"路由和远程访问"窗口,可看到服务状态是以向下红箭头表示服务未启动,在该节点上右击,在弹出的快捷菜单中选择"配置并启用路由和远程访问"命令,如图 11-9 所示,打开"路由和远程访问服务器安装向导"对话框,单击"下一步"按钮。

STEP 08　打开"配置"页面

打开"配置"页面,如图 11-10 所示,在"配置"页面中,可依照需要选择服务组合,这里选择"自定义配置",单击"下一步"按钮。

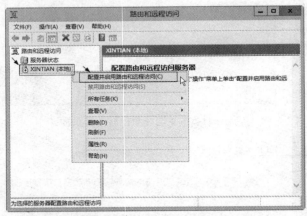

图 11-9　配置并启用路由和远程访问

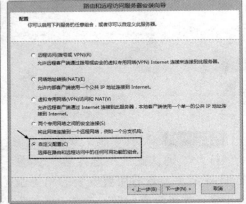

图 11-10　"配置"页面

STEP 09　打开"自定义配置"页面

打开"自定义配置"页面,如图 11-11 所示,在此可以看到 RRAS 所能提供的服务。用户可根据需要启用相关功能,此处选择"LAN 路由"。

STEP 10　打开"正在完成路由和远程访问服务器安装向导"页面

相关功能设置完成后,打开"正在完成路由和远程访问服务器安装向导"页面,如图 11-12 所示,单击"完成"按钮,即可完成 LAN 路由服务的安装。

如果出现"路由和远程访问已创建名为……"的提示窗口,单击"确定"按钮即可。

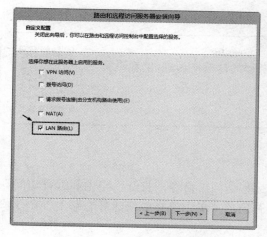

图 11-11 "自定义配置"页面

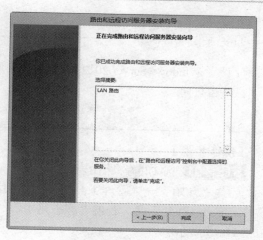

图 11-12 完成安装

STEP 11 启动 RRAS 服务

RRAS 服务配置完成后，出现"路由和远程
访问"对话框，如图 11-13 所示，单击"启动服
务"按钮，即可启动 RRAS 服务。

单击"完成"按钮，完成路由访问服务器
的安装，此时，可以看到"路由和远程访问"
上的箭头变成绿色向下箭头。展开左侧窗口目
录树，在"IPv4"→"常规"中可以查看当前网
络的配置。

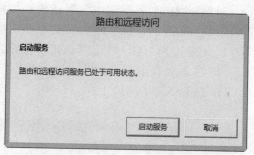

图 11-13 "路由和远程访问"对话框

11.4.4 设置静态路由

静态路由是由管理员人工建立和更新的，由于静态路由不能对网络的改变做出反应，所
以静态路由适合小型、单路径、静态 IP 网络。静态路由的优点是简单、高效、可靠。在所有
的路由中，静态路由优先级最高。当动态路由与静态路由发生冲突时，以静态路由为准。

在上小节中路由服务器的设置只能使子网 1 和子网 2 互访，如果子网 1 通过另一路由
器连接 Internet，如图 11-14 所示，通过配置路由表才能使子网 2 访问外网。

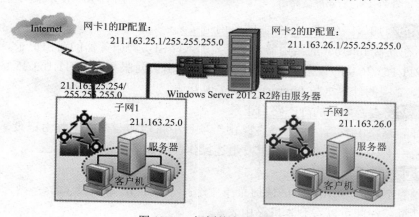

图 11-14 规划静态路由

任务案例 11-3

设置 Windows Server 2012 R2 路由访问服务器的静态路由表,实现不同网段路由访问。

配置静态路由

【操作步骤】

STEP 01 添加静态路由表

选择"开始"→"管理工具"→"路由和远程访问"命令,打开"路由和远程访问"窗口,展开 IPv4 节点,右击"静态路由",在弹出的菜单中选择"新建静态路由"命令,如图 11-15 所示。

STEP 02 打开"IPv4 静态路由"对话框

打开"IPv4 静态路由"对话框,如图 11-16 所示。在"目标"和"网络掩码"文本框中输入"0.0.0.0",在"网关"文本框中输入 IP 地址(211.163.25.254),设置合适的"跃点数",此处设为 100,单击"确定"按钮。

这样设置表示到达本路由器的数据包若不是子网 1、子网 2 的地址,均路由到路由器的 211.163.25.254 端口上。

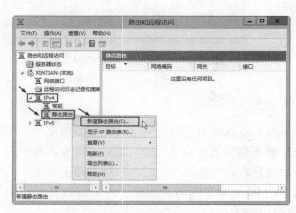

图 11-15　新建静态路由

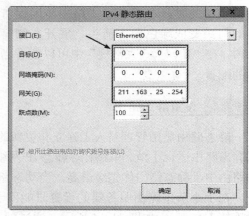

图 11-16　设置静态路由

STEP 03 加入路由访问服务器的路由记录

同样,在连接 Internet 的路由器上,也需加入路由访问服务器的路由记录,设定将目标地址段为 211.163.26.0 的数据包转发至路由器(路由访问服务器)211.163.25.1 上,跃点为 1,这样子网 2 中的计算机与 Internet 可以实现互访。

STEP 04 查看增加的静态路由记录

配置好静态路由表后,在"静态路由"项目中将增加一个静态路由记录,如图 11-17 所示。若网络中存在多条路径,可重复上述操作,添加多条静态路由记录。

STEP 05 查看本机路由表

右击"静态路由",在弹出的快捷菜单中选择"显示 IP 路由表"命令,打开如图 11-18 所示的对话框,在此可以看到本机路由表。

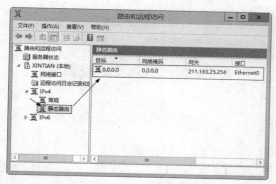

图 11-17　静态路由表

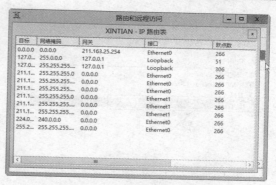

图 11-18　查看路由表信息

11.4.5　设置 RIP 路由

RIP 是在 TCP/IP 网络和 Novell 的 IPX/SPX 网络中使用的一种距离向量算法（DVA）路由选择协议，主要用于多个相关的小型自治系统。这些小型自治系统允许的最大直径为 15 跳步，因为 RIP 路由器允许的最大跳步数为 15，所以 RIP 协议只适用于小型网络。

任务案例

在 Windows Server 2012 R2 中设置 RIP 软路由，使子网 1、子网 2 和外网 Internet 可以实现自由互访。

【操作步骤】

STEP 01 打开"路由和远程访问"窗口

选择"开始"→"管理工具"→"路由和远程访问"命令，打开"路由和远程访问"窗口。

STEP 02 打开"新路由协议"对话框

展开左侧窗口目录树，右击 IPv4 节点下的"常规"选项，在弹出的快捷菜单中选择"新增路由协议"命令，打开"新路由协议"对话框，在"路由协议"列表中选中 RIP Version 2 for Internet Protocol，如图 11-19 所示，单击"确定"按钮返回。

STEP 03 选择"新接口"

这时 IPv4 节点下，将会增加一个子项 RIP，右击该项目，并在弹出的快捷菜单中选择"新增接口"命令，打开"RIP Version 2 for Internet Protocol 的新接口"对话框，如图 11-20 所示。

STEP 04 选择网络接口

在"接口"列表框中选择第一个网络接口，如 Ethernet0，单击"确定"按钮，打开"RIP 属性-Ethernet0 属性"对话框，如图 11-21 所示，RIP 的属性使用系统默认值即可，单击"确定"按钮返回。

STEP 05 选择第一个网络接口

重复 STEP 04，为 RIP 添加第二个网络接口，即 Ethernet1，添加完成后可看到新配置的 RIP 路由，如图 11-22 所示。

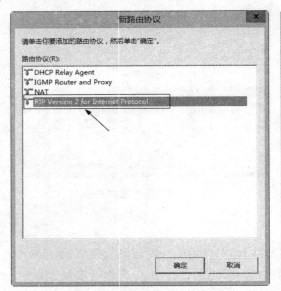

图 11-19　"新路由协议"对话框

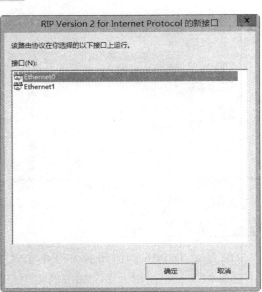

图 11-20　"RIP Version 2 for Internet Protocol 的
新接口"对话框

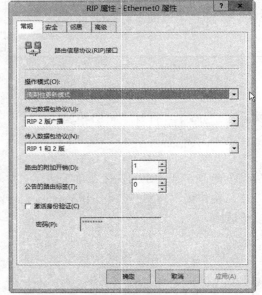

图 11-21　"RIP 属性-Ethernet0 属性"对话框

图 11-22　RIP 路由

11.4.6　配置 NAT

网络地址转换（network address translation，NAT）是一种延缓 IPv4 地址耗尽的方法，它可以将无法在 Internet 上使用的保留 IP 地址翻译成可以在 Internet 上使用的合法 IP 地址，从而使内网可以访问外部公共网上的资源。

当内部网络客户机发送要连接 Internet 的请求时，NAT 协议驱动程序会截取该请求，并将其转发到目标 Internet 服务器。这样，通过在内部使用非注册的 IP 地址，并将它们转换为一小部分外部注册的 IP 地址，从而减少了 IP 地址注册的费用并节省了目前越来越缺乏的地址空间（即 IPv4）。同时，这也隐藏了内部网络结构，从而降低了内部网络受到攻击的风险。

──任务案例 ──

　　将【任务案例 11-4】中的 211.163.26.0 网段替换成私有 IP 地址段 192.168.2.0 网段，此时，为了使子网 2 正常访问子网 1 及外网，需要配置 NAT 协议，即将 192.168.2.0 内的 IP 地址映射为 211.163.26.0 上的合法地址。

【操作步骤】

STEP 01　打开"路由和远程访问"窗口

　　选择"开始"→"管理工具"→"路由和远程访问"命令，打开"路由和远程访问"窗口。

STEP 02　选择"网络地址转换（NAT）"选项

　　展开 IPv4 节点右击"常规"选项，在弹出的快捷菜单中选择"新增路由协议"命令，在打开的"新路由协议"对话框中选择 NAT 选项，单击"确定"按钮返回。此时，IPv4 项目中将会增加新的 NAT 子项。

STEP 03　新建路径规则

　　右击"NAT"子项，在弹出的快捷菜单中选择"新增接口"命令，打开"Network Address Translation（NAT）的新接口"对话框，如图 11-23 所示，在"接口"列表框中选择合法 IP 地址对应的网络接口，即 Ethernet1，单击"确定"按钮。

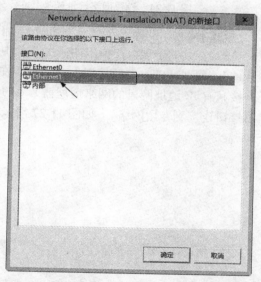

图 11-23　"Network Address Translation（NAT）的新接口"对话框

STEP 04　选择网络连接方式

　　弹出"网络地址转换属性-Ethernet1 属性"对话框，如图 11-24 所示。在 NAT 选项卡下，选择网络连接方式，选中"公用接口连接到 Internet"后，再选中"在此接口上启用 NAT"。

STEP 05　输入映射合法 IP 地址的范围

　　选中"地址池"选项卡，单击"添加"按钮，在弹出的对话框中输入映射合法 IP 地址的范围（如 211.163.26.1～211.163.26.100），输入完成后单击"确定"按钮返回"地址池"选项卡界面，如图 11-25 所示，配置后的路由器将把内部专用 IP 地址映射到上述地址池中的合法 IP 地址上。

STEP 06　保留特定公网 IP 地址

　　单击"保留"按钮，打开"地址保留"对话框，单击"添加"按钮添加保留地址（如 211.163.26.11），添加完成后，单击"确定"按钮返回"地址保留"对话框，如图 11-26 所示，再次单击"确定"按钮完成设置。在此可以设置合法 IP 地址与私有 IP 地址的一一对应关系，即保留特定公网 IP 地址供特定专用网用户使用。

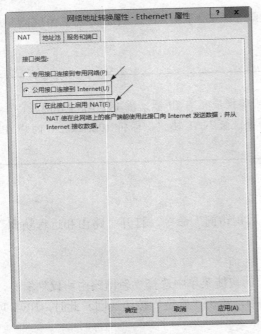

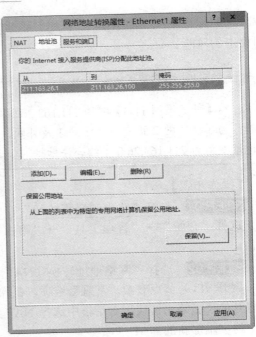

图 11-24　设置网络地址转换

图 11-25　设置 NAT 地址池

STEP 07 设置"网络地址转换-内部"

　　右击 NAT 子项，在弹出的快捷菜单中选择"新增接口"命令，打开"Network Address Translation（NAT）的新接口"对话框，在"接口"列表框中选择接口"内部"（此接口为连接私有 IP 地址网段的网络适配器），打开"网络地址转换-内部 属性"对话框，选中"专用接口连接到专用网络"，如图 11-27 所示，单击"确定"按钮即可。

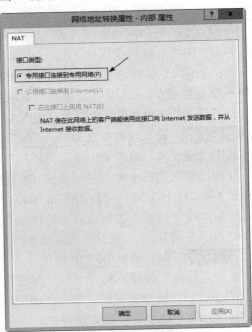

图 11-26　设置保留 IP 地址范围

图 11-27　"网络地址转换-内部 属性"对话框

> **注意**
>
> 　　NAT 和我们前面所学的 DHCP 之间有区别，DHCP 是动态地将 IP 地址分配给联网用户，若可用于 DHCP 分配的 IP 地址有 10 个，则只能连接 10 个用户；而 NAT 是将内部私有 IP 地址转换成公网 IP 地址，映射关系可以是多对一的。

11.5　拓展训练

11.5.1　课堂训练

　　课堂任务 11-1

　　配置 Windows Server 2012 R2 路由实现网络互联。

【训练要求】

　　（1）在两个私有网段 192.168.0.0 和 192.168.1.0，通过配置 Windows Server 2012 R2 服务器路由功能实现它们之间的互联。

　　（2）设置三个私有网段 192.168.0.0、192.168.1.0 和 192.168.2.0，通过配置三台 Windows Server 2012 R2 服务器路由功能，实现它们之间的互联。

　　（3）设置三个私有网段 192.168.0.0、192.168.1.0 和 192.168.2.0，通过配置三台 Windows Server 2012 R2 服务器路由功能，实现它们之间的两两互联，并实现到 Internet 的连接。

　　课堂任务 11-2

　　有两个实训室，分别构成了一个小型独立局域网，其网络 IP 地址段如图 11-28 所示。现在想将两个实训室通过服务器进行互联，实现资源共享。

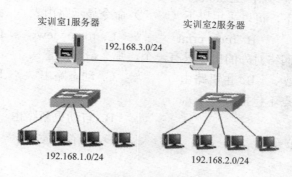

图 11-28　局域网拓扑

【训练要求】

　　（1）完成网络互联，并分别配置路由器。

　　（2）分别写出服务器上的路由表信息。

　　（3）在互联方案中，通过一个外部端口实现两个实训室内部主机同时上互联网，请完成方案设计（可以采用多种方案），并完成配置过程。

11.5.2 课外拓展

一、知识拓展

【拓展 11-1】填空题。

1. 在 Windows Server 2012 R2 的命令提示符下,可以使用_____命令查看本机的路由表信息。

2. 路由通常可以分为_____、_____和_____。当一个分组在路由器中进行寻径时,路由器首先查找_____,如果查到,则根据相应的静态路由转发分组;否则再查找_____。

3. 根据是否在一个自治域内部使用,动态路由协议又分为内部网关协议和外部网关协议。内部网关协议有_____和_____,外部网关协议有_____和_____。

4. 路由器是用作_____的中间媒体,如果某一网络中的主机希望与另一网络中的主机进行通信,这台主机必须连接在本地网络的_____上。

5. RIP 路由器使用的最大跃点计数是_____个跃点,达到_____个跃点或更大的网络被认为是不可到达的。

6. 路由表一般包括目的网络、_____、_____、_____和_____等五项信息。

7. 内部主机想通过 NAT 访问 Internet,其默认网关应指定为 NAT 服务器_____的 IP 地址。

【拓展 11-2】选择题。

1. 在 RIP 协议中,默认的路由更新周期是(　　)秒。

    A. 30　　　　　　　　B. 60　　　　　　　　C. 90　　　　　　　　D. 100

2. 在路由表中设置一条默认路由,目标地址应为(　　),子网掩码应为(　　)。

    A. 127.0.0.0　　　　B. 127.0.0.1　　　　C. 1.0.0.0　　　　D. 0.0.0.0

    E. 0.0.0.1　　　　　F. 255.0.0.0　　　　G. 0.0.0.255　　　H. 255.255.255.255

3. 在命令提示符下,可以采用以下(　　)命令显示路由表。

    A. ipconfig　　　　B. route print　　　C. route view　　　D. route show

4. 如果一个内部网络对外的出口只有一个,那么最好配置(　　)。

    A. 默认路由　　　　B. 主机路由　　　　C. 动态路由　　　　D. 自动静态路由

5. 静态路由的优点不包括(　　)。

    A. 管理简单　　　　　　　　　　　　　B. 自动更新路由

    C. 提高网络安全性　　　　　　　　　　D. 节省带宽

二、技能拓展

【拓展 11-3】在 Windows Server 2012 R2 中,完成用 DHCP 中继代理部署网络。

11.6　总结提高

本项目首先介绍了路由的基本概念、路由器的作用和路由协议，再通过案例训练了使用 Windows Server 2012 R2 内置的路由和远程访问服务组件构建企业路由服务器，实现不同网络段的互联互通，以及使用 Windows Server 2012 R2 内置的路由服务构建软路由的方法及配置静态路由、RIP、NAT 等路由访问协议的方法。

路由与远程管理是保证系统安全的有效措施之一，它的功能非常强大，随着学习的深入和对组策略应用的熟练，更能体会到这一点。完成本项目后，认真填写学习情况考核登记表（表 11-1），并及时予以反馈。

表 11-1　学习情况考核登记表

序号	知识与技能	重要性	自我评价					小组评价					老师评价				
			A	B	C	D	E	A	B	C	D	E	A	B	C	D	E
1	能够查看并分析路由表	★★★															
2	能够配置路由服务器	★★★															
3	能够设置静态路由	★★★★★															
4	能够设置 RIP 路由	★★★★★															
5	能够配置 NAT	★★★★★															
6	能够测试设置结果	★★★★															
7	能够完成课堂训练	★★★☆															

说明：评价等级分为 A、B、C、D、E 五等。其中，对知识与技能掌握很好，能够熟练地完成路由方问服务器的配置与管理为 A 等；掌握了 75% 以上的内容，能较为顺利地完成任务为 B 等；掌握 60% 以上的内容为 C 等；基本掌握为 D 等；大部分内容不够清楚为 E 等。

项目12

配置与管理远程桌面服务

教学目标 ☞

知识目标
熟悉远程桌面服务的功能与作用
了解远程桌面服务的工作原理
掌握远程桌面服务的安装方法
掌握远程桌面连接的配置流程
熟悉应用程序虚拟化的作用和实现方法

技能目标
能够安装远程桌面服务
能够为用户授予远程访问权限
能够实现远程桌面连接
能够实现 Web 方式远程管理
能够配置应用程序虚拟化
能够熟练解决远程桌面服务中出现的问题

态度目标 ☞
培养认真细致的工作态度和工作作风
养成刻苦、勤奋、好问、独立思考和细心检查的学习习惯
能与组员精诚合作，正确面对他人的成功或失败
具有一定的自学能力，分析、解决问题能力和创新能力

建议课时 ☞
教学课时：理论 2 课时+教学示范 2 课时
拓展训练课时：课堂模拟 2 课时+课堂训练 2 课时

远程桌面服务是 Windows Server 2012 R2 中的一个服务器角色，它提供的技术可让用户访问在远程桌面会话主机（RD 会话主机）服务器上安装的基于 Windows 的程序，或访问完整的 Windows 桌面。使用远程桌面服务，网络管理员可从公司网络内部或 Internet 访问 RD 会话主机，也可在企业环境中有效地部署和维护软件。

本项目详细介绍远程桌面服务的基本概念与工作原理，以及应用程序虚拟化等方面的知识。在此基础上，以中、小型网络为例，通过任务案例训练安装远程桌面服务、为用户授予远程访问权限、实现远程桌面连接、实现 Web 方式远程管理和应用程序虚拟化等方面的技能，在此基础上进一步训练用户判断和处理远程桌面服务故障的能力。

▌12.1　情境描述 ▌

使远程用户能够与本地计算机实现交互式会话

新天教育培训集团的信息化进程推进很快，开发了网站，也架设了 WWW 服务器、FTP 服务器和邮件服务器等，集团的大部分管理工作都可以在局域网内部实现，这样给工作带来了极大的便利，集团领导十分满意。

一天，唐宇到网络中心了解系统使用情况，他获悉新天教育培训集团需要保证内部用户能从任何位置，用自己惯用的任何设备访问企业应用与数据。同时，网络管理员不在网络中心时能够有效地对网络中心的相关服务器进行管理与维护，并保证系统足够的安全，有什么方法可以满足新天教育培训集团的需求呢？

新天教育培训集团在信息化建设中，虽然购买了一些正版软件，但无法保证内部所有员工都能安装。此时，有什么方法可以让所有员工都能使用到正版软件呢？

唐宇经过认真分析后认为，通过配置远程桌面服务可以解决网络管理员远程管理的问题；通过桌面虚拟化将应用程序安装在远程桌面服务器，可以解决所有员工都能使用到正版软件的问题。

12.2　任务分析

1. 远程桌面服务及使用远程桌面服务的原因

在 Windows Server 2012 R2 中，原来的终端服务（TS）被称为远程桌面服务（remote desktop services，RDS）。它包括两种类型的虚拟技术：一是虚拟服务器桌面，即传统的终端服务，客户机直接访问服务器桌面，并在服务器端运行应用软件；二是通过终端服务定制虚拟应用程序，客户机通过 RDP 连接文件或者 Web 访问方式，访问并运行终端服务器授权访问的应用程序，而客户机只是在屏幕上显示更新内容。

如果在 RD 会话主机（服务器）上（而非在每台设备上）部署远程桌面服务，可以给企业网络应用与网络管理带来很多好处。

（1）应用程序部署：可以将基于 Windows 的程序快速部署到整个企业中的计算设备中。在程序经常需要更新、很少使用或难以管理的情况下，远程桌面服务尤其有用。

（2）应用程序合并：从 RD 会话主机服务器安装和运行的程序，无须在客户机上进行更新。这也可减少访问程序所需的网络带宽量。

（3）远程访问：用户可以从设备（如家庭计算机、展台、低能耗硬件）及非 Windows 的操作系统访问 RD 会话主机服务器上正在运行的程序。

（4）分支机构访问：远程桌面服务为那些需要访问中心数据存储的分支机构工作人员提供更好的程序性能。有时，数据密集型程序没有针对低速连接进行优化的客户机/服务器协议。与典型的广域网连接相比较，此类通过远程桌面服务连接运行的程序性能通常会更好。

2. 桌面虚拟化及应用桌面虚拟化的原因

桌面虚拟化是指将计算机的桌面进行虚拟化，以达到桌面使用的安全性和灵活性。可以通过任何设备，在任何地点，任何时间通过网络访问个人桌面系统。

桌面虚拟化依赖于服务器虚拟化，在数据中心的服务器上进行服务器虚拟化，生成大量独立桌面操作系统（虚拟机或者虚拟桌面），同时根据专有的虚拟桌面协议发送给终端设备。用户终端通过以太网登录到虚拟主机上，只需要记住用户名和密码及网关信息，即可随时随地通过网络访问自己的桌面系统，从而实现单机多用户。

利用桌面虚拟化应用，客户机系统中仅需要安装操作系统即可。这样，既可以提高客户机的运行速度，也可以降低系统维护的复杂程度，并能够减少购买多份软件的费用。

3. 桌面虚拟化主流技术

目前，桌面虚拟化主流技术主要有以下几种。

（1）通过远程登录的方式使用服务器上的桌面。典型的有 Windows 下的 Remote Desktop、Linux 下的 XServer，或者 VNC（virtual network computing）。其特点是所有的软件都运行在服务器端。在服务器端运行的是完整的操作系统，客户机只需运行一个远程的登录界面登录到服务器，就能够看到桌面，并运行远程的程序。

（2）通过网络服务器的方式，运行改写过的桌面。典型的有 Google 上面的 Office 软件或者浏览器里面的桌面。这些软件通过对原来的桌面软件进行重写，从而能够在浏览器里运行完整的桌面或者程序。由于软件是重写的，并且运行在浏览器中，这就不可避免地造成一些功能的缺失。实际上，通过这种方式可以运行桌面软件的大部分功能，因此，随着 SaaS 的发展，这种软件的应用方式也会越来越广泛。

（3）通过应用层虚拟化的方式提供桌面虚拟化。这是通过软件打包的方式，将软件在需要的时候推送到用户的桌面，在不需要的时候收回，可以减少软件许可的使用。

4. 安装远程桌面服务器的准备工作

在安装远程桌面服务器之前，应先做好如下准备工作。

（1）首先需要将远程桌面服务器加入域。

（2）如果远程桌面服务器还兼做其他服务器，应先安装其他服务，最后再安装远程桌面服务。

（3）在域控制器中为用户创建账户，赋予远程访问权限。

（4）在远程桌面服务器上安装欲发布到网络中的应用程序，准备供客户机使用。

12.3 知识储备

12.3.1 远程桌面服务概述

远程桌面服务（remote desktop services，RDS），是 Windows Server 2012 R2 中的核心虚拟化技术之一。RDS 可以加速桌面和应用程序的部署，将位于数据中心的桌面和应用扩展到任何设备。除了传统的会话虚拟化场景（此前被称为"终端服务"），远程桌面服务还延伸了它的触角，为 VDI（virtual desktop infrastructure，虚拟桌面基础架构）提供了一个可扩展的平台。

使用远程桌面服务，用户可从公司网络内部或 Internet 访问 RD 会话主机服务器。

远程桌面服务可使用户在企业环境中有效地部署和维护软件，可以很容易地从中心位置部署程序。由于将程序安装在 RD 会话主机服务器上，而不是安装在客户机上，所以，更容易升级和维护程序。

在用户访问 RD 会话主机服务器上的程序时，程序会在服务器上运行。每个用户只能看到各自的会话。服务器操作系统透明地管理会话，与任何其他客户机会话无关。另外，用户可以配置远程桌面服务来使用 Hyper-V™，以便将虚拟机分配给用户或在连接时让远程桌面服务动态地将可用虚拟机分配给用户。

远程桌面服务是一个由几个角色服务组成的服务器角色，如图 12-1 所示。它包括 RD Web 访问、RD 会话主机、RD 授权、RD 网关、RD 连接代理和 RD 虚拟化主机等角色服务。

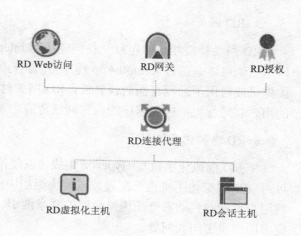

图 12-1 远程桌面服务角色

1. RD Web 访问

RD Web 访问使用户可以通过运行 Windows 7 计算机上的"开始"菜单或通过 Web 浏览器来访问 RemoteApp 和桌面连接。RemoteApp 和桌面连接向用户提供 RemoteApp 程序和虚拟桌面的自定义视图。

2. RD 会话主机

RD 会话主机（服务器）是托管远程桌面服务客户机使用的基于 Windows 的程序或完整的 Windows 桌面服务器。用户可以使用"远程桌面连接"（客户机）或通过 RemoteApp 程序访问 RD 会话主机（服务器）。

3. RD 连接代理

RD 连接代理在负载平衡的 RD 会话主机服务器中跟踪用户会话。RD 连接代理数据库存储会话状态信息，包括会话 ID、会话关联的用户名以及每个会话所在的服务器的名称。拥有现有会话的用户连接到负载平衡场中的 RD 会话主机服务器时，RD 连接代理会将用户重新定向到其会话所在的 RD 会话主机服务器。这样可以阻止用户连接到服务器场中的其他服务器并启动新会话。

4. RD 授权

RD 授权管理着每个用户或设备连接到 RD 会话主机服务器所需的 RDS CAL。使用 RD 授权在远程桌面授权服务器上安装、颁发 RDS CAL 跟踪其可用性。

若要使用远程桌面服务，必须至少拥有一台授权服务器。对于小型部署，可以在同一台计算机上同时安装 RD 会话主机角色服务和 RD 授权角色服务。对于较大型部署，建议将 RD 授权角色服务与 RD 会话主机角色服务安装在不同的计算机上。

只有正确配置 RD 授权，RD 会话主机服务器才能接受来自客户机的连接。为了使用户有足够的时间部署许可证服务器，远程桌面服务为 RD 会话主机服务器提供授权宽限期，在此期限内不需要任何许可证服务器。在此宽限期内，RD 会话主机服务器可接受来自未经授权的客户机的连接，不必联系许可证服务器。

5. RD 网关

RD 网关使授权用户可以从任何连接到 Internet 的设备连接到企业内部网络上的资源。网络资源可以是运行 RemoteApp 程序[托管行业（LOB）应用程序]的 RD 会话主机服务器、虚拟机或启用了远程桌面的计算机。RD 网关封装了 RDP over HTTPS，有助于 Internet 上的用户与运行生产应用程序的内部网络资源之间建立安全的加密连接。

6. RD 虚拟化主机

将 RD 虚拟化主机与 Hyper-V 集成，以便使用 RemoteApp 和桌面连接提供虚拟机。可以对 RD 虚拟化主机进行配置，以便为组织中的每个用户分配一个唯一的虚拟桌面，或者将用户重定向到动态分配虚拟桌面的共享池中。RD 虚拟化主机需要使用 RD 连接代理来确定将用户重定向到何处。

12.3.2　远程桌面服务管理器概述

可以使用远程桌面服务管理器查看运行 Windows Server 2012 R2、Windows Server 2012 或 Windows Server 2008 的远程桌面会话主机（RD 会话主机）服务器上的用户、会话和进程的相关信息并对其进行监视，还可以执行某些管理任务，例如，可以断开用户与其远程桌面服务会话的连接或将用户从该会话中注销。

用户通过从客户机连接到 RD 会话主机服务器来创建会话时，远程桌面服务管理器中将提供下列信息。

（1）"用户"选项卡：显示有关已连接到 RD 会话主机服务器的用户的信息，如登录到会话的用户账户的名称。有关"用户"选项卡上显示信息的详细信息，可参阅查看连接到 RD 会话主机服务器的用户。

（2）"会话"选项卡：显示有关 RD 会话主机服务器上正在运行的会话的信息，如会话是否处于活动状态。有关"会话"选项卡上显示的详细信息，请参阅查看 RD 会话主机服务器上正在运行的会话。

（3）"进程"选项卡：显示正在 RD 会话主机服务器上的用户会话中运行的信息。有关"进程"选项卡上显示信息的详细信息，可参阅查看 RD 会话主机服务器上正在运行的进程。

12.3.3　远程桌面服务的部署方式

远程桌面服务部署方式包括"基于虚拟机基础结构（VDI）部署"和"基于会话虚拟化部署"。

1. 基于虚拟机基础结构（VDI）部署

基于虚拟机基础结构（VDI）部署需要主机具有 Hyper-V 功能，在 Windows Server 2012 R2 中，远程桌面服务包括高效配置和管理虚拟机的新方式。用户可以通过远程桌面协议（RDP）访问 Hyper-V 中的虚拟机。VDI 部署方案包括"快速启动"和"标准部署"两种类型，其部署内容如图 12-2 所示。

2. 基于会话的虚拟化部署（RemoteApp）

RemoteApp 的前身是终端服务器。终端服务技术是一项应用广泛的成熟技术，客户机可以连接到终端服务器，在终端服务器上执行应用程序，然后把执行结果回传到客户机。这样一来，当客户机受到某些条件制约而无法在本机部署某些应用程序时，就可以借助终端服务器来运行程序，运算部分在服务器完成，客户机只负责输入输出。有了终端服务技术之后，很多配置老旧的计算机重新获得了生机，应该说终端服务技术在提高计算机硬件利用率方面发挥了很大作用。

基于会话的虚拟化部署（RemoteApp）无须主机中具有 Hyper-V 功能，在 Windows Server 2012 R2 中，远程桌面服务中的会话虚拟化部署包括高效配置和管理基于会话的桌面的新方式，但在部署之前，需要将部署的计算机加入域中，并使用域管理员的权限进行登录。

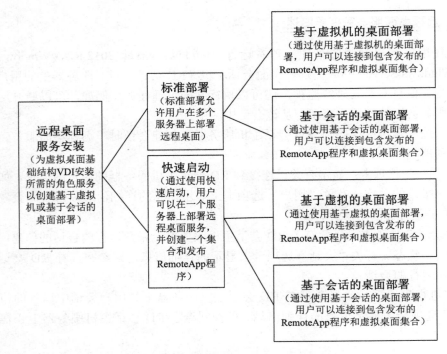

图 12-2　基于虚拟机基础结构（VDI）部署

12.3.4　远程桌面虚拟化主机概述

远程桌面虚拟化主机（RD 虚拟化主机）是一个远程桌面服务角色服务，随附在 Windows Server 2012 R2 中。RD 虚拟化主机与 Hyper-V 集成（Hyper-V 是微软的一款虚拟化产品，是微软第一个采用类似 VMware 和 Citrix 开源 Xen 一样的基于 hypervisor 的技术，它能够实现桌面虚拟化），可通过使用 RemoteApp 和桌面连接来提供虚拟机。可以对 RD 虚拟化主机进行配置，以便为组织中的每个用户分配一个唯一的虚拟机，或者将用户重定向到动态分配虚拟机的共享虚拟机池中。

RD 虚拟化主机可使用远程桌面连接代理（RD 连接代理）来确定将用户重定向到何处。如果为用户分配了一个个人虚拟机，并且用户请求了该个人虚拟机，RD 连接代理会将用户重定向到该虚拟机。如果该虚拟机没有打开，RD 虚拟化主机会打开该虚拟机，然后连接此用户。如果用户正与共享虚拟机池连接，RD 连接代理将首先检查该用户在此池中是否有断开连接的会话。如果该用户具有一个断开连接的会话，会将该用户重新连接到该虚拟机。如果该用户没有断开连接的会话，则会将虚拟机池中的一个虚拟机动态分配给该用户（如果有虚拟机）。

12.4　任务实施

12.4.1　构建远程桌面服务环境

无论是采用什么部署方式，都需要设置基础结构。在企业环境中准备远程桌面服务环境，必须先安装和配置好域控制器、添加 Active Directory 域服务角色等相关操作。

任务案例 *12-1*

　　在企业环境中配置远程桌面服务环境，包括安装和配置域控制器（xintian）；在域中创建用户账户和组，并根据用户不同的需求，设置相应的用户隶属组；将 RD 服务器加入到 xintian.com 域中。

构建远程桌面服务环境

【操作步骤】

STEP 01 将 xintian 服务器配置为域控制器

此步骤请参考【任务案例 9-1】自行完成。

STEP 02 在域控制器上创建用户账户和组

此步骤请参考【任务案例 9-2】和【任务案例 9-3】在 "Active Directory 用户和计算机"中创建 xintian 组，再在组中添加 user01 和 user02 用户，设置好用户登录密码及使用用户隶属于远程桌面用户组，如图 12-3 所示。

STEP 03 将用户添加到远程桌面用户组

右击用户 user01，在弹出的菜单中选择"属性"命令，打开"user01 属性"对话框，如图 12-4 所示，选择"隶属于"选项卡，单击"添加"按钮将用户 user01 添加到 Remote Desktop Users 组。用同样的方法添加用户 user02。

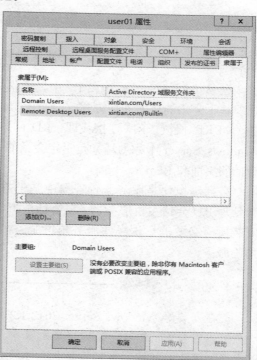

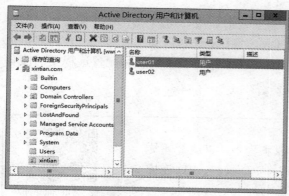

图 12-3　新建用户　　　　　　　图 12-4　将用户添加到远程桌面用户组

STEP 04 将 RD 服务器加入 xintian.com 域

此步骤请参考【任务案例 9-5】自行完成，主要步骤包括在 RD 服务器上更改计算机名，使之隶属于 xintian.com 域，如图 12-5 所示；接下来输入域管理员（Administrator）的用户名和密码，即可看到"欢迎加入 xintian.com 域"的提示，如图 12-6 所示，表示加入域成功。

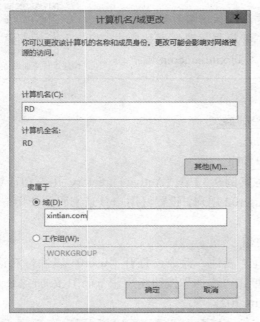

图 12-5　"计算机名/域更改"对话框

图 12-6　欢迎加入域的提示

12.4.2　安装会话远程桌面——快速部署（RemoteApp）

在 Windows Server 2012 R2 中，远程桌面服务中的会话虚拟化部署包括高效的配置和管理基于会话的桌面的新方式。会话虚拟化部署包含 RD 会话主机服务器和基础结构服务器，如 RD 授权、RD 连接代理、RD 网关和 RD Web 访问等。会话集合（在早期版本的 Windows Server 中称为场）是指定会话的 RD 会话主机服务器组。会话集合用于发布基于会话的桌面和 RemoteApp 程序。

会话虚拟化是服务器管理器中基于方案的安装，让用户可以从中心位置安装、配置和管理 RD 会话主机服务器。在会话虚拟化部署方案中，快速启动部署是在一台计算机上安装所有必要的远程桌面服务角色服务，从而可在测试环境中安装和配置远程桌面服务角色服务。

任务案例 12-2

在安装好 Windows Server 2012 R2 的服务器中，以域管理员身份进行登录，然后安装远程桌面服务，即将 RD 授权、RD 连接代理和 RD Web 访问等安装到同一台服务器中。

快速部署　（RemoteApp）

【操作步骤】

STEP 01 以域管理员身份进行登录

重启 RD 以域管理员身份进行登录，如图 12-7 所示。

STEP 02 启动远程桌面服务器

选择"开始"→"管理工具"→"服务器管理器"命令，打开"服务器管理器"窗口，在左侧导航栏中单击"仪表板"后，在右侧窗格中单击"添加角色和功能"链接，打开"添加角色和功能向导"对话框，单击"下一步"按钮，进入"选择安装类型"页面，如图 12-8 所示。在此界面选中"远程桌面服务安装"，单击"下一步"按钮。

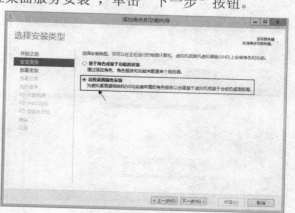

图 12-7   以域管理员身份进行登录

图 12-8   "选择安装类型"页面

STEP 03 打开"选择部署类型"页面

打开"选择部署类型"页面，如图 12-9 所示，"标准部署"是指可以跨越多个服务器部署远程桌面服务器。"快速启动"是指通过快速启动可以在一个服务器上部署远程桌面服务，并创建一个集合和发布 RemoteApp 程序。这里选择"快速启动"，单击"下一步"按钮。

STEP 04 打开"选择部署方案"页面

打开"选择部署方案"页面，如图 12-10 所示。无论是选择"快速启动"还是"标准部署"，都分为"基于虚拟机的桌面部署"和"基于会话的桌面部署"方案，其最大的区别是是否部署 Hyper-V 角色，"基于虚拟机的桌面部署"是基于 Hyper-V 角色部署，也称为 VDI 虚拟桌面，而"基于会话的桌面部署"主要是以 RemoteApp 功能为主发布虚拟应用。这里选择"基于会话的桌面部署"，单击"下一步"按钮。

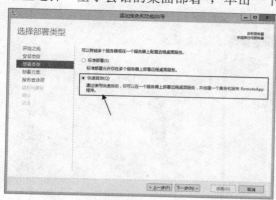

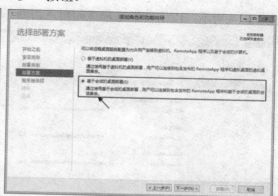

图 12-9   "选择部署类型"页面

图 12-10   "选择部署方案"页面

STEP 05 打开"选择服务器"页面

打开"选择服务器"页面，如图 12-11 所示。在"选择服务器"页面中，选择要部署的服务器（192.168.1.10）。如果域中有多台 Windows Server 2012 R2，可以选择其中的一台服务器进行远程部署。然后单击"下一步"按钮。

STEP 06 打开"确认选择"页面

打开"确认选择"页面，如图 12-12 所示，确认在 RD.xintian.com 的服务器上安装 RD 连接代理、RD Web 访问和 RD 会话主机角色服务器。可以选中"需要时自动重新启动目标服务器"，在安装过程中需要重新启动。确认无误后单击"部署"按钮开始安装。

图 12-11　"选择服务器"页面

图 12-12　"确认选择"页面

> **提示**
>
> 如果没有安装域，或者登录的用户不是本机的管理员，在检查兼容性步骤中会出现"无法通过 Windows PowerShell 远程处理连接到服务器"的提示。

STEP 07 打开"安装结果"对话框

单击"部署"按钮后，服务器需要重新启动，在启动后会继续安装，直到安装完成，在完成页面中，查看安装进度，如图 12-13 所示，如果需要连接到 RD Web 访问，可以单击下方的链接，如果不需访问，单击"关闭"按钮。

STEP 08 重新启动计算机

系统重启之后，会在任务栏中显示"远程桌面授权模式尚未配置"的气泡通知，如图 12-14 所示。由于使用远程桌面角色需要 Windows Server 2012 R2 CAL 授权，此授权需

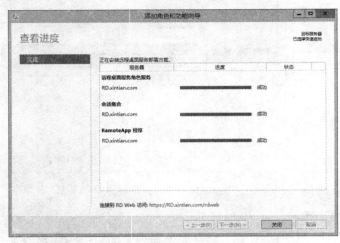
图 12-13　"查看进度"页面

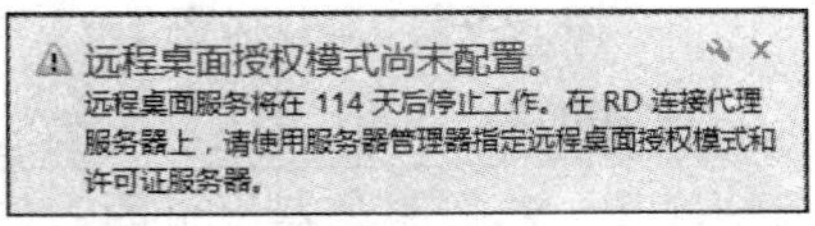

图 12-14　气泡通知

要添加 RD 授权服务器。在搭建远程桌面角色之日起，可免费全功能使用 114 天，所以不影响远程桌面的部署和测试。

12.4.3 为用户授予远程访问权限

默认状态下，只有 Administrator 账户可以使用远程桌面连接访问远程桌面服务器。但如果服务器要发布虚拟应用程序，那么，也需要在远程桌面服务器上为其他用户授予远程访问权限。不过，访问远程虚拟应用程序的用户可能非常多，因此，应创建一个用户组，将所有用户添加到该组中，为该用户组授予权限即可。

任务案例 12-3

> 首先在远程桌面服务器中创建一个用户组和若干个用户，然后将所有用户添加到该组中，为该用户组授予权限。

【操作步骤】

STEP 01 创建一个用户组和若干个用户

参考【任务案例 2-1】和【任务案例 2-4】创建一个用户组（如 RDLN）和若干个用户（如 xsx001、xsx002…），并将用户添加到组中。

STEP 02 打开"服务器管理器"窗口

选择"开始"→"管理工具"→"服务器管理器"命令，打开"服务器管理器"窗口，进入"本地服务器"页面，如图 12-15 所示。将鼠标定位于窗口右侧显示区域中的"远程桌面"中的"已启用"链接。

STEP 03 打开"系统属性"对话框

打开"系统属性"对话框，默认显示"远程"选项卡，可以启用或禁用远程桌面。当安装了远程桌面服务以后，默认选中"允许远程连接到此计算机"单选按钮，启用远程桌面功能，如图 12-16 所示。

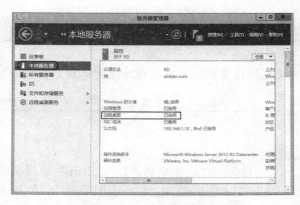

图 12-15 "服务器管理器"窗口

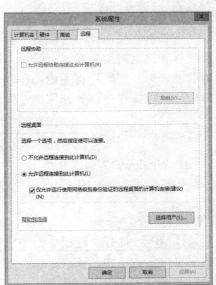

图 12-16 "系统属性"对话框

STEP 04 查看安装远程桌面服务器时所添加的用户

单击"选择用户"按钮，打开"远程桌面用户"对话框，如图 12-17 所示，在列表框中显示了安装远程桌面服务器时所添加的用户。

STEP 05 添加其他用户组

如果需要添加其他用户组，可单击"添加"按钮，打开"选择用户或组"对话框，如图 12-18 所示。在"输入对象名称来选择"文本框中输入允许访问的用户组（或单击"高级"按钮，打开"选择用户"对话框，单击"立即查找"按钮，在搜索结果中选择需添加的用户组），单击"确定"按钮保存，此时，所添加的用户或用户组将都拥有访问远程桌面服务器的权限。

图 12-17 "远程桌面用户"对话框

图 12-18 "选择用户或组"对话框

STEP 06 将用户添加到远程桌面组

参考【任务案例 12-1】中的 STEP02 将 xsx001 和 xsx002 添加到远程桌面组。

12.4.4 远程桌面连接

利用"远程桌面连接"功能，具有相应权限的用户就可以远程登录到服务器的桌面，利用鼠标和键盘对服务器进行操作，运行服务器中的各种程序、更改系统配置等，实现对服务器的管理。在远程桌面中操作时，所有的操作都会在服务器上生效，而且操作起来非常方便，就像操作自己的计算机一样。

任务案例 *12-1*

在 Windows 7 的客户机上，用系统集成远程桌面功能，远程连接到远程桌面服务器的桌面，并进行管理。

【操作步骤】

STEP 01 打开"远程桌面连接"对话框

在 Windows 7 中，依次选择"开始"→"附件"→"远程桌面连接"，打开"远程桌面连接"对话框，如图 12-19 所示。在"计算机"文本框中输入远程桌面服务器的 IP 地址（192.168.1.10）。

STEP 02 输入登录远程桌面服务器的授权用户的用户名

　　单击"显示选项"按钮，进入"远程桌面连接"对话框的"常规"选项，如图 12-20 所示，在"用户名"文本框中可以输入登录远程桌面服务器的用户名（如 xsx001）。如果需要配置远程桌面连接的其他选项，可以选择相应的选项卡。

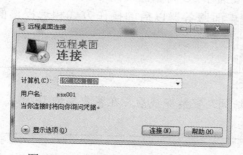

图 12-19　"远程桌面连接"对话框

图 12-20　远程桌面连接设置

　　（1）选择"显示"选项卡，可以设置远程桌面的大小及颜色质量。通常应根据自己的显示器及分辨率来选择。

　　（2）选择"本地资源"选项卡，可以设置要使用的本地资源。

　　（3）选择"程序"选项卡，如果选中"连接时启动以下程序"复选框，可以配置在连接到远程桌面服务器时启动的程序。

　　（4）选择"体验"选项卡，根据自己的网络状况选择连接速度及允许启用的功能，以优化性能。

　　（5）选择"高级"选项卡，可以设置服务器身份验证方式。当配置 RD 网关时，可以在此处设置。

STEP 03 输入登录用户的登录密码

　　设置完成后，单击"连接"按钮，打开"Windows 安全"对话框，如图 12-21 所示。在登录用户名的"密码"文本框中输入具有访问权限用户名的登录密码，单击"确定"按钮即可进行远程桌面连接。

STEP 04 远程连接到服务器的桌面

　　单击"确定"按钮，等待系统进行连接验证完成即可远程连接到服务器的桌面，如图 12-22 所示。

图 12-21　"Windows 安全"对话框

图 12-22　远程服务器桌面

此时，就可以像使用本地计算机一样，根据所拥有的权限，利用键盘和鼠标对服务器进行相关操作了。

12.4.5 Web 方式远程管理

如果要使用"远程桌面连接"程序来连接服务器，客户机上必须已安装远程桌面功能。如果不想安装远程桌面程序，只要客户机上安装了 IE 浏览器，也可以使用远程桌面 Web 方式管理远程桌面服务器，并且连接到远程桌面服务器以后的操作方式和远程桌面完全相同。

任务案例 *12-5*

> 远程连接服务器上的"远程桌面 Web 访问"安装完成后，在客户机的 IE 浏览器中进行远程桌面管理。

【操作步骤】

STEP 01 打开 IE 浏览器

在 Windows 7 的客户机上打开 IE 浏览器，在地址栏中输入远程桌面服务器的网址，格式为：

```
https://服务器名或 IP 地址/rdweb
```

此处输入：https://192.168.1.10/rdweb（或 https://RD/RDWeb），按 Enter 键，如果此时提示"此网站的安全证书有问题"，单击"继续浏览此网站（不推荐）"链接，如图 12-23 所示，否则进入下一步。

STEP 02 输入有访问权限的域用户账户名和密码

进入远程桌面网站，显示如图 12-24 所示"RD Web 访问"窗口。在"域\用户名"文本框中可以输入有访问权限的域用户账户名（如 xintian0\user01），在"密码"文本框中输入密码。

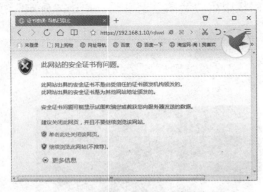

图 12-23　此网站的安全证书有问题

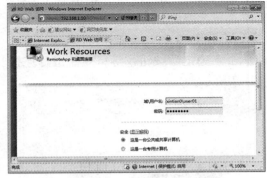

图 12-24　远程桌面网站

STEP 03 打开"RemoteApp 程序"窗口

单击"登录"按钮，即可登录到远程桌面服务器，默认显示"RemoteApp 程序"窗口，可以看出默认情况下，已经发布了画图、计算器和写字板 3 个程序，如图 12-25 所示，如果要退出登录，可单击"注销"链接。

> **提示**
>
> 如果出现"未安装或未启用 ActiveX 控件"窗口，则应在 IE 浏览器中选择"工具"→ "Internet 选项"→"安全"→"自定义级别"命令设置 ActiveX 控件，再重新进行连接即可。

STEP 04 选择"连接到远程电脑"链接

单击"连接到远程电脑"链接，即可设置链接选项，如图 12-26 所示，准备链接到远程桌面服务器。在"连接到"文本框中输入远程桌面服务器的计算机名或 IP 地址（如 192.168.1.10），在"远程桌面大小"下拉列表框选择显示屏幕的大小。

图 12-25　"RemoteApp 程序"窗口

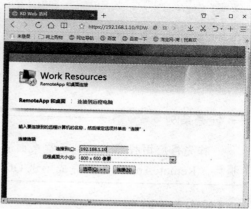

图 12-26　"连接到远程电脑"链接

STEP 05 打开"远程桌面连接"对话框

单击"连接"按钮，打开"远程桌面连接"对话框，如图 12-27 所示。提示网站要求启动远程连接，并可选择允许访问本地计算机上的哪些资源。

STEP 06 打开"Windows 安全"对话框

单击"连接"按钮，打开"Windows 安全"对话框，如图 12-28 所示，输入允许访问远程桌面服务器的用户名和密码。

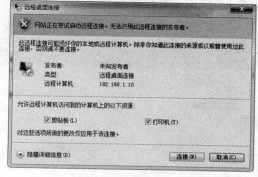

图 12-27　"远程桌面连接"对话框

图 12-28　"Windows 安全"对话框

STEP 07 连接到远程服务器的桌面

单击"确定"按钮，如果出现如图 12-29 所示"无法验证此远程计算机的身份"提示框，则单击"是"按钮。随后即可连接到如图 12-22 所示的远程服务器桌面。

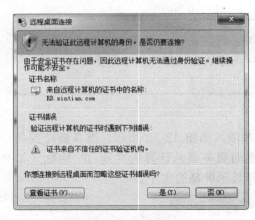

图 12-29　是否连接提示框

此时，就可以像使用本地计算机一样，根据所拥有的权限，利用键盘和鼠标对服务器进行相关操作。

12.4.6　应用程序虚拟化

Windows Server 2012 R2 提供了应用程序虚拟化功能。利用虚拟化，应用软件只需安装在远程桌面服务器上，用户就可以在客户机上运行，当然，显示的只是远程桌面服务器的界面，用户可利用键盘和鼠标进行操作。这样，只需购买一份软件即可在整个网络中应用，从而节省了购买多份软件的资金，也便于管理员集中维护。

1. 发布应用程序

任务案例 *12--6*

首先将应用程序安装到远程桌面服务器 RD 上，接下来使用 "RemoteApp 管理器" 提供 "RemoteApp 向导" 完成腾讯 QQ、远程桌面连接等应用程序的发布。

【操作步骤】

STEP 01　安装欲发布的应用程序

在远程桌面服务器 RD 上安装欲发布的应用程序，如腾讯 QQ、VMWare 和 WinRAR 等。

STEP 02　打开 "远程桌面服务 概述" 页面

选择 "开始" → "管理工具" → "服务器管理器" 命令，在打开的 "服务器管理器" 窗口左侧选择 "远程桌面服务"，进入 "远程桌面服务 概述" 页面，如图 12-30 所示。

STEP 03　打开 QuickSessionCollection 页面

选择 QuickSessionCollection，进入 QuickSessionCollection 页面，在右侧的 RemoteApp 程序窗格中，单击 "任务" 下拉按钮，在弹出的菜单中选中 "发布 RemoteApp 程序" 选项，如图 12-31 所示。

图 12-30　"远程桌面服务 概述" 页面

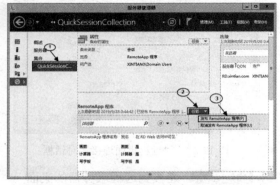

图 12-31　QuickSessionCollection 页面

STEP 04　打开"发布 RemoteApp 程序"对话框

"选择 RemoteApp 程序"对话框右侧列表框显示了当前服务器上安装的所有程序，需选中要发布的应用程序，也可同时选择多个程序，这里选择腾讯 QQ、VMWare 和 WinRAR 等应用程序，如图 12-32 所示。

STEP 05　打开"确认"发布页面

单击"下一步"按钮，打开"确认"页面，如图 12-33 所示，确认要发布的 RemoteApp 程序是否正确，如果正确，单击"发布"按钮进行发布。

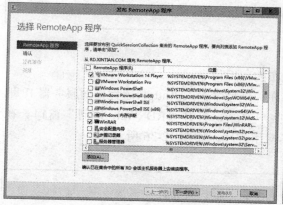

图 12-32　"发布 RemoteApp 程序"对话框

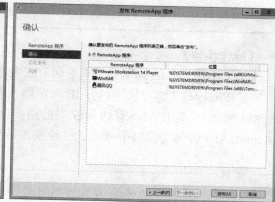

图 12-33　"确认"发布页面

STEP 06　打开"完成"页面

等待一段时间后，进入"完成"页面，此时可以看到已为集合发布了三个 RemoteApp 程序，如图 12-34 所示，成功发布后单击"关闭"按钮完成 RemoteApp 程序的发布。

STEP 07　查看"RemoteApp 程序"列表

返回 QuickSessionCollection 页面，在 RemoteApp 程序栏里，就可以看到新发布的应用程序了，如图 12-35 所示。

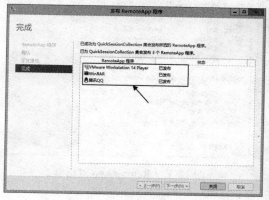

图 12-34　"完成"页面

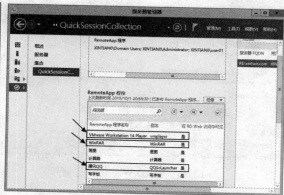

图 12-35　查看新发布的应用程序

按照同样操作，还可继续发布其他应用程序。应用程序发布完成以后，即可在客户机上使用 Web 方式连接远程桌面服务器并运行虚拟应用程序了。

2. Web 方式访问应用程序

如果远程桌面服务器上安装了 Web 访问功能，那么，用户就可以在 IE 浏览器中看到所有已发布的应用程序。

── 任务案例 *12-7* ──

在 Windows 7 的客户机中打开 IE 浏览器访问远程桌面服务器 RD，查看所有已发布的应用程序，选择并运行腾讯 QQ。

【操作步骤】

STEP 01 在 IE 浏览器中查看所有已发布的应用程序

在 Windows 7 客户机中打开 IE 浏览器，在地址栏中输入"http://远程桌面服务器 IP 地址/RD Web"，并使用具有访问权限的用户账户登录，打开"RD Web 访问"窗口。在"RemoteApp 访问"窗口中显示了已经发布的应用程序，如图 12-36 所示。

提示

如果以前没有以 Web 方式访问过远程桌面服务器，则会提示需要安装"远程桌面服务 ActiveX 客户端"控件，只有安装了该控件才能使用。

STEP 02 打开 RemoteApp 对话框

单击欲访问的应用程序按钮，如"腾讯 QQ"，打开 RemoteApp 对话框，提示"网站要求运行 RemoteApp 程序。无法识别此 RemoteApp 程序的发布者"，如图 12-37 所示。

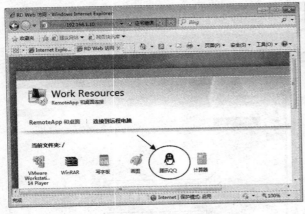

图 12-36 "RD Web 访问"窗口 　　　图 12-37 RemoteApp 对话框

STEP 03 启动"腾讯 QQ"程序

单击"连接"按钮，即可连接到远程桌面服务器，并自动启动"腾讯 QQ"程序，如图 12-38 所示。

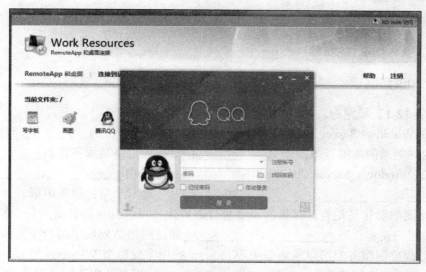

图 12-38 启动"腾讯 QQ"程序

12.5 拓展训练

12.5.1 课堂训练

新天教育培训集团的网络管理员有时会外出办事或休假，需要保证他们不在网络中心时能够有效地对网络中心的相关服务器进行维护，同时还要保证系统足够安全。而且新天教育培训集团购买了一批正版软件（Microsoft Office 2013、瑞星杀毒软件、AutoCAD 等），公司员工希望都能使用到这些软件，请按要求完成课堂任务。

课堂任务 12-1

为保证网络管理员和个别员工能远程访问公司的服务器，请在新天教育培训集团网络中心的服务器中配置远程桌面服务。

【训练步骤】

参照【任务案例 12-1】、【任务案例 12-2】、【任务案例 12-3】和【任务案例 12-4】，为新天教育培训集团网络中心配置远程桌面服务。

课堂任务 12-2

新天教育培训集团购买了几款正版软件（Microsoft Office 2013、瑞星杀毒软件、AutoCAD 等），为保证所有员工都能使用这些正版软件，请运用应用程序虚拟化的功能在企业内部创建并发布 RDP 文件。

【训练步骤】

参照【任务案例 12-5】、【任务案例 12-6】和【任务案例 12-7】为新天教育培训集团网络中心配置远程桌面服务。

12.5.2　课外拓展

一、知识拓展

【拓展 12-1】填空题。

1. 在 Windows Server 2012 R2 中,原来的终端服务(TS)称为_____,简称_____。它包括两种类型的虚拟技术:一是_____;二是通过终端服务定制_____。

2. 在 Windows Server 2012 R2 中,远程桌面服务由_____、_____、_____、_____、_____和_____等六个角色服务组成。

3. 桌面虚拟化是指将计算机的桌面进行虚拟化,以达到桌面使用的安全性和灵活性。可以通过任何设备,在_____,_____通过网络访问属于用户个人的桌面系统。

4. 远程桌面服务器可以承载基于 Windows 的程序或整个 Windows 桌面,用户可以连接到 RD 会话主机服务器来_____、_____,以及使用该服务器上的_____。

5. 如果用户需要进行远程桌面连接,则用户必须加入_____组中。

二、技能拓展

【拓展 12-2】为华泰有限公司配置一个远程桌面服务器,保证在该服务器中能够实现以下功能。

1. 网络管理员能够远程登录到该服务器,并有权对服务器进行管理与维护。

2. 部门负责人也可以远程登录到该服务器,但部门负责人只能查看有关文件,不能进行磁盘管理和文件系统管理等操作。

3. 公司内部员工都可以使用公司购买的正版杀毒软件(卡巴斯基)和正版绘图软件(AutoCAD)。

▌12.6　总结提高

本项目首先介绍了远程桌面服务的基本概念与工作原理,以及应用程序虚拟化等方面的知识。在此基础上,以中、小型网络为例,通过任务案例训练安装远程桌面服务、为用户授予远程访问权限、实现远程桌面连接、实现 Web 方式远程管理和应用程序虚拟化等方面的技能,在此基础上进一步训练大家判断和处理远程桌面服务故障的能力。

Windows Server 2012 R2 中的远程桌面服务可以允许用户远程运行另一台计算机上的程序,也允许用户通过 Web 页面打开远程应用程序,还允许用户通过 Internet 连接到公司内部网络上的指定桌面计算机上。而利用 Windows Server 2012 R2 的虚拟化功能,只需将软件安装在服务器上,即可在客户机上远程运行,无须安装。这样,只需购买一份软件,即可在整个网络中应用,从而节省了购买多份软件的资金,也便于管理员集中维护。

完成本项目后,认真填写学习情况考核登记表(表 12-1),并及时予以反馈。

表 12-1　学习情况考核登记表

序号	知识与技能	重要性	自我评价					小组评价					老师评价				
			A	B	C	D	E	A	B	C	D	E	A	B	C	D	E
1	能够安装远程桌面服务	★★★															
2	能够为用户授予远程访问权限	★★★☆															
3	能够建立远程桌面连接	★★★★★															
4	能够建立 Web 方式远程管理	★★★★															
5	能够配置应用程序虚拟化	★★★★															
6	能够发布应用程序	★★★★★															
7	能够在客户机进行测试	★★★★															
8	能够完成课堂训练	★★★☆															

说明：评价等级分为 A、B、C、D、E 五等。其中，对知识与技能掌握很好，能够熟练地完成远程桌面服务的配置与管理为 A 等；掌握了 75%以上的内容，能较为顺利地完成任务为 B 等；掌握 60%以上的内容为 C 等；基本掌握为 D 等；大部分内容不够清楚为 E 等。

参 考 文 献

陈景亮，钟小平，宋大勇，2017. 网络操作系统——Windows Server 2012 R2 配置与管理 [M]. 2 版. 北京：人民邮电出版社.

陈永，米洪，2018. 服务器安全配置与管理（Windows Server 2012）[M]. 北京：电子工业出版社.

戴有炜，2014. Windows Server 2012 R2 Active Directory 配置指南 [M]. 北京：清华大学出版社.

黄君羡，郭雅，2014. Windows Server 2012 网络服务器配置与管理 [M]. 北京：电子工业出版社.

刘邦桂，2017. 服务器配置与管理——Windows Server 2012 [M]. 北京：清华大学出版社.

夏笠芹，方颂，2018. Windows Server 2012 R2 网络组建项目化教程 [M]. 5 版. 大连：大连理工大学出版社.

谢树新，2017. Windows Server 2008 服务器配置与管理项目教程 [M]. 北京：科学出版社.

杨云，汪辉进，2016. Windows Server 2012 网络操作系统项目教程 [M]. 4 版. 北京：人民邮电出版社.